西北工业大学精品学术著作
培育项目资助出版

固态相变动力学模型与方法

刘 峰 宋韶杰 著

科学出版社
北 京

内 容 简 介

对成分/工艺-组织-性能的准确理解是金属材料科学与工程领域亟待解决的共性基础难题。对工业界而言，控制固态相变而提升力学性能是经济需求牵引的。对科学界而言，迫切需要精确描述相变，并且认识和理解控制相变的关键过程。依赖相变热力学和相变动力学来获取可靠的、非经验的加工参量，是物理冶金界发展的终极目标。本书总结了金属材料加工成形中涉及的固态相变动力学模型及其方法的演化历史、阶段成果和存在的问题，旨在对固态相变动力学模型与方法进行全面系统地阐述，最终服务于贯通成分/工艺-组织-性能的共性理论或规律。

本书可供金属材料加工与强韧化设计等领域的科研、教学和工程技术人员阅读，也可作为材料科学与工程及相关专业研究生的参考书。

图书在版编目（CIP）数据

固态相变动力学模型与方法 / 刘峰，宋韶杰著. -- 北京：科学出版社，2024.11. -- ISBN 978-7-03-079787-2

Ⅰ.O414.13

中国国家版本馆CIP数据核字第2024EN8437号

责任编辑：祝 洁 罗 瑶 / 责任校对：崔向琳
责任印制：赵 博 / 封面设计：陈 敬

科学出版社 出版
北京东黄城根北街16号
邮政编码：100717
http://www.sciencep.com

北京华宇信诺印刷有限公司印刷
科学出版社发行 各地新华书店经销

*

2024年11月第 一 版 开本：720×1000 1/16
2025年 1 月第二次印刷 印张：17 3/4
字数：358 000
定价：198.00元
（如有印装质量问题，我社负责调换）

序

在我国制造业从数量扩张向质量提高转型升级的特殊历史时期，对成分/工艺-组织-性能的准确理解已成为金属材料科学与工程领域亟待解决的共性基础难题。材料组织和结构的稳定性很关键，它是联系热力学驱动力和后续形核—长大的枢纽。驱动力突破稳定性后紧接着便是相应的形核—长大动力学机制。随相变进行，驱动力—稳定性—形核—长大这一链条在循环重复，直到相变结束。

那么，相变如何结束呢？

对于上述问题，可以概要式理解：相变动力学针对稳定性体现于不同驱动力下的相或结构竞争，针对形核—长大体现为不同驱动力下动力学机制的选择，针对组织演化则体现为相变过程中驱动力的变化及相应形核—长大动力学机制的综合贡献。面对这纷繁复杂的动力学多样性，不禁深深痴迷于自然界的神奇和未知，同时，也会不由自主地发问：难道这表象的复杂果真源自相变动力学内在的规律？

根据世界钢铁协会的统计数据，中国钢铁产量和表观消费量近年来均位居世界前列。这是中国经济及市场高需求的反映，说明钢铁材料对经济发展和社会需求的重要性。其中，热轧结构钢占钢材总量的 80% 以上，这凸显出制备热轧钢的热机械控制工艺(TMCP)已成为我国钢铁产业战略发展的关键技术。热机械控制工艺是在控制加热温度、轧制温度和轧制量的基础上，再实施控制冷却的技术总称，旨在通过控制变形和冷却实现对相变的控制，进而调控微结构，优化钢材性能。以此为例，这种突出具体工艺而相对忽视相变理论的固态处理手段难以进行基于整体加工过程的微观组织预测和面向目标组织的调控工艺设计。考虑固态相变属于复杂变形、温度及冷却条件下的非平衡动力学过程，以上问题的解决亟须将相变动力学过程同涉及相变的热力学/动力学函数耦合，进而开展面向目标组织和性能的热力学/动力学加工条件的协同性调控。

这就是作者撰写《固态相变动力学模型与方法》的初衷。

刘峰教授是西北工业大学凝固技术国家重点实验室的骨干学科带头人。二十余年来，专注于凝固与相变热力学和动力学的基础理论研究工作，成果丰硕。合著者宋韶杰副教授是刘峰教授团队的骨干成员，长期从事固态相变动力学的理论研究工作。他们将近年来自己取得的研究成果，结合对业界的最新认知，整理撰写成书。这对于学术界和教育界的相关领域，都是一件好事。正如该书所言，固态相变动力学模型与方法通过阐明形核、长大、碰撞，以及相变动力学演化过程，借助相关动力学参数的精确获取，旨在解决贯通材料学与材料加工工程的两方面重大基础性难题：一是基于整体加工过程的微观组织预测，二是面向目标组织性能的加工工艺设计。

中国科学院院士　魏炳波

2024 年 3 月

前　言

在通常接触的相变中，热力学驱动力提供相变的方向和动力，而相变能否发生也受控于原子跃迁穿过界面所需克服的动力学能垒。因此，相变中存在热力学驱动力和动力学能垒的配合与博弈，只有两者均得到满足，相变才会发生。世间万物，有因有果。热力学为因，动力学为路径，产物为果。材料学和材料加工工程，无外乎相变和变形。衡量其难度者，大概为稳定性。因此，热力学、动力学、相变、变形、稳定性，构成了材料学者面对的基本框架。如何用物理的手段来研究材料？如何将上述框架宏观统一，微观拆分？如何使不同学者、不同方向、不同兴趣的分散认知最终达成一致？

凝固、固态相变和晶粒长大是材料加工或形成微观组织的实战空间。感恩国内外三位导师(杨根仓、Mittemeijer E.J.、Kirchheim R.)分别在上述领域带我打下了坚实基础。然而，我不想分散处理，力争找到一个普遍规律和方法来统一处理。因此，提出修正热力学驱动力用于动力学过程，选择了修正和发展凝固、固态相变和晶粒长大的热力学驱动力，并用于描述其动力学过程。那么，能垒是什么？对于速率常数、移动性、扩散系数等，驱动力变化时它们的变化在哪里？能垒是不是势垒？上述关键问题起源于曾经和蒋青老师的一次争论。势垒是热力学，如层错能，再如应变能和表面能，而能垒是动力学，只有突破势垒，能垒才会体现出速率的不同。那么，二者究竟有何不同？

在回答上述问题的过程中，有幸发现了热力学驱动力和动力学能垒互斥的相关性。十年光阴，带领十几位学生，团队发现真理的"第一桶金"就在于纳米晶的热稳定性。一通百通，在凝固、固态相变和变形中，许多问题陆续迎刃而解，一切都是那么美好。

二十年光阴不负韶华，究其根本，在于固态相变动力学理论模型与方法的提出和凝练。一直以来，在高性能金属材料制备过程中，基于固态相变原理的热处理技术是不可或缺的关键。形核—长大型固态相变往往发生在金属工件成形的最后工序中，从而决定了材料最终的物理、化学和力学性能。固态相变理论工作的中心任务是根据宏观动力学现象同基本物理过程(形核、生长和碰撞)之间的关系，建立成分/工艺-组织-性能之间的定量关系。在不同条件下，这些基本物理过程表现出的动力学行为不同，进而导致宏观的动力学现象复杂多样。因此，不依赖于经验正确预测并精确控制固态相变过程，获得最终预期的材料性能，已成为现代材料科学研究中极具挑战的前沿方向之一。本书试图总结材料学和材料加工工程中面向精确控制固态相变行为的一些共性基础问题，以飨读者。

本书共7章：概述和固态相变动力学理论基础(第1章和第2章)，等温相变与非等温相变(第3章)，模块化解析相变模型及方法(第4章)，模块化解析相变模型的扩展(第5章)，扩散型固态相变解析模型(第6章)，存在问题及展望(第7章)。其中，第1、4、7章由刘峰撰写，第2、3章由刘峰和宋韶杰撰写，第5章由刘峰、宋韶杰、姜伊辉撰写，第6章由刘峰、宋韶杰、樊凯、左强撰写，图表由宋韶杰、姜语鹏等绘制、修改并定稿。

本书撰写过程中得到杨根仓教授、蒋青教授、介万奇教授等专家学者的大力支持，在此深表感谢。

本书相关研究工作得到了国家杰出青年科学基金项目(51125002)、国家自然科学基金重点项目和重大项目(52130110、51431008、51790481)、科技部"973"计划项目(2011CB610403)、国家重点研发计划项目(2017YFB0703001)等资助，在此对国家有关部门长期以来的大力支持表示衷心感谢！本书的出版得到了西北工业大学精品学术著作培育项目的资助，在此致以诚挚的谢意！

限于作者时间和精力，书中不足之处在所难免，请读者批评指正。

刘　峰
2024年4月于西安

目 录

序
前言
第1章 概述 ·· 1
    参考文献 ·· 3
第2章 固态相变动力学理论基础 ·· 7
  2.1 引言 ··· 7
  2.2 固态相变分类 ··· 7
  2.3 热力学驱动力和动力学能垒 ·· 9
    2.3.1 固态相变的热力学驱动力 ·· 9
    2.3.2 固态相变的动力学能垒 ·· 16
  2.4 固体中的扩散与应力 ··· 17
    2.4.1 菲克第一定律 ··· 18
    2.4.2 菲克第二定律 ··· 18
    2.4.3 应力场对扩散的影响 ·· 19
  2.5 形核理论 ·· 21
    2.5.1 经典均质形核理论 ·· 21
    2.5.2 均质形核模式 ··· 22
    2.5.3 非均质形核速率 ·· 24
  2.6 生长理论 ·· 24
    2.6.1 界面迁移速率 ··· 25
    2.6.2 界面控制生长 ··· 26
    2.6.3 扩散控制生长 ··· 26
    2.6.4 混合模式生长 ··· 28
    2.6.5 界面/扩散控制生长的统一描述 ···································· 28
  2.7 全转变动力学理论 ·· 29
    2.7.1 科尔莫戈罗夫统计方法 ·· 29
    2.7.2 Johnson-Mehl-Avrami 扩展体积方法 ······························ 29
    2.7.3 KJMA 动力学模型的扩展 ·· 30
  参考文献 ·· 32

第3章　等温相变与非等温相变 ········ 38
3.1　引言 ········ 38
3.2　等动力学理论 ········ 38
3.2.1　可加性原理与等动力学 ········ 38
3.2.2　等温相变和非等温相变的转换 ········ 41
3.3　非等温相变类KJMA动力学模型 ········ 43
3.3.1　路径变量 ········ 43
3.3.2　类KJMA动力学模型 ········ 44
3.4　相变动力学分析方法 ········ 46
3.4.1　直接求解法 ········ 46
3.4.2　拟合法 ········ 49
参考文献 ········ 50

第4章　模块化解析相变模型及方法 ········ 53
4.1　引言 ········ 53
4.2　模块化解析相变模型 ········ 53
4.2.1　模块化解析相变模型推导 ········ 54
4.2.2　模块化解析相变模型应用于描述蒙特卡罗模拟 ········ 56
4.3　模块化解析相变模型与类KJMA模型的对比 ········ 62
4.4　基于模块化解析相变模型的等温相变-等时相变 ········ 64
4.4.1　模块化解析相变模型与可加性原理的相容性 ········ 64
4.4.2　立足于模块化解析相变模型的TTT-CHT互转变 ········ 65
4.5　模块化解析相变模型拟合参数确定法 ········ 73
4.6　基于模块化解析相变模型的动力学分析方法 ········ 74
4.6.1　等温过程转变分数分析 ········ 74
4.6.2　等加热速率转变分数分析 ········ 77
4.6.3　获取形核和生长激活能的方法 ········ 79
4.6.4　获取碰撞模型的方法 ········ 81
4.7　转变速率最大值分析法 ········ 84
4.7.1　等温相变分析法 ········ 85
4.7.2　等加热速率相变分析法 ········ 88
4.7.3　动力学分析方法 ········ 89
4.7.4　模型应用 ········ 90
参考文献 ········ 94

第5章　模块化解析相变模型的扩展 ········ 96
5.1　引言 ········ 96

5.2 和积转化模型的扩展 ··· 97
5.2.1 两机制基本模型 ··· 97
5.2.2 多机制同步模型 ·· 101
5.2.3 多机制非同步相变动力学模型 ··· 105
5.2.4 模型应用 ··· 115
5.3 精确处理温度积分及初始温度的相变模型 ··· 118
5.3.1 基本模型 ··· 118
5.3.2 模型误差评估 ··· 122
5.3.3 模型应用于 $Ti_{50}Cu_{42}Ni_8$ 非晶合金的晶化 ··································· 127
5.4 各向异性效应下的固态相变模型 ·· 130
5.4.1 随机取向各向异性颗粒的阻碍效应 ··· 130
5.4.2 各向异性的统计学原理 ·· 132
5.4.3 无穷多次阻碍下的模型推导 ··· 133
5.4.4 1 次阻碍下的模型推导 ··· 136
5.4.5 k 次阻碍下的模型推导 ·· 136
5.4.6 模型展示 ··· 138
5.5 考虑热力学驱动力的模块化解析相变模型 ··· 141
5.5.1 考虑化学驱动力的模块化解析相变模型 ··································· 142
5.5.2 考虑化学驱动力的模块化解析相变模型应用 ····························· 145
5.5.3 考虑多种热力学驱动力的模块化解析相变模型 ·························· 148
5.5.4 考虑多种热力学驱动力的模块化解析相变模型应用 ··················· 152
5.6 基于 VFT 关系的固态相变动力学模型 ··· 156
5.6.1 转变分数演化模型 ·· 158
5.6.2 转变速率模型 ··· 159
5.6.3 动力学分析方法 ·· 162
5.6.4 模型应用于 $Zr_{55}Cu_{30}Al_{10}Ni_5$ 的块体非晶晶化 ····························· 164
参考文献 ··· 167

第6章 扩散型固态相变解析模型 ··· 177
6.1 引言 ··· 177
6.2 扩展等动力学的可加性原理 ·· 178
6.2.1 经典可加性原理的限制 ·· 178
6.2.2 可加性的概念及其扩展 ·· 179
6.2.3 模型计算及分析 ·· 183
6.3 各向异性生长和软碰撞 ··· 186
6.3.1 各向异性颗粒的扩散控制生长理论 ··· 187

6.3.2 溶质场重叠及软碰撞理论 190
  6.3.3 平均生长尺寸与转变分数 192
  6.3.4 模型数值计算与分析 194
  6.3.5 模型应用 196
 6.4 转变错配弹塑性调节 197
  6.4.1 转变错配应变及问题分析 198
  6.4.2 转变错配应变的弹塑性理论 204
  6.4.3 相界面迁移的速率与驱动力 211
  6.4.4 应力作用下的混合模式生长 213
  6.4.5 全转变动力学模型 216
  6.4.6 模型计算与讨论 217
  6.4.7 模型应用 227
 6.5 沉淀相析出动力学模型 231
  6.5.1 形核及生长模型 231
  6.5.2 等温析出模型 233
  6.5.3 模型描述及参数确定 237
  6.5.4 模型应用 240
  6.5.5 扩散激活能的确定 243
 6.6 第二相溶解动力学模型 248
  6.6.1 建立溶解动力学模型 249
  6.6.2 同时间相关的转变参数 255
  6.6.3 模型验证与应用 259
 参考文献 263

第7章 存在问题及展望 270
 7.1 存在问题 270
  7.1.1 热-动力学的提出 270
  7.1.2 热-动力学的问题 271
 7.2 展望 272
 参考文献 274

第1章 概 述

材料学是研究材料组织结构、性质、成形和性能,以及它们之间相互关系的学科。材料成形过程直接决定了材料的组织和结构,进而决定其性质和服役性能,因此通过控制材料成形过程而提高其服役性能成为材料学和技术研究的主要内容[1]。热处理往往作为金属材料成形过程的最后一道工序,它利用固态相变原理,通过调控既定成分合金的微观组织来决定材料的最终使用性能[2]。因此,固态相变动力学理论一直是材料学中的一个基础研究领域,众多材料领域科学工作者投身于此并做出了大量杰出贡献[3-17]。这些理论将会更好地指导实际生产。

材料性能取决于化学成分和微观组织,因此性能提升的基础在于成分和微观组织的变化。即使对这一基础知识不甚了解,中世纪的工匠们也已经可以熟练利用经验手段开发技术,改善铁合金的性能[18]。虽然无意识,但他们确实是利用相变来改变微观组织的,即改善存在的相及其尺寸和形貌。20世纪初,铝合金的时效强化技术也是在对相变一无所知的前提下被发明的[19]。在整个20世纪,随着对类似案例的理解越来越深刻,加工条件得到改善,材料性能也随之提升。例如,钢铁的铸坯经常被热轧处理,究其根本,在于通过温度和变形的组合工艺来调控微观组织[20,21],同样的方法也适用于铝合金的析出强化[22]。遗憾的是,上述工艺中加工参量的获取大多依旧凭借经验。依赖相变热力学和相变动力学来获取可靠的、非经验的加工参量,是物理冶金界发展的一个目标。对工业界而言,控制固态相变而提升力学性能是经济需求牵引;对科学界而言,迫切需要精确描述相变,并且认识和理解控制相变的关键过程。

本书旨在对金属材料加工成形涉及的固态相变动力学模型与方法进行全面系统地阐述。图1-1给出了全书的基本逻辑路线。第2章首先对固态相变进行分类,然后阐述控制固态相变的理论基础,即形核、长大和碰撞的热力学与动力学基本模型[2,17]。定量描述固态相变是业界长期以来的追求,这方面最早期、最具影响力、最原创的工作来自科尔莫戈罗夫(Kolmogorov)统计方法[23],以及Johnson和Mehl[24]、Avrami[25-27]的贡献(Kolmogorov-Johnson-Mehl-Avrami (KJMA)动力学模型)。KJMA动力学模型(简称"KJMA模型")的推导立足于针对长大颗粒涉及的三个相互重叠的不完全过程的理论处理。形核过程包括连续形核(即形核率同温度之间满足阿伦尼乌斯关系)和位置饱和(即所有的有效晶核在生长开始前已经存在)。生长过程包括体积扩散控制和界面控制模式。碰撞机制符合均匀分布颗粒间不涉及成分变化的几何硬碰撞。基于此,着重阐述了针对全转变的经典KJMA动力学模型,以及KJMA动力学模型的扩展[28,29]。自从KJMA动力学模型问世，业界广泛使用该模型来描述固态相变，但是，仅当上述限制条件成立时，才会得到真正的KJMA动力学模型。也就是说，在绝大多数KJMA动力学模型被应用于某些情况时，使用者并没有意识到KJMA动力学模型推导中的基本假设或限制条件不成立。

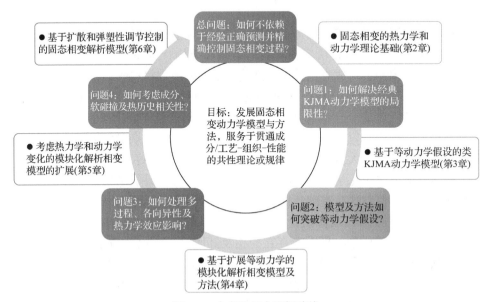

图1-1 本书的基本逻辑路线

为了解决经典KJMA动力学模型的局限性问题，第3章首先阐明经典KJMA动力学不成立时，基于等动力学假设的可加性原理[2,3,30]，并对如何从等温相变动力学演绎出非等温相变动力学(常见于等温相变-等时相变)进行了模型化描述[16,31]。其次，为了得到非等温相变的动力学参数，介绍了去模型化经验方法和针对温度积分的数学处理[17,32]。最后，为了统一描述等温相变和非等温相变，对路程变量的概念进行了诠释，并据此统一处理体积扩散和界面控制生长模式，进行了相变动力学模型的模块化解析处理[17,33]。这方面的工作多种多样，大都基于等动力学假设，这也引出一个普遍问题：如何处理中间状态的形核模式、各向异性生长及相变机制变化导致的非等动力学情形？

为了回答上述问题，第4章首先阐明扩展等动力学，并据此重点描述扩展等动力学涉及的和积转化处理方法，并建立了统一考虑不同形核、生长和碰撞模式的模块化解析相变模型[34]。其次，展示了如何利用模块化解析相变模型对实验结果进行拟合以确定相变动力学参数，并基于模块化解析相变模型对等温相变-等时相变进行了扩展性描述[35,36]。最后，立足于模块化解析相变模型，阐明了不需进行拟合的形核—长大—碰撞机制确定方法[37-39]，并将模块化解析相变模型取代经典 KJMA 模型或类 KJMA 动力学模型(简称"类 KJMA 模型"),提出了获取动力学参数的系列去模型化方法[40-44]。

在此基础上,第 5 章进一步考虑某些假设条件和理论处理在一些实际过程中不再适用的情形[45-55]。例如,相变中单个子过程或两个同步发生子过程的假设、初始温度及温度积分的简单处理、各向异性生长、热力学因素及阿伦尼乌斯关系假设。特别针对界面控制生长的固态相变,提出了普适的扩展模块化解析相变模型[53],由于在独立描述形核和生长动力学时引入热力学因素,模型可用于描述近平衡和极端非平衡条件下的相变过程,突破了纯粹动力学能垒项控制相变的假设。第 4 章和第 5 章虽然弥补了经典 KJMA 模型、类 KJMA 模型及模块化解析相变模型的不足,但还是无法处理更复杂的相变条件[56-65],成分变化、软碰撞、热历史相关等问题。

为了解决上述问题,第 6 章首先阐明扩散控制生长过程中的可加性原理与等动力学行为,并据此解析描述了扩散型固态相变中各向异性效应和软碰撞效应的竞争[56,57]。其次,针对体积扩散控制的固态相变,建立了耦合化学/机械驱动力效应的固态相变动力学[58];综合考虑了相变错配应变和扩散诱导应变,成功描述了相界面迁移、溶质扩散及错配应变弹塑性调节三者间的交互作用[59]。再次,提出沉淀相等温析出的软碰撞解析模型,进而得到扩散激活能的确定方法[60-64]。最后,将固态相变基本理念延伸到固溶处理涉及的固相溶解现象,得到描述第二相溶解的动力学模型[65]。

第 7 章总结固态相变动力学模型与方法中存在的问题,并对未来进行展望。首先,总结了当前缺少能够贯通成分/工艺-组织-性能普遍理论/规律的根源在于热力学和动力学的相对独立,提出热-动力学(热力学驱动力和动力学能垒间函数关系)是指导相变调控的关键理论。其次,总结给出了当今材料加工涉及复杂相变/变形过程的热-动力学三大问题——非平衡、多组元、多尺度。最后,在构建贯通成分/工艺-组织-性能的共性理论或规律这一目标牵引下,提出了本领域的几个重要研究方向。

参 考 文 献

[1] CAHN R W. 走进材料科学[M]. 杨柯, 译. 北京: 化学工业出版社, 2008.

[2] MITTEMEIJER E J. Fundamentals of Materials Science: The Microstructure-Property Relationship Using Metals as Model Systems[M]. Heidelberg: Springer Verlag, 2010.

[3] CAHN J W. Transformation kinetics during continuous cooling[J]. Acta Metallurgica, 1956, 4: 572-575.

[4] CAHN J W. The kinetics of grain boundary nucleated reactions[J]. Acta Metallurgica, 1956, 4: 449-459.

[5] AARONSON H I, ENOMOTO M, LEE J K. Mechanisms of Diffusional Phase Transformations in Metals and Alloys[M]. Boca Raton: CRC Press, 2010.

[6] 徐祖耀. 材料相变[M]. 北京: 高等教育出版社, 2013.

[7] HILLERT M. Diffusion and interface control of reactions in alloys[J]. Metallurgical Transactions A, 1975, 6: 5-19.

[8] HILLERT M. Solute drag, solute trapping and diffusional dissipation of Gibbs energy[J]. Acta Materialia, 1999, 47: 4481-4505.

[9] BHADESHIA H K D H. Diffusional formation of ferrite in iron and its alloys[J]. Progress in Materials Science, 1985, 29: 321-386.

[10] MILITZER M, HUTCHINSON C, ZUROB H, et al. Modelling of the diffusional austenite-ferrite transformation[J]. International Materials Reviews, 2022, 68: 725-754.

[11] 康沫狂, 张明星, 刘峰, 等. 金属合金等温相变的体激活能及相变机制Ⅰ.钢的中温(贝氏体)等温相变[J]. 金属学报, 2009, 45: 25-31.

[12] CLAVAGUERA-MORA M T, CLAVAGUERA N, CRESPO D, et al. Crystallisation kinetics and microstructure development in metallic systems[J]. Progress in Materials Science, 2002, 47: 559-619.

[13] FARJAS J, ROURA P. Numerical model of solid phase transformations governed by nucleation and growth: Microstructure development during isothermal crystallization[J]. Physical Review B, 2007, 75: 184112.

[14] KEMPEN A T W. Solid State Phase Transformation Kinetics[D]. Stuttgart: Universität, 2001.

[15] CHEN H. Cyclic Partial Phase Transformations in Low Alloyed Steels: Modeling and Experiments[D]. Delft: Technische Universiteit Delft, 2013.

[16] RIOS P R. Relationship between non-isothermal transformation curves and isothermal and non-isothermal kinetics[J]. Acta Materialia, 2005, 53: 4893-4901.

[17] LIU F, SOMMER F, BOS C, et al. Analysis of solid state phase transformation kinetics: Models and recipes[J]. International Materials Reviews, 2007, 52: 193-212.

[18] 华道安. 中国古代钢铁技术史[M]. 李玉牛, 译. 成都: 四川人民出版社, 2018.

[19] SANDERS R E. Technology innovation in aluminium products[J]. The Journal of the Minerals, 2001, 53: 21-25.

[20] 小指军夫. 控制轧制·控制冷却: 改善材质的轧制技术发展[M]. 李伏桃, 陈崀, 译. 北京: 冶金工业出版社, 2002.

[21] 王国栋. 新一代TMCP技术的发展[J]. 轧钢, 2012, 29: 1-10.

[22] 张新明, 邓运来, 张勇. 高强铝合金的发展及其材料的制备加工技术[J]. 金属学报, 2015, 51: 257-271.

[23] KOLMOGOROV A N. On the Statistical Theory of Metal Crystallization[M]//SHIRYAYEV A N. Selected Works of A.N. Kolmogorov: Volume Ⅱ Probability Theory and Mathematical Statistics. Netherlands: Springer, 1992.

[24] JOHNSON W A, MEHL R F. Reaction kinetics in processes of nucleation and growth[J]. Transactions of the American Institute of Mining and Metallurgical Engineers, 1939, 135: 416-458.

[25] AVRAMI M. Kinetics of phase change. Ⅰ general theory[J]. Journal of Chemical Physics, 1939, 7: 1103-1112.

[26] AVRAMI M. Kinetics of phase change. Ⅱ transformation-time relations for random distribution of nuclei[J]. Journal of Chemical Physics, 1940, 8: 212-224.

[27] AVRAMI M. Granulation, phase change, and microstructure kinetics of phase change. Ⅲ[J]. Journal of Chemical Physics, 1941, 9: 177-184.

[28] MITTEMEIJER E J, SOMMER F. Solid state phase transformation kinetics: A modular transformation model[J]. Zeitschrift Fur Metallkunde, 2002, 93: 352-361.

[29] MITTEMEIJER E J, SOMMER F. Solid state phase transformation kinetics: Evaluation of the modular transformation model[J]. International Journal of Materials Research, 2011, 102: 785-795.

[30] CHRISTIAN J W. The Theory of Transformation in Metals and Alloys[M]. 2nd ed. Oxford: Pergamon Press, 2002.

[31] LIU F, YANG C, YANG G, et al. Additivity rule, isothermal and non-isothermal transformations on the basis of an analytical transformation model[J]. Acta Materialia, 2007, 55: 5255-5267.

[32] MITTEMEIJER E J. Analysis of the kinetics of phase transformations[J]. Journal of Materials Science, 1992, 27: 3977-3987.

[33] KEMPEN A T W, SOMMER F, MITTEMEIJER E J. Determination and interpretation of isothermal and non-isothermal transformation kinetics; the effective activation energies in terms of nucleation and growth[J]. Journal of Materials Science, 2002, 37: 1321-1332.

[34] LIU F, SOMMER F, MITTEMEIJER E J. An analytical model for isothermal and isochronal transformation kinetics[J]. Journal of Materials Science, 2004, 39: 1621-1634.

[35] LIU F, SOMMER F, MITTEMEIJER E J. Determination of nucleation and growth mechanisms of the crystallization of amorphous alloys; application to calorimetric data[J]. Acta Materialia, 2004, 52: 3207-3216.

[36] LIU F, SOMMER F, MITTEMEIJER E J. Parameter determination of an analytical model for phase transformation kinetics: Application to crystallization of amorphous Mg-Ni alloys[J]. Journal of Materials Research, 2004, 19: 2586-2596.

[37] LIU F, SOMMER F, MITTEMEIJER E J. Analysis of the kinetics of phase transformations; roles of nucleation index and temperature dependent site saturation, and recipes for the extraction of kinetic parameters[J]. Journal of Materials Science, 2007, 42: 573-587.

[38] LIU F, SONG S J, XU J F, et al. Determination of nucleation and growth modes from evaluation of transformed fraction in solid-state transformation[J]. Acta Materialia, 2008, 56: 6003-6012.

[39] LIU F, SONG S J, SOMMER F, et al. Evaluation of the maximum transformation rate for analyzing solid-state phase transformation kinetics[J]. Acta Materialia, 2009, 57: 6176-6190.

[40] LIU F, LIU X, WANG Q. Examination of Kissinger's equation for solid-state transformation[J]. Journal of Alloys and Compounds, 2008, 473: 152-156.

[41] LIU F, MA Y Z, HU X, et al. Examination of an analytical phase-transformation model[J]. Journal of Materials Research, 2009, 24: 1761-1770.

[42] LIU F, YANG G C. Effects of anisotropic growth on the deviations from Johnson-Mehl-Avrami kinetics[J]. Acta Materialia, 2006, 55: 1629-1639.

[43] LIU F, YANG C L, YANG G C, et al. Deviations from the classical Johnson-Mehl-Avrami kinetics[J]. Journal of Alloys and Compounds, 2007, 460: 326-330.

[44] LIU F, NITSCHE H, SOMMER F, et al. Nucleation, growth and impingement modes deduced from isothermally and isochronally conducted phase transformations: Calorimetric analysis of the crystallization of amorphous $Zr_{50}Al_{10}Ni_{40}$[J]. Acta Materialia, 2010, 58: 6542-6553.

[45] LIU F, HUANG K, JIANG Y H, et al. Analytical description for solid-state phase transformation kinetics: Extended works from a modular model, a review[J]. Journal of Materials Science & Technology, 2016, 32: 97-120.

[46] JIANG Y H, LIU F, SUN B, et al. Kinetic description for solid-state transformation using an approach of summation/product transition[J]. Journal of Materials Science, 2014, 49: 5119-5140.

[47] JIANG Y H, LIU F, SONG S J. Improved analytical description for non-isothermal solid-state transformation[J]. Thermochimica Acta, 2011, 515: 51-57.

[48] JIANG Y H, LIU F, WANG J C, et al. Solid-state phase transformation kinetics in the near-equilibrium regime[J].

Journal of Materials Science, 2014, 50: 662-677.

[49] JIANG Y H, LIU F, SONG S J, et al. Evaluation of the maximum transformation rate for determination of impingement mode upon near-equilibrium solid-state phase transformation[J]. Thermochimica Acta, 2013, 561: 54-62.

[50] JIANG Y H, LIU F, SONG S J, et al. Determination of activation energies for nucleation and growth from isothermal differential scanning calorimetry data[J]. Journal of Non-Crystalline Solids, 2012, 358: 1412-1417.

[51] JIANG Y H, LIU F, SONG S J, et al. Normalized treatment for isothermally conducted phase transformation with variable kinetic parameters[J]. Journal of Non-Crystalline Solids, 2013, 368: 29-33.

[52] JIANG Y H, LIU F, SONG S J, et al. Effect of thermodynamics on transformation kinetics; analysis of recipes[J]. Journal of Non-Crystalline Solids, 2013, 378: 110-114.

[53] JIANG Y H, LIU F, SONG S J. An extended analytical model for solid-state phase transformation upon continuous heating and cooling processes: Application in γ/α transformation[J]. Acta Materialia, 2012, 60: 3815-3829.

[54] JIANG Y H, LIU F, HUANG K, et al. Applying Vogel-Fulcher-Tammann relationship in crystallization kinetics of amorphous alloys[J]. Thermochimica Acta, 2015, 607: 9-18.

[55] SONG S J, LIU F, JIANG Y H, et al. Kinetics of solid-state transformation subjected to anisotropic effect: Model and application[J]. Acta Materialia, 2011, 59: 3276-3286.

[56] SONG S J, LIU F, JIANG Y H. Generalized additivity rule and isokinetics in diffusion-controlled growth[J]. Journal of Materials Science, 2014, 49: 2624-2629.

[57] SONG S J, LIU F, JIANG Y H. An analytic approach to the effect of anisotropic growth on diffusion-controlled transformation kinetics[J]. Journal of Materials Science, 2012, 47: 5987-5995.

[58] SONG S J, LIU F, ZHANG Z H. Analysis of elastic-plastic accommodation due to volume misfit upon solid-state phase transformation[J]. Acta Materialia, 2014, 64: 266-281.

[59] SONG S J, LIU F. Kinetic modeling of solid-state partitioning phase transformation with simultaneous misfit accommodation[J]. Acta Materialia, 2016, 108: 85-97.

[60] FAN K, LIU F, LIU X N, et al. Modeling of isothermal solid-state precipitation using an analytical treatment of soft impingement[J]. Acta Materialia, 2008, 56: 4309-4318.

[61] FAN K, LIU F, YANG W, et al. Analysis of soft impingement in nonisothermal precipitation[J]. Journal of Materials Research, 2009, 24: 3664-3673.

[62] FAN K, LIU F, MA Y Z, et al. Modeling of σ-phase precipitation in a 2205 duplex stainless steel using an analytical soft impingement treatment[J]. Materials Science and Engineering A, 2010, 527: 4550-4553.

[63] FAN K, LIU F, SONG S J, et al. Deduction of activation energy for diffusion by analyzing soft impingement in isothermal solid-state precipitation[J]. Journal of Alloys and Compounds, 2010, 491: L11-L14.

[64] FAN K, LIU F, ZHANG K, et al. Deduction of activation energy for diffusion by analyzing soft impingement in non-isothermal solid-state precipitation[J]. Journal of Crystal Growth, 2009, 311: 4660-4664.

[65] ZUO Q, LIU F, WANG L, et al. An analytical model for secondary phase dissolution kinetics[J]. Journal of Materials Science, 2014, 49: 3066-3079.

第 2 章 固态相变动力学理论基础

2.1 引 言

作为金属材料加工过程中最重要的一道工序，热处理可以直接调控材料的微观结构和缺陷，进而控制材料的后续加工性能或最终使用性能，因此得到了极为广泛的关注和研究。随着现代科技的进步，热处理的内涵也得到了深远扩展，不再单纯借助于热作用，而是同化学处理、形变加工和磁场等其他作用耦合，通过改变和控制这些外部环境来促使材料内部原子运动，发生原子聚集状态变化，从而获得所需组织，满足所需性能[1-3]。然而，无论借助何种作用，热处理过程中材料性能变化的物理根源实质上都是固态相变，其主要体现在如下三种基本变化：晶体结构的变化、化学成分的变化、有序程度的变化[4-6]。这些变化可以单独出现，也可以两种或三种变化兼而有之。固态相变发生和进行的一般规律则反映于相变热力学和相变动力学。相变热力学通过计算外部环境作用下的平衡或亚稳平衡系统的能量，给出相变发生的方向和驱动力大小。相变动力学则针对相变过程，提供相变进行的速度和程度。相变热力学与相变动力学的结合构成了固态相变规律研究的理论基础[7-13]。实现固态相变规律的精确描述及其相变过程的精确控制，对材料组织、结构及性能的优化有着极为重要的理论和现实意义。

2.2 固态相变分类

从广义上讲，相变是指在一定的驱动力下通过原子重组而降低系统吉布斯自由能(简称"自由能")的过程[9,14]。根据不同的标准，可以将固态相变分为不同类型。通常可以按照热力学、平衡状态、原子迁移特征和相变方式对相变进行分类。

1. 按照热力学分类

根据相变前后热力学函数的变化，可将相变分为一级相变和二级相变。相变时新旧两相化学势相等，而化学势一阶偏微商不等的相变称为一级相变。此时，熵和体积将发生不连续变化。几乎所有伴随晶体结构变化的相变都是一级相变。相变时新旧两相的化学势相等，且化学势的一阶偏微商也相等，但化学势的二阶偏微商不等的相变称为二级相变。此时，无相变潜热和体积突变，只有比热容、压缩系数和膨胀系数的不连续变化。材料的有序-无序转变、磁性转变及超导体转变均属于二级相变。按照该逻辑，物理上还存在更高级的相变。

2. 按平衡状态分类

根据金属材料的热力学状态，可将相变分为平衡相变和非平衡相变。平衡相变是指在缓慢加热和冷却时发生的能获得平衡相图组织的转变。同素异构转变和多晶型转变、平衡脱溶(沉淀)析出、共析转变等都属于平衡相变。若加热和冷却速率很快，平衡转变被抑制，材料可以获得偏离相图的非平衡组织，这种转变被称为非平衡相变。例如，深过冷凝固、伪共析转变及马氏体相变等都属于非平衡相变。

3. 按原子迁移特征分类

按相变过程中原子迁移特征可将固态相变分为扩散型相变和切变型相变。相变时，相界面的移动是通过原子近程或远程扩散而进行的相变称为扩散型相变，又称非协同型相变。扩散型相变的一般特点是相变过程中有原子扩散运动，转变速率受原子扩散速度控制；仅有因新相和母相比容不同引起的体积变化，没有宏观形状改变。多晶型转变、脱溶析出等都属于此类相变。相变过程中原子不发生扩散，参与转变的所有原子是协调一致的相变称为切变型相变，又称协同型相变。切变型相变时原子仅作有规则的迁移使晶体点阵发生改组，迁移时原子相对位移不超过一个原子间距，相邻原子相对位置保持不变。切变型相变的一般特点是有宏观的形状改变，新相和母相之间有一定位向关系，相界面迁移速度极快。马氏体相变是典型的切变型相变。

4. 按相变方式分类

Gibbs[15]把相变过程分为两种不同方式，一种涉及程度大但范围小的起伏，另一种涉及程度小但范围广的起伏。前者由程度大、范围小的起伏形成新相晶核，因此也称为形核—长大型相变或不连续相变；后者由程度小、范围广的起伏连续地长大形成新相，称为连续型相变。和 Gibbs 的分类相似，Christian[9]把相变分为非均匀相变和均匀相变两类。非均匀相变包括经典的均质形核和非均质形核过程，一般把体系空间分为未经相变的部分和已经相变的部分，两者由相界面分隔。形核—长大型或非均匀相变包括金属凝固、多晶型转变及脱溶析出等。均匀相变指整个体系均匀地发生相变，其新相浓度和(或)有序参量逐步地接近稳定相的特性，这一类相变由整个体系借助过饱和或过冷相内原始小的起伏经历"连续"地(相界面不明显)扩展而进行，即连续型相变。连续型相变主要包括调幅分解及连续有序化等。

综上所述，材料中的固态相变种类繁多，不同的分类之间存在一定的关系。就相变实质而言，其中发生的变化无外乎以下三个方面：结构、成分和有序化程度[16]。有些相变只有一种变化，而有些相变则同时兼有两种或两种以上的变化。

2.3 热力学驱动力和动力学能垒

2.3.1 固态相变的热力学驱动力

固态相变体系的总自由能变化，即热力学驱动力 ΔG 可以简单描述为[1,10]

$$\Delta G = V\Delta G_c + A\Gamma + V\Delta G_s + V\Delta G_d + \cdots \quad (2\text{-}1)$$

式中，V 为摩尔体积；ΔG_c 为化学自由能；A 为界面面积；Γ 为界面能；ΔG_s 为错配应变能；ΔG_d 为非平衡缺陷能。这些自由能中有些作为相变驱动力，有些作为阻力或负驱动力[17,18]，本小节将分别作简要介绍。

1. 化学驱动力

金属中的固态相变总体上遵循一般的相变理论，其相变驱动力是新相与母相的体积自由能差 $\Delta G_V = V\Delta G_c$。图 2-1 给出了纯组元 γ 母相与 α 新相的自由能 G 随温度 T 变化的示意图。在高温下母相能量低，新相能量高，母相为稳定相。随温度降低，母相自由能升高的速度比新相快。达到某一个临界温度 T_c，母相与新相自由能相等，称为相平衡温度。低于 T_c，母相与新相自由能之间的关系发生了变

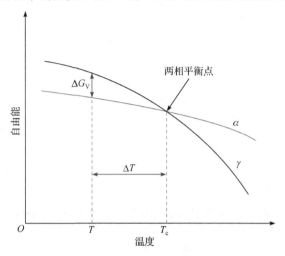

图 2-1 纯组元 γ 母相与 α 新相的自由能随温度变化的示意图

化,母相自由能高,新相自由能低,新相为稳定相,因此发生母相到新相的转变。大多数金属中的固态相变为形核—生长类相变,冷却时其驱动力靠过冷度 ΔT 来获得。ΔT 对于形核和生长机制具有重要影响[7,8]。

然而,通常的固态相变过程中不仅有相结构的变化,还有化学成分的明显变化,所以其相变驱动力的计算较为复杂。为了简便起见,考虑二元 A-B 合金 γ 母相到 α 新相的转变,其中组元 A 形成晶格,组元 B 为溶质,其初始摩尔分数为 c^0。根据热力学理论,每一相的吉布斯自由能 G 可以描述成各组元化学势的函数,其表达式为[19,20]

$$G(c) = (1-c)\mu_A(c) + c\mu_B(c) \tag{2-2}$$

式中,c 为组元 B 的摩尔分数;μ_A 和 μ_B 分别为组元 A 和 B 的化学势,即偏摩尔自由能,可分别表示为

$$\mu_A = G(c) - c\frac{\partial G}{\partial c} \tag{2-3}$$

$$\mu_B = G(c) + (1-c)\frac{\partial G}{\partial c} \tag{2-4}$$

化学势与自由能的关系可以体现在自由能-摩尔分数(G-c)图上,如图 2-2 所

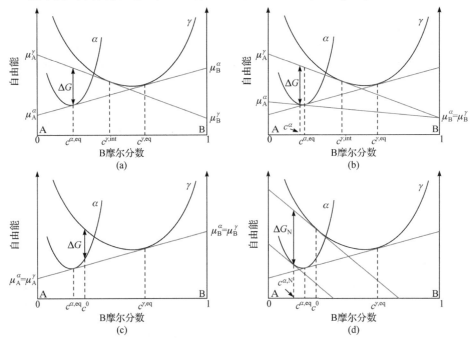

图 2-2 γ 母相和 α 新相的自由能-摩尔分数(G-c)图

(a) 界面摩尔分数偏离平衡,假设 α 新相摩尔分数等于平衡摩尔分数 $c^{\alpha,eq}$ [23];(b) 界面摩尔分数偏离平衡,假设 $\mu_B^\alpha = \mu_B^\gamma$ [24];(c) 界面摩尔分数为初始摩尔分数 c^0,两相摩尔分数不变;(d) γ 母相摩尔分数为 c^0,平行切线法确定 α 新相摩尔分数[23]

示。在指定摩尔分数处作某一相摩尔自由能曲线的切线，这条切线与图中两个纵坐标轴(即 $c=0$ 和 $c=1$)的交点即该摩尔分数下这个相中组元 A 和 B 的化学势[19,20]。从图中可以看到，γ 母相和 α 新相共存的平衡条件为

$$\mu_A^\alpha = \mu_A^\gamma, \quad \mu_B^\alpha = \mu_B^\gamma \tag{2-5}$$

上述平衡条件对应图 2-2 中两相自由能曲线的公切线，两个切点即对应两相的平衡摩尔分数。从热力学角度，式(2-5)意味着合金中每一组元的所有原子都有相同的化学势，整个体系都处于热力学平衡状态。从动力学角度，溶质组元 B 在相界面前沿的富集或贫乏，引起母相中溶质分布，因此母相中不同位置的原子将表现出不同化学势。上述平衡条件在相变动力学过程中仅意味着相界面处的局域平衡，其驱动力 ΔG 为零，相界面的迁移仅靠母相中化学势梯度作用下的溶质原子长程扩散。实际情况下，γ 母相中相界面的摩尔分数往往介于 $c^0 \sim c^{\gamma,eq}$；一旦偏离平衡，必有驱动力，可以借助各组元化学势在相界面处的突变计算得到，表示为[21,22]

$$\Delta G = (1-c^\alpha)(\mu_A^\gamma - \mu_A^\alpha) + c^\alpha(\mu_B^\gamma - \mu_B^\alpha) \tag{2-6}$$

式(2-6)显示，在等温条件下，ΔG 是相界面处溶质摩尔分数 c^α 和 c^γ 的函数，即取决于界面处的溶质配分。针对低含量间隙溶质原子及其在 α 新相中的固溶度远远小于 γ 母相的情形，如低碳 Fe-C 合金，这里给出两种处理方法。一种方法假设 α 新相摩尔分数始终等于平衡摩尔分数 $c^{\alpha,eq}$。图 2-2(a)给出此种假设下利用式(2-6)计算其界面迁移驱动力 ΔG 的示意图[23]。另一种方法由 Svoboda 等[24]提出，认为间隙原子穿越界面不耗散能量，其穿越界面的化学势应该连续，满足 $\mu_B^\alpha = \mu_B^\gamma$。图 2-2(b)给出此种情形下 ΔG 的计算示意图。至于其他复杂情形，如界面内扩散引起的溶质拖曳等，可参考 Hillert[22]的综述性文章，此处不再赘述。

特殊地，针对新旧两相摩尔分数不变，如块体转变(massive transformation)，其驱动力 ΔG 可直接表示为同摩尔分数(c^0)的两相吉布斯自由能差，如图 2-2(c)所示，值得注意的是，α 新相显然处于过饱和状态。针对相变刚刚开始，母相摩尔分数基本保持原始状态(c^0)。然而，形核是晶胚形成和消失的统计过程，只有在吉布斯自由能差尽可能大的条件下，形成一个可见晶核的概率才能更大。因此，晶核的摩尔分数将会偏离平衡摩尔分数以达到尽可能大的形核驱动力。图 2-2(d)描绘了利用公切线法求解最大形核驱动力 ΔG_N 和晶核摩尔分数 $c^{\alpha,N}$ 的计算原理[23]。

2. 相界面与界面能

根据界面上原子在晶体学上匹配程度的不同，可将新旧两相界面分为共格界面、半共格界面和非共格界面三种[10]，如图 2-3 所示。

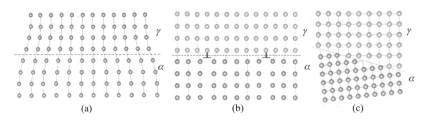

图 2-3　固态相界面结构示意图[10]
(a) 共格界面；(b) 半共格界面；(c) 非共格界面

若两相晶体结构相同、点阵常数相等，或者两相晶体结构和点阵常数虽有差异，但存在一组特定的晶体学平面可使两相原子之间产生完全匹配，此时，界面上原子所占位置恰好是两相点阵的共有位置，这种界面称为共格界面。只有孪晶界才是理想的共格界面。新旧两相总存在点阵类型或点阵常数的差别。因此，保持完全共格时，相界面附近必然存在晶格畸变，如图 2-3(a)所示。

当界面处两相原子排列差异很大，界面上的公共结点很少，这种界面称为非共格界面。非共格界面与大角度晶界在结构上有许多共同特征，由很薄一层无序原子组成的过渡层构成，如图 2-3(c)所示。

维持共格最直接的后果是产生应变能，当应变能达到一定程度时，局部的共格关系可能被破坏，界面上将产生一些刃型位错(其刃部终止于相界面)，以补偿原子间距差别过大的影响，使界面弹性应变能降低。此时，界面上的两相晶格点阵只有部分保持匹配，因此称为半共格界面，如图 2-3(b)所示。

界面上原子失配程度用错配度 δ 来表示[10]：

$$\delta = \frac{|a_\alpha - a_\gamma|}{a_\gamma} \tag{2-7}$$

式中，a_γ、a_α 分别为无应力状态下 γ 相和 α 相的点阵常数。

三种界面结构错配度 δ 和界面能的大致范围见表 2-1。界面上原子排列不规则会导致界面能升高。很显然，共格界面的界面能最低，非共格界面的界面能最高。此外，界面能除了与界面结构有关外，还与界面浓度变化有关，新旧两相化学浓度的改变会引起化学能增加，导致界面能提高。

表 2-1　界面结构与界面能及 δ 的关系[10]

界面结构	错配度 δ	界面能/(J/m²)
共格界面	$\delta \leqslant 0.05$	0.1
半共格界面	$0.05 < \delta \leqslant 0.25$	0.5
非共格界面	$\delta > 0.25$	1.0

3. 错配应变能

弹性错配应变能的计算可以追溯到 1957 年 Eshelby 的经典著作[25,26]，主要用于描述不匹配新相团簇在母相基体中形成时产生的弹性应变场和应变能。为了与前文保持一致，仍定义新相为 α 相，母相为 γ 相。在力学中，α 新相又被称为夹杂(inclusion)。假设 α 团簇与 γ 母相均为线弹性连续体，其弹性应变能的计算方法按照图 2-4 可概括为如下四个步骤[9,27,28]。

(1) 将不匹配 α 夹杂从 γ 基体中摘出，继而基体中将出现一个腔洞，同时释放夹杂和基体中的应力。由于不匹配效应，在无应力状态下，夹杂往往与基体腔洞有不同的形状，如图 2-4(a)所示。各自相应发生的形变被称为无应力应变(stress-free strain)、固有应变(intrinsic strain)或本征应变(eigen strain)[29,30]。两相晶格不同，浓度不同，因而各自本征应变也不相同。两相本征应变之差即转变应变 ε_{ij}^{tr}。然而，通常假设无应力状态下，母相基体作为参考相，转变应变 ε_{ij}^{tr} 近似与夹杂的固有应变相等。

(2) 在夹杂的外表面施加应力 $-p_{ij}^{tr} n_j$ (其中，n_j 为夹杂外表面法向分量)，以便夹杂适合放回基体的腔洞内。其中，应力 $-p_{ij}^{tr}$ 应该足以产生应变 $-\varepsilon_{ij}^{tr}$，两者满足材料的基本本构关系，对于线弹性，即满足胡克定律。

(3) 将夹杂放回基体腔洞内，并按照初始夹杂/母相界面类型构建相界面。

(4) 移除加载的应力，α/γ 相界面处随即产生一个相等且相反的力(即 $p_{ij}^{tr} n_j$)，借助这一步，系统将恢复到初始状态。应力 $p_{ij}^{tr} n_j$ 的存在及母相基体的约束，将在夹杂和母相中诱导产生位移场 u_i 和应变场 ε_{ij}。其中，ε_{ij} 和 u_i 应该满足弹性理论中的几何条件。利用本构方程可计算两相中对应的应力状态 σ_{ij}。最终，系统整体的弹性应变能可以计算为 $1/2 \int_V \sigma_{ij} \varepsilon_{ij} dV$。

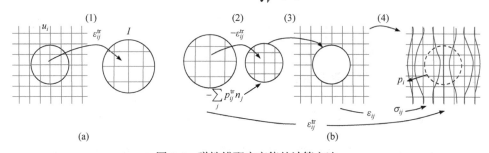

图 2-4 弹性错配应变能的计算方法

(a) 同夹杂相关的无应力应变计算原则；(b) Eshelby 弹性错配应变能计算原则

u_i-位移场，格点位移；p_i-移除加载的应力，即 α/γ 相界面处随即产生一个相等且相反的力

这类问题中，已知量包括夹杂形状、无应力转变应变 ε_{ij}^{tr}、两相弹性性质及

相界面的共格与非共格。当两相具有相同弹性性质时，系统为弹性均匀。否则，称之为弹性非均匀。该问题的难点主要在于计算整体系统的总应变状态 ε_{ij}。如果 ε_{ij} 已知，就可以直接根据本构关系计算应力状态，进而计算弹性应变能。然而，Eshelby 理论局限于线弹性。当 α 夹杂非常小或者同母相的错配度非常小时，Eshelby 理论可以提供很好的近似应变能。实际上，不匹配 α 新相夹杂在 γ 母相内形成及长大过程中，会在母相基体内靠近相界面附近产生位错等缺陷或促使该区域发生塑性变形，以达到错配应力松弛的目的。不匹配 α 新相夹杂周围 γ 母相的塑性形变可以极大地减小系统总体应变能。因此，上述 Eshelby 理论计算得到的应变能应该为系统最大值。

考虑一个半径为 R 的球形夹杂，均匀膨胀无应力应变，在一个无限的弹性-理想塑性母相基体中生长，下面将概述球坐标系 (r,φ,θ) 下应力、应变、位移及应变能密度的基本关系。对于球形夹杂，非共格界面和共格界面产生的错配应变没有区别，均为纯膨胀应变。此外，由于球的对称性，切应力和切应变均为 0；周向应力 $\sigma_\varphi = \sigma_\theta$，周向应变 $\varepsilon_\varphi = \varepsilon_\theta$。根据小变形理论，总应变可以表示为如下加和形式[31-33]：

$$\varepsilon_{\text{tot}} = \varepsilon^{\text{el}} + \varepsilon^{\text{pl}} + \varepsilon^{\text{tr}} \tag{2-8}$$

式中，ε_{tot} 为总应变；ε^{el}、ε^{pl}、ε^{tr} 分别为弹性应变、塑性应变、转变应变。

弹性应变 ε^{el} 可以用胡克定律表示为应力的函数[34,35]：

$$\varepsilon_r^{\text{el}} = \left(\sigma_r - 2\mu\sigma_\varphi\right)/E \tag{2-9}$$

$$\varepsilon_\varphi^{\text{el}} = \left[(1-\mu)\sigma_\varphi - \mu\sigma_r\right]/E \tag{2-10}$$

式中，σ_r 为法向应力；E 为杨氏模量；μ 为泊松比。

其中，应力 σ_r 和 σ_φ 满足平衡方程[34,35]：

$$\frac{\mathrm{d}\sigma_r}{\mathrm{d}r} + \frac{2(\sigma_r - \sigma_\varphi)}{r} = 0 \tag{2-11}$$

如果发生塑性屈服，采用 von Mises 屈服准则，当等价应力 σ_{eq} 超过屈服应力 σ_s 时发生屈服，对于球坐标系可以写为[34,35]

$$\sigma_{\text{eq}} = \frac{1}{\sqrt{2}}\left[(\sigma_r - \sigma_\varphi)^2 + (\sigma_\varphi - \sigma_\theta)^2 + (\sigma_\theta - \sigma_r)^2\right]^{\frac{1}{2}} = \sigma_\varphi - \sigma_r = \sigma_s \tag{2-12}$$

将屈服条件，即式(2-12)代入式(2-11)，可以得到塑性变形下的平衡方程为

$$\frac{\mathrm{d}\sigma_r}{\mathrm{d}r} - \frac{2\sigma_s}{r} = 0 \tag{2-13}$$

此外，总应变分量同质点位移 u 的关系可表示为

$$\varepsilon_r = \frac{\mathrm{d}u}{\mathrm{d}r}, \quad \varepsilon_\varphi = \frac{u}{r} \tag{2-14}$$

显然，应变 ε_r 和 ε_φ 满足如下的相容性条件[34,35]：

$$\varepsilon_r = \frac{\mathrm{d}}{\mathrm{d}r}(r\varepsilon_\varphi) \tag{2-15}$$

利用合适的边界条件，式(2-8)~式(2-15)完全可以确定纯弹性变形和弹-塑性变形过程中的质点位移、应力和应变状态。根据经典微观力学，弹性应变能密度 U' 表达如下[33,36]：

$$U' = \frac{1}{2}\left(\sigma_r \varepsilon_r^{\mathrm{el}} + 2\sigma_\varphi \varepsilon_\varphi^{\mathrm{el}}\right) \tag{2-16}$$

考虑一个球形夹杂从半径为 0 长大到半径为 R，其总的塑性功为球形夹杂 $0 \sim R$ 上所做塑性功的总和。塑性变形区域内塑性功密度的增量 $\mathrm{d}W'$ 可表示为 $\mathrm{d}W' = \sigma_r \mathrm{d}\varepsilon_r^{\mathrm{pl}} + 2\sigma_\varphi \mathrm{d}\varepsilon_\varphi^{\mathrm{pl}}$，结合不可压缩条件 $\varepsilon_r^{\mathrm{pl}} + 2\varepsilon_\varphi^{\mathrm{pl}} = 0$ 和屈服条件式(2-12)可得[33]

$$\mathrm{d}W' = -\sigma_s \mathrm{d}\varepsilon_r^{\mathrm{pl}} \tag{2-17}$$

结合计算得到的应力和应变状态，将式(2-16)和式(2-17)分别对 $4\pi r^2 \mathrm{d}r$ 进行积分便可得到相应的弹性应变能 U 和塑性功增量 $\mathrm{d}W$。

特殊情况下，Nabarro[37]给出了在各向同性基体上均匀、不可压缩的非共格夹杂弹性应变能 ΔG_s，假设泊松比 $\mu = 1/3$，可表示为

$$\Delta G_s = \frac{1}{4}E\delta^2 f(c/a)$$

式中，E 为母相的弹性模量；$f(c/a)$ 为与新相形状有关的函数，其中 c/a 为新相短轴/长轴之比；δ 为体积错配度，$\delta = \Delta V/V^r$，V^r 为摩尔体积。

如图 2-5 所示，球状新相($c/a = 1$)引起的体积错配应变能最大，薄的扁球状($c/a \ll 1$)应变能最小，而针状($c/a \gg 1$)应变能介于二者之间。

4. 其他热力学驱动力

固相中形核几乎总是非均匀的。过剩空位、位错、晶界、堆垛层错、夹杂物等非平衡缺陷都提高了材料的自由能，它们都是有利的形核位置。如果晶核的产生结果是缺陷消失，就会释放出一定的自由能，定义为 ΔG_d。例如，考虑晶界形核，如果完全忽略错配应变能，一个非共格晶界晶核的最佳形状将是如图 2-6 所示的两个相接的球冠，其中，$\cos\theta = \Gamma_{\gamma\gamma}/(2\Gamma_{\gamma\alpha})$，$\Gamma_{\gamma\gamma}$ 和 $\Gamma_{\gamma\alpha}$ 分别为单位面积晶界能和相界面能。晶核除了形成面积为 $A_{\gamma\alpha}$ 的 γ/α 相界面，产生界面能 $A_{\gamma\alpha}\Gamma_{\gamma\alpha}$

外，还将消耗面积为 $A_{\gamma\gamma}$ 的晶界，消失的能量 $\Delta G_{\mathrm{d}} = A_{\gamma\gamma}\Gamma_{\gamma\gamma}$。

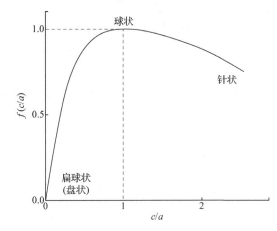

图 2-5　体积错配应变能随形状函数 $f(c/a)$ 的变化[10,37]

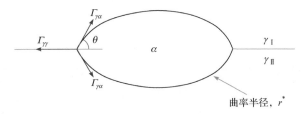

图 2-6　晶界形核示意图[10]

γ_{I}、γ_{II}-2 个 γ 相晶粒

针对固态相变的相界面迁移过程，如果考虑原子穿越两相不同晶体结构界面、溶质与相界面交互作用及析出相与相界面交互作用等，还应包含相界面固有摩擦力、溶质拖拽力及 Zener 钉扎力等[22]。

2.3.2　固态相变的动力学能垒

根据 2.3.1 小节描述的固态相变驱动力，相变驱动力表示系统自由能的降低，为负值，其绝对值大于阻力或负驱动力[17,18]时，相变才能得以进行。驱动力和负驱动力的绝对值相等时，为相变临界状态。然而，这些仅能提供相变发生的条件和方向，属于热力学范畴，并不能说明相变进行的快慢。研究相变过程发生的快慢和程度属于动力学范畴，固态相变动力学理论主要建立于原子热激活运动和扩散理论的基本概念[1,9,10]。

仍以 γ 母相到 α 新相转变为例，图 2-7 描绘了参与该相变的单个原子从 γ 母相穿越相界面进入 α 新相的自由能演化曲线。状态 I 表示初始亚稳定的 γ 母相，自由能较高；状态 II 代表较稳定的 α 新相，自由能较低。从热力学上考虑，α 相比 γ 相的自由能低，亚稳γ相有转变为稳定α相的自发趋势，其驱动力$\Delta G = G_\alpha - G_\gamma$为负值。从动力学上考虑，原子从状态Ⅰ到状态Ⅱ的过程还必须经过一个高能量的状态，即所谓的过渡态或激活态，其与(初始)状态Ⅰ的自由能差，称为相变的动力学能垒(或激活能)[9,10]，在图2-7中用Q表示。

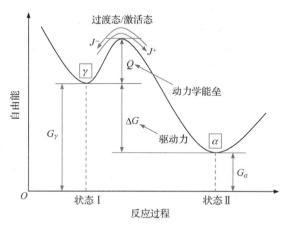

图 2-7　固态相变热力学驱动力与动力学能垒示意图

图2-7中的能量为大量原子的平均能量。晶体中的原子可以借助自身的热激活运动得到很高的热起伏或能量起伏，只有特定概率的原子可以获得足够大的能量以达到激活态。根据反应动力学理论，原子达到激活态的概率为$\exp(-Q/RT)$，进而可以得到相界面处原子的跃迁速率k为[1,9,10]

$$k = k_0 \exp\left(-\frac{Q}{RT}\right) \tag{2-18}$$

式中，Q为激活能或动力学能垒，单位为J/mol；R为摩尔气体常数；k_0为指前因子，同原子热振动频率相关。

式(2-18)为化学反应速率同温度间关系的著名经验公式，称为阿伦尼乌斯方程。该方程应用非常广泛，是固态相变动力学理论研究的基础[1,9,10]。给定激活能时，温度越高，原子能量达到激活态的概率就越大，相变更易进行。

2.4　固体中的扩散与应力

固态相变的理论研究离不开固相中溶质原子的扩散。在金属和合金中，扩散是指原子在扩散驱动力作用下进行无规则运动导致的宏观传质过程。通常情况下，扩散驱动力为溶质浓度梯度或化学势梯度。特殊情况下，其他势场的存在，如应力场等，也可以促使固体中原子的扩散[13,38]。更为特殊的情况下，作用于原子扩散区域的应力场不是源自外部加载或固相组织缺陷，而是溶质原子在固体晶格中的扩散不均匀导致的扩散诱导应力(diffusion-induced stress)[39,40]。应力场的出现，将会对扩散动力学能垒(原子移动性)、热力学驱动力(扩散定律)及扩散空间(边界条件)产生不同于纯化学驱动条件下的重要影响。实质上，扩散与自应力的产生是两个相互耦合的过程，相互作用并相互影响[41-43]。无应力成分应变(stress-free composition strain)取决于整体的浓度分布，需要同时求解原子扩散平衡和应力平衡；应力平衡的求解需要借助本构关系和几何条件，依赖于无应力成分应变。本节将仅对无应力作用下的菲克扩散定律和应力场对固体中原子扩散的影响进行概述。

2.4.1 菲克第一定律

菲克第一定律是一个局域定律，表示了物质的局域扩散通量 J 与局域浓度梯度 $\partial c/\partial x$ 的关系，即在一维扩散条件下，在单位时间通过单位面积的扩散通量为[38]

$$J = -D\left(\frac{\partial c}{\partial x}\right) \tag{2-19}$$

在三维扩散条件下，扩散通量可写为

$$J = -D\left(\frac{\partial c}{\partial x}i + \frac{\partial c}{\partial y}j + \frac{\partial c}{\partial z}k\right) = -D\nabla c \tag{2-20}$$

式中，D 表示扩散系数；∇c 表示浓度梯度；负号表示扩散方向与浓度梯度增长的方向相反。需要指出的是，当 $\partial c/\partial x = 0$ 时，$J=0$，表明在均匀的合金体系中，不存在原子的净迁移。

2.4.2 菲克第二定律

对于各点浓度随时间变化的非稳态扩散，尽管式(2-20)仍然有效，但不能直接用该式求解此类问题。为此，借助于扩散物质的质量守恒定律，将菲克第一定律演变为更广泛的形式，即菲克第二定律，其表达式为[38]

$$\frac{\partial c}{\partial t} = -\nabla \cdot J = \nabla(D\nabla c) \tag{2-21}$$

当扩散系数与浓度无关时，式(2-21)则变为

$$\frac{\partial c}{\partial t} = D\nabla^2 c \tag{2-22}$$

式中，∇^2 为拉普拉斯算子，即 $\nabla^2 = \frac{\partial^2}{\partial x^2} + \frac{\partial^2}{\partial y^2} + \frac{\partial^2}{\partial z^2}$。

原子扩散也是一个热激活运动，因而原子扩散速率，即扩散系数 D 为

$$D = D_0 \exp\left(-\frac{Q_D}{RT}\right) \tag{2-23}$$

式中，Q_D 为原子的扩散激活能，单位 J/mol。

2.4.3 应力场对扩散的影响

仍以二元间隙固溶体为例，首先考虑间隙原子在一个无应力状态下的主晶格内发生各向同性扩散，其扩散驱动力为化学势梯度 $\nabla\mu$。根据力-通量的线性关系(linear force-flux law)，该间隙原子的扩散通量可以写为[13,38]

$$J = -Mc\nabla\mu \tag{2-24}$$

式中，M 为原子移动性(mobility)，标量。

从式(2-24)中可以直接看出，应力场对扩散的影响可以作用在如下三个物理量：原子移动性 M、化学势 μ 及扩散空间(位置坐标)。

1. 应力场对原子移动性的影响

如果在该材料上施加一个均匀应力场，扩散间隙原子能量与位置无关，因此不受力。假设没有其他势场的作用，扩散通量仍然与化学势梯度呈线性关系，见式(2-24)。然而，应力场的存在导致原子迁移在不同的方向有不同的速率，于是原子移动性 M 便成了一个张量。几乎所有类型的晶体都会有此种情形。可以作如下解释：间隙原子从一个间隙位置跃迁到另一个位置，需要挤过主晶格原子，引起主晶格的畸变；应力张量的任一分量必然会做功以抵抗主晶格的畸变。原子在不同的方向跃迁，可以引起在给定应力场条件下不同的晶格畸变，进而诱发不同大小的功。在无应力状态下，原子跃迁速率满足阿伦尼乌斯方程，正比于 $\exp[-Q/(k_BT)]$，其中 Q 为跃迁过程动力学能垒，k_B 为玻尔兹曼常量。如果考虑应力的作用，则它做的功 W 必须加到这个热激活能垒 Q 中。于是，应力作用下，原子跃迁速率正比于 $\exp[-(Q+W)/(k_BT)]$。类似于界面移动速率方程，$W/(k_BT)$ 足够小，这个比例因子接着能写为 $\exp(-Q/(k_BT))[1-W/(k_BT)]$。总的间隙原子移动性可以通过对不同方向不同类型跃迁求和得到。可以看到，每一种跃迁同 W 线性相关，进而与应力张量的分量线性相关。因此，原子移动性与应力呈线性关系，可写为如下应力张量分量 σ_{kl} 的线性函数[13]：

$$M_{ij} = M_{ij}^0 + \sum_{kl} M_{ijkl}\sigma_{kl} \tag{2-25}$$

这是外界因素直接影响动力学的典型案例，具体性质和讨论可见 Larché 和 Voorhees 的相关研究[44]。

2. 应力作为驱动力影响扩散

如果在上述材料上施加一个非均匀应力场，扩散原子将在某个方向上产生一个力以抵消它与应力场的交互势能。式(2-25)中与应力相关的项相对比较小，因此忽略应力对原子移动性的所有影响，仅仅关注应力场非均匀性产生的力。这个力可以诱导间隙溶质原子的扩散。因此，除了化学势梯度以外，局域应力势梯度也将作为扩散驱动力的一部分促使原子移动。这部分流量必须加到这个局域扩散通量中，于是，扩散通量式(2-24)被修正为[13,38]

$$J = Mc(\nabla \mu + \nabla \Psi) \tag{2-26}$$

式中，Ψ 为扩散原子同应力场的交互势。

假设该固溶体为极稀固溶体，应用亨利定律[13]，其溶质原子的化学势可以近似写为

$$\mu = \mu^0 + k_B T \ln(Kc) \tag{2-27}$$

式中，K 为常数；k_B 为玻尔兹曼常量。

于是，化学势梯度与溶质浓度的梯度关系可以表示为

$$\nabla \mu = \frac{k_B T}{c} \nabla c \tag{2-28}$$

在无应力状态下的原子移动性 M 可以写作

$$M = \frac{D}{k_B T} \tag{2-29}$$

将式(2-29)代入式(2-26)可得到应力作用下修正的菲克第一定律：

$$J = -D\left(\nabla c + \frac{c \nabla \Psi}{kT}\right) \tag{2-30}$$

式中，扩散通量由两部分组成：第一项来自溶质浓度梯度；第二项来自应力势梯度。

3. 应力对扩散边界条件的影响

边界条件是任何边界扩散问题的重要组成部分，而应力的存在不仅导致原子移动性和化学势的改变，而且可以引起扩散区域的形变，即边界条件的变化。这个影响主要体现在扩散蠕变过程。在蠕变过程中，加载应力可针对原子不同的源(sources)和汇(sinks)构建不同的扩散势。为了响应加载应力，这些源和汇之间则通过改变样品形状的方式来产生扩散流以达到输运原子的目的[13]。从热力学观点出发，蠕变也是一种热激活过程。在高温条件下，借助于外应力和热激活的作用，形变的一些障碍得以克服，材料内部质点发生不可逆的微观过程。因此，材料随时间变化的扩散蠕变应变应该是温度和应力的函数。针对金属材料的稳态蠕变速率 $\dot{\varepsilon}_{\text{creep}}$，Dorn 提出了如下方程[45]：

$$\dot{\varepsilon}_{\text{creep}} = A\sigma^n \exp\left(-\frac{Q_c}{RT}\right) \tag{2-31}$$

式中，Q_c 为蠕变过程激活能；σ 为加载应力；n 为蠕变速率对应力的敏感指数；A 为常数，与初始瞬时应变和晶粒尺寸等因素相关。

扩散蠕变过程的机制和原理非常复杂，相关研究目前尚在继续，其中关于蠕变对原子扩散过程影响程度的研究成果更为少见。

2.5 形核理论

形核过程一般非常短暂，新相晶核尺寸也很小(纳米级)，在实验上对于形核的直接观察研究比较困难，因此对于形核理论的研究以理论分析居多，也比较系统，主要是 20 世纪上半叶 Gibbs[15]、Becker 和 Döring[46]、Hobstetter[47]、Cahn 和 Hilliard[48,49]、Turnbull[50-52]等建立的经典形核理论模型。固态相变中的形核理论是以经典形核理论为基础的，通过对形核功进行修正而得到。

2.5.1 经典均质形核理论

在宏观上均匀的母相中，总存在一些微观的不均匀性，如能量、组态、浓度和密度的差别等。如果母相中某些微小区域的组态、浓度和密度与新相的组态浓度和密度接近，则在这些区域中就可能形成新相的晶胚，当这些晶胚达到一定的尺寸时，就可作为稳定的晶核而长大，如图 2-8 所示。形核率由临界尺寸晶核的数目和原子的相界面跃迁频率决定。原子越过界面的频率满足阿伦尼乌斯关系，即 $\omega = \omega_0 \exp[-Q_N/(RT)]$，临界尺寸晶核的数目取决于临界形核功 ΔG^*，同样满足

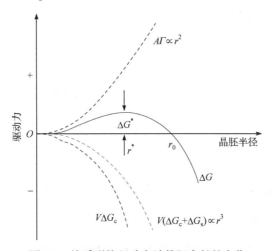

图 2-8 均质形核驱动力随晶胚半径的变化

阿伦尼乌斯关系 $C = C_0 \exp\left[-\Delta G^*/(RT)\right]$。因此，每单位体积超临界尺寸晶核的形核率可以表示为[1,9,10]

$$\dot{N}_{\text{hom}} = \omega_0 C_0 \exp\left(-\frac{Q_N}{RT}\right) \exp\left(-\frac{\Delta G^*}{RT}\right) \quad (2\text{-}32)$$

式中，C_0 为形核位置密度；ω_0 为特定频率因数；Q_N 为原子跃过相界面的激活能。

2.5.2 均质形核模式

1. 连续形核

如果过冷度或者过热度非常大，即极端非平衡条件下，形核功ΔG^*与 RT 相比非常小甚至可以忽略不计。于是单位体积的形核率仅取决于原子穿越相界面的迁移率，表示为[53-56]

$$\dot{N} = N_0 \exp\left(-\frac{Q_N}{RT}\right) \quad (2\text{-}33)$$

式中，N_0 定义为 $\omega_0 C_0$，表示与温度无关的形核率。这类形核方式在温度 T 恒定时其形核速率为常数，被定义为连续形核。在 $t=0$ 时，晶核数目为零，如图 2-9 所示。此形核模式常出现在非晶合金的晶化过程中。但是如果过冷度或过热度很小，即近平衡温度相变，则ΔG^*就不能忽略，这种情况下就只能用式(2-32)来计算形核率。

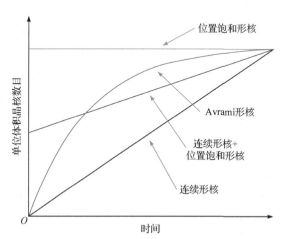

图 2-9 四种形核方式的晶核数目随时间演化关系示意图

2. 位置饱和形核

与连续形核模型的假设相反，位置饱和形核假定相变初期 $t=0$ 时刻在母相中已经预先存在大量的超临界尺寸的晶核，并且形核位置随即达到饱和状态，后续形核率为零，不再发生形核，其形核率可表述为[53-56]

$$\dot{N} = N^* \delta(t-0) \tag{2-34}$$

式中，N^* 为单位体积预存在晶核的数量；$\delta(t-0)$ 为狄拉克函数。

位置饱和这一术语可用在 $t=0$ 时预先存在晶核的一般情况，如图 2-9 所示。典型案例可参考晶界、晶棱、角隅处的优先形核[57]。晶界位置饱和形核主要由过冷度或过热度决定，发生于相变初期，随后只是生长，其晶核数目保持不变。针对高温稳定相进行快速冷却/淬火后，可在较低温度下形成亚稳相，如非晶合金或过饱和固溶体，它们分别具有结晶或分解的潜力。根据这种亚稳相的精确热历史，可以将一定量新的稳定相团簇"冻结"以淬入晶核，随后对上述具有"冻结"团簇的亚稳相施加热处理，那些大于临界尺寸(即淬入晶核)的团簇直接生长，且后续不再有形核事件，则表明发生了位置饱和。由于临界尺寸与温度有关，且"冻结"颗粒服从一定尺寸分布，位置饱和形核机制中的晶核数量显然与温度相关。

3. Avrami 形核

根据阿夫拉米(Avrami)[58-60]定义的形核机理，超临界尺寸晶核来自亚临界尺寸晶核，这样亚临界和超临界尺寸晶核的总数目 N' 不变。超临界尺寸晶核数目的增加就等于亚临界尺寸晶核数目的减少，其形核率为[53-56]

$$\dot{N} = -\dot{N}_{\text{sub}} = \lambda N_{\text{sub}} \tag{2-35}$$

式中，N_{sub} 为亚临界尺寸晶核数目；λ 为亚临界晶核变为超临界的频率，热激活过程遵循阿伦尼乌斯关系式：

$$\lambda = \lambda_0 \exp\left(-\frac{Q_N}{RT}\right) \tag{2-36}$$

式中，λ_0 为与温度无关的频率常数。

对式(2-35)分离变量然后积分，用式(2-36)和边界条件 $t=0$ 时亚临界晶核的数目为 N'，从而获得时间 t 时刻超临界晶核形成速率为

$$\dot{N} = -\dot{N}_{\text{sub}} = \lambda N' \exp\left(-\int_0^t \lambda \mathrm{d}\tau\right) \tag{2-37}$$

随着 λ_0 的变化，Avrami 形核模型可由纯位置饱和形核(λ_0 无限大)向纯连续形核(λ_0 无限小)变化。这种形核方式的晶核数目演化见图 2-9。

4. 混合形核

实际相变中，形核过程可能包含多种不同的形核机制，故称为混合形核。研

究表明，位置饱和形核与连续形核的混合模式广泛存在于非晶晶化过程[61-65]，见图2-9。此时形核率可直接表示为

$$\dot{N} = N^*\delta(t-0) + N_0 \exp\left(-\frac{Q_\text{N}}{RT}\right) \tag{2-38}$$

式中，N^*和N_0是位置饱和与连续形核两种形核方式的相对权重。

根据式(2-37)及图2-9，Avrami形核在转变开始阶段近似于连续形核，而在结尾处近似于位置饱和，其本质上也是一类从连续形核到位置饱和的混合形核。于是，考虑连续形核与Avrami形核的混合没有意义[54]。然而，位置饱和形核与Avrami形核的混合也可给出一种中间态，其形核率可以描述为

$$\dot{N} = N^*\delta(t-0) + N'\lambda\exp(-\lambda t) \tag{2-39}$$

式中，N^*和N'指位置饱形核和与Avrami形核两种方式的相对权重。此种混合形核模式已在Mg-Ni合金非晶晶化过程中得到证实[63]。

综上，存在两种极端的形核模式：连续形核与位置饱和形核。中间态形核模式Avrami形核与混合形核，均可描述成两种极端形核模式的权重加和。

2.5.3 非均质形核速率

正如2.3.1小节所述，如果将各种形核位置以ΔG_d的增加，即形核功ΔG^*减小的顺序排列，其次序大体如下：均匀形核位置、空位、位错、堆垛层错、晶界或相界、自由表面。ΔG^*减小意味着形核速率加快。这些形核位置对整体转变速率的相对贡献还取决于其相对浓度。如果单位体积内非均质形核位置的浓度为C_1，临界形核功为ΔG_het^*，则非均质形核速率也可以表示为经典形核率的形式[10]：

$$\dot{N}_\text{het} = \omega_0 C_1 \exp\left(-\frac{Q_\text{N}}{RT}\right)\exp\left(-\frac{\Delta G_\text{het}^*}{RT}\right) \tag{2-40}$$

对于图2-6的晶界形核情形，$\Delta G_\text{het}^*/\Delta G_\text{hom}^* = S(\theta) = (2+\cos\theta)^2(1-\cos\theta)^2/2$，其中，$S(\theta)$为晶核形状因子。

2.6 生 长 理 论

一旦新相晶胚达到临界尺寸，形核阶段结束，相变进入长大阶段。可以认为形核阶段产生了两相界面，长大阶段就是此界面向母相的移动过程[66]。固态相变中界面迁移可以分为两类：滑动型和非滑动型。滑动型界面迁移依靠位错滑动，使母相点阵切变而转化为新相，如马氏体相变和孪晶界面的形成等。滑动型

界面迁移对温度不敏感,即所谓的非热激活型迁移。一般来说该方式的界面移动速度非常快(大于声速),呈现"爆发"式的相变特征,其相变动力学基本上由形核控制[7,8]。在实际体系中,更常见的是非滑动型界面迁移。它是通过类似于大角度晶界迁移的方式,由单个原子近乎随机地跃过界面而进行的[67]。

2.6.1 界面迁移速率

大多固态相变中界面迁移速率的控制主要包含如下两个过程[68,69]:原子穿越两相界面的短程跃迁(即界面迁移,或称晶格重排)、溶质组元再分配及母相中长程扩散(这里不考虑溶质组元在界面内的扩散,即溶质拖曳效应不是本书的研究重点)。两个过程中的较慢者控制着界面迁移速率。这两个控制过程是串联的,由这两个过程确定的界面迁移速率应该相等。界面迁移不仅取决于界面的固有移动性,而且取决于溶质在母相中的长程扩散。这种一般情形被称为混合模式生长,介于纯界面控制和纯扩散控制两种极端之间,是这两种控制方式竞争的结果。当长程扩散无限快,退化为纯界面控制生长;当界面过程无限快,则转变为纯扩散控制生长[70]。

图 2-10 示例了溶质初始浓度为 c^0 的二元 A-B 合金(B 为溶质组元)中 α 新相向 γ 母相的平界面迁移过程。界面控制生长和扩散控制生长的主要区别体现在两相界面处溶质组元的再分配。新旧两相溶质浓度相同且都为 c^0,即长程扩散无限快,为纯界面控制生长;新旧两相界面处溶质浓度接近局域平衡浓度 $c^{\alpha,eq}$ 和 $c^{\gamma,eq}$,即界面过程无限快,为纯扩散控制生长。针对前者,Christian[9]将界面迁移速率表示为界面迁移驱动力与界面固有移动性的乘积。针对后者,Zener[71]通过求解溶质扩散方程和质量守恒条件,得出球形新相生长或片层新相侧向生长速率

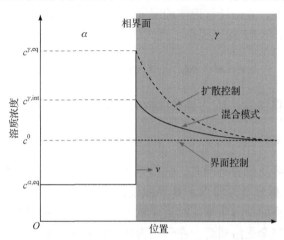

图 2-10 溶质初始浓度为 c^0 的二元 A-B 合金的平界面迁移与溶质配分
v-界面迁移速率;$c^{x,int}$-相界面母相侧溶质浓度;$c^{\alpha,eq}$ 和 $c^{\gamma,eq}$-局域平衡浓度

同相变时间遵循抛物线型关系。当前的固态相变动力学分析[53-56,72,73]大多基于这两种控制方式。然而，越来越多的实验事实表明[74-79]，这两种控制方式仅仅是极端情况。界面迁移控制方式并不是一成不变的，而是存在界面控制和扩散控制的共存与转化。例如，在低到极低碳 Fe-C 合金奥氏体(γ)向铁素体(α)的等温相变[80,81]、非晶 Fe 基[82-84]和 Al 基[85]合金初始晶化形成纳米晶过程中，转变开始阶段为界面控制，随后过渡到扩散控制。相反的情况，即从扩散控制过渡到界面控制，在一些实验中也被发现[86-88]。换句话说，两相界面处的溶质浓度并不总是等于 c^0 或者等于局域平衡浓度，而是在这两个极端之间随着相变进行呈现规律性变化，如图 2-10 中母相界面处溶质浓度 $c^{\chi,\text{int}}$ 在 c^0 和 $c^{\chi,\text{eq}}$ 之间变化。

2.6.2 界面控制生长

对于界面控制界面迁移，新旧两相溶质浓度相同，其迁移速率主要由原子穿越两相界面的短程跃迁控制。针对这一界面反应过程，参见图 2-7，由绝对反应速率理论可知界面迁移速率为[1,9,10]

$$v = J^+ - J^- = v_0 \exp\left(-\frac{Q}{RT}\right)\left[1 - \exp\left(\frac{\Delta G}{RT}\right)\right] \quad (2-41)$$

式中，v_0 为生长速率指前因子；Q 为原子通过新旧两相界面跃迁的激活能。

大过冷或大过热条件下，驱动力$|\Delta G|$远远大于 RT，则式(2-41)变为

$$v = v_0 \exp\left(-\frac{Q_G}{RT}\right) \quad (2-42)$$

式中，v_0 为与温度无关的界面迁移速率；Q_G 为生长激活能。

在这种情况下，界面迁移速率随温度下降而单调下降。对于小过冷或小过热条件，驱动力$|\Delta G|$与 RT 相比很小，则式(2-41)就可简化为

$$v = M(-\Delta G) = M_0 \exp\left(-\frac{Q_G}{RT}\right)(-\Delta G) \quad (2-43)$$

式中，M 为界面移动性；M_0 为移动性指前因子。

2.6.3 扩散控制生长

当新旧两相溶质浓度不同时，两相界面迁移除了受界面机制控制外，还必须满足溶质原子重新分布的要求，其界面迁移伴随着溶质原子在母相中的长程扩散。当新旧两相界面处溶质浓度接近局域平衡浓度 $c^{\alpha,\text{eq}}$ 和 $c^{\chi,\text{eq}}$，如图 2-10 所示，其界面迁移速率完全受溶质组元在母相内的长程扩散过程控制。根据界面溶质质量守恒定律和图 2-10 可得扩散控制界面迁移速率 v 为[9]

$$v = \frac{\mathrm{d}R^\alpha}{\mathrm{d}t} = -\frac{D}{c^{\alpha,\mathrm{eq}} - c^{\gamma,\mathrm{eq}}} \left(\frac{\partial c}{\partial r}\right)_{r=R^\alpha} \tag{2-44}$$

式中,R^α 为 α 新相尺寸或界面位置;$(\partial c/\partial r)_{r=R^\alpha}$ 为界面前沿浓度梯度。

为了简便,采用溶质场线性近似,将浓度梯度表示为 $\Delta c/y^D$,其中 y^D 指代母相中溶质的有效扩散距离,而 Δc 表示母相中靠近界面与远离界面处的溶质浓度差,即 $\Delta c = c^{\gamma,\mathrm{eq}} - c^0$。于是式(2-44)变为

$$v = \frac{\Delta c}{c^{\gamma,\mathrm{eq}} - c^{\alpha,\mathrm{eq}}} \frac{D}{y^D} \tag{2-45}$$

假定扩散系数 D 不随位置、时间和浓度而改变。菲克第二定律,即式(2-22)可以重写为如下形式:

$$\frac{\partial c(r,t)}{\partial t} = D\nabla^2 c(r,t) + \left[(j-1)\left(\frac{D}{r}\right)\right]\left[\nabla c(r,t)\right] \tag{2-46}$$

式中,$j=1,2,3$ 分别对应一维、二维和三维生长。

给定边界条件 $c(r,0)=c^0$,$c(R^\alpha,t)=c^{\gamma,\mathrm{eq}}$,$c(\infty,t)=c^0$,联立式(2-44)和式(2-46)可得到界面前沿溶质浓度分布为[67,71]

$$c(r,t) = c^0 + (c^{\gamma,\mathrm{eq}} - c^0)\frac{\Theta\left(r/(Dt)^{1/2}\right)}{\Theta\left(R^\alpha/(Dt)^{1/2}\right)} \tag{2-47}$$

式中,$\Theta(r) = \int_r^\infty y^{1-j} \exp\left(-\frac{y^2}{4}\right)\mathrm{d}y$。

定义 $\lambda_Z \equiv R^\alpha/(Dt)^{1/2}$,称为 Zener 生长系数,简称生长系数,于是得到抛物线型生长规律:

$$R^\alpha = \lambda_Z (Dt)^{\frac{1}{2}} \tag{2-48}$$

将式(2-47)代入式(2-44)可以得到 λ_Z 的隐式函数为

$$(\lambda_Z)^j = \left[2\Omega \exp\left(-\frac{\lambda_Z^2}{4}\right)\right]\Big/\Psi(\lambda_Z) \tag{2-49}$$

式中,Ω 为基体初始过饱和度,可表示为

$$\Omega = (c^{\gamma,\mathrm{eq}} - c^0)/(c^{\gamma,\mathrm{eq}} - c^{\alpha,\mathrm{eq}}) \tag{2-50}$$

针对一维线性浓度场近似,式(2-45)中的有效扩散距离 y^D 可以通过溶质质量守恒定律,即 $(c^0 - c^{\alpha,\mathrm{eq}}) = y^D(\Delta c/2)$ 直接计算得到。对式(2-45)进行积分,其结果为

$$R^\alpha = \frac{c^{\gamma,\mathrm{eq}} - c^0}{\left(c^{\gamma,\mathrm{eq}} - c^{\alpha,\mathrm{eq}}\right)^{1/2}\left(c^0 - c^{\alpha,\mathrm{eq}}\right)^{1/2}}\sqrt{Dt} \tag{2-51}$$

于是，一维线性浓度场近似条件下，生长系数 λ_Z 表示为[71]

$$\lambda_Z = \frac{c^{\gamma,\mathrm{eq}} - c^0}{\left(c^{\gamma,\mathrm{eq}} - c^{\alpha,\mathrm{eq}}\right)^{1/2}\left(c^0 - c^{\alpha,\mathrm{eq}}\right)^{1/2}} \tag{2-52}$$

2.6.4 混合模式生长

混合模式控制界面迁移介于纯界面控制和纯扩散控制之间，其界面迁移速率由晶格重排和溶质组元长程扩散共同控制，由这两个串联的过程计算得到的界面迁移速率应该相等，式(2-43)和式(2-44)的联立构成了混合模式控制生长理论模型。值得注意的是，根据式(2-6)，界面迁移驱动力是界面两侧溶质浓度 c^α 和 c^γ 的函数，于是，混合生长模式包含三个未知参数：界面迁移速率 v 及界面两侧浓度 c^α、c^γ。因此，式(2-43)和式(2-44)还不足以解决这个问题，需要引入额外假设。Sietsma 和 van der Zwaag[89]认为 c^α 等于平衡浓度，对应图 2-2(a)，而 Svoboda 等[24]认为间隙原子穿越界面的化学势应该连续，对应图 2-2(b)。目前，关于混合相变的理论研究和实验描述大都基于前者。

2.6.5 界面/扩散控制生长的统一描述

在极端非平衡条件下，生长方式仍可分为界面控制生长和扩散控制生长这两种简单情形。此时，由于热力学驱动力非常大，可认为生长过程仅受原子的界面扩散或体扩散控制，符合阿伦尼乌斯关系。

针对这两种生长方式，可用统一的表达式表述。在 τ 时刻形核的颗粒，当时间为 t 时其体积 Y 为[54]

$$Y(\tau,t) = g\left(\int_\tau^t v\mathrm{d}t'\right)^{\frac{d}{m}} \tag{2-53}$$

式中，g 为晶核的形状因子；d 为生长的维数；m 为生长模式($m=1$ 时为线性的界面控制生长；$m=2$ 时为抛物线型的扩散控制生长)。

对于界面控制生长，由式(2-42)可知：

$$v = v_0 \exp\left(-\frac{Q_\mathrm{G}}{RT}\right) \tag{2-54}$$

对于扩散控制生长，v 通常可表示为

$$v = D_0 \exp\left(-\frac{Q_\mathrm{D}}{RT}\right) \tag{2-55}$$

式中，D_0 为与温度无关的扩散系数；Q_D 为扩散激活能。

2.7 全转变动力学理论

固态相变包括三个重叠的子过程：形核、生长和碰撞。相变动力学则取决于新相的形核率、生长速率及碰撞程度。针对形核和生长单个过程的动力学并没有涉及这两个过程的交互及晶粒间彼此的碰撞。本节将重点介绍全转变相变动力学与形核和生长动力学之间的定量关系。

2.7.1 科尔莫戈罗夫统计方法

该方法将形核和生长当作两个统计过程，全转变动力学依赖于计算空间中任意一点 O(作为原点)在给定时间 t 时刻仍未被转变的概率[90]。在$[\tau,\tau+\Delta\tau]$时间区间，在位置 P 形核的某个晶粒在 t 时刻长大到原点 O 的概率为[90]

$$q' = \dot{N}(\tau)\Delta\tau Y(\tau,t) + o(\Delta\tau) \tag{2-56}$$

式中，$\dot{N}(\tau)$为单位体积稳态形核率；$\dot{N}(\tau)\Delta\tau$ 为单位体积内在时间间隔$[\tau,\tau+\Delta\tau]$出现一个晶核的概率；$o(\Delta\tau)$ 为$\Delta\tau$的一阶无穷小；$Y(\tau,t)$ 为 τ 时刻形核的晶粒在 t 时刻的体积，见式(2-53)。

那么原点 O 在 0 到 t 时间内仍未被转变的概率为[90]

$$q(t) = \prod_{i=1}^{s}\left[1-\dot{N}(t_i)Y(t_i,t)\Delta\tau\right] + o(1) \tag{2-57}$$

式中，$t=s\Delta\tau$；$t_i=i\Delta\tau$。对式(2-57)两边求对数，当$\Delta\tau \to 0$时：

$$q(t) = \exp\left(-\int_0^t \dot{N}(\tau)Y(\tau,t)\mathrm{d}\tau\right) \tag{2-58}$$

则真实转变分数 f 随时间 t 的演化可以表示为

$$f(t) = 1 - \exp\left(-\int_0^t \dot{N}(\tau)Y(\tau,t)\mathrm{d}\tau\right) \tag{2-59}$$

2.7.2 Johnson-Mehl-Avrami 扩展体积方法

假设每个晶核均发生于无限大的母相中，且不受其他晶核生长的影响，在 τ 时刻，一定时间 $\mathrm{d}\tau$ 内单位体积形成的超临界晶核数量为 $\dot{N}\mathrm{d}\tau$，其中 $\dot{N}$ 见 2.5.2 小节中的讨论。假设每个晶核生长不受其他晶粒影响，联合式(2-53)，这些晶粒体积从时刻 τ 生长到当前时刻 t。所有新相晶粒在时刻 t 的总体积称为扩展转变体积 V^{e}，简称扩展体积[58-60,91]，定义为

$$V^{\mathrm{e}} = V\int_0^t \dot{N}(\tau)Y(\tau,t)\mathrm{d}\tau \tag{2-60}$$

式中，V 为试样体积，在相变过程是常量。

式(2-60)除以 V，则得到扩展转变分数 x_e 为

$$x_e \equiv \frac{V^e}{V} = \int_0^t \dot{N}(\tau) Y(\tau,t) \mathrm{d}\tau \tag{2-61}$$

式(2-61)显示扩展转变分数其实为形核率和晶核体积在 $0\sim t$ 的卷积函数，意味着形核和生长是两个重叠的过程。式(2-61)的原理也可用于非等温相变，需在 $\dot{N}$ 和 Y 的表达式中引入与温度 T 相关的时间项，将在第 3 章中着重介绍。

在扩展空间中，每个新相晶粒的形核和生长不受已存在晶粒的影响和约束。然而，在真实空间中，已转变区域不能发生形核；生长着的新相晶粒边界发生接触后便会停止，这种现象被称为"硬碰撞"[53-55]。假设晶核随机分布且各向同性生长，在 $\mathrm{d}t$ 时间内，扩展转变体积和实际转变体积分别增长 $\mathrm{d}V^e$ 和 $\mathrm{d}V^t$。在扩展体积变化量 $\mathrm{d}V^e$ 中，只有一部分对实际转变体积变化量 $\mathrm{d}V^t$ 有贡献，这一部分比例与未转变体积分数相当，即[91]

$$\mathrm{d}V^t = \left(\frac{V-V^t}{V}\right)\mathrm{d}V^e, \quad \frac{\mathrm{d}f}{\mathrm{d}x_e} = 1-f \tag{2-62}$$

将式(2-62)积分便可得到

$$f(t) = 1-\exp(-x_e) = 1-\exp\left(-\int_0^t \dot{N}(\tau) Y(\tau,t) \mathrm{d}\tau\right) \tag{2-63}$$

2.7.3 KJMA 动力学模型的扩展

科尔莫戈罗夫统计方法和 Johnson-Mehl-Avrami 扩展体积方法得到的结果完全一致，上述经典动力学理论统称为 KJMA 动力学模型(简称"KJMA 模型")，2.7.1 小节和 2.7.2 小节的推导过程隐含如下假设：晶核随机分布、各向同性生长、恒定生长速率、无成分变化且针对等温过程，其结果可以描述成如下简洁的形式[58-60,90,91]：

$$f = 1-\exp(-k^n t^n) = 1-\exp\left[-k_0^n t^n \exp\left(-\frac{nQ}{RT}\right)\right] \tag{2-64}$$

式中，k_0 为速率常数指前因子；n 为 Avrami 指数或转变指数，可以反映形核和生长机制；Q 为相变总有效激活能。式(2-64)就是经典 KJMA 模型，以经典 KJMA 模型为基础发展起来的一系列经验或半经验数学模型在形核—生长类固态相变动力学研究中应用非常广泛[1,9]。KJMA 模型仅针对等温相变，暗含诸多假设，n、Q 及 k_0 均为常数。然而实际相变过程要复杂得多，大多涉及非等温相变和溶质扩散，以及晶核非随机分布和各向异性生长等。自 1956 年，Cahn 率先提出晶界、晶界棱和晶界隅角形核的 KJMA 修正模型[57]，以及利用可加性原理将 KJMA 模型拓宽到非等温相变过程[92]。随后的数十年里，针对经典 KJMA 模型应用到实

际情形引起的偏差及原始限制条件的解除，KJMA 模型得到了不断地修正和扩充，如瞬态形核(transient nucleation)[93,94]、空间相关形核(spatially correlated nucleation)[95,96]、尺寸依赖性生长[97,98]、随机位向各向异性生长[99-103]、抛物线型扩散类生长[104-107]、微小晶粒相变[108,109]、微观结构演化[110-112]、软碰撞[113]、非等温相变[114,115]及混合形核[53-55]等。

考虑硬碰撞，在经典 KJMA 模型基础上给出三类唯象碰撞修正。

1. 晶核随机分布碰撞

经典 KJMA 模型，参见 2.7.2 小节，有

$$\mathrm{d}V^t = \left(\frac{V-V^t}{V}\right)\mathrm{d}V^e, \quad \frac{\mathrm{d}f}{\mathrm{d}x_e} = 1-f \quad (2\text{-}65)$$

2. 各向异性生长碰撞

由于晶粒形状各异，从随机分布核心形成到其他晶粒阻挡其生长之前的这段时间间隔与各向同性生长相比非常小。一个唯象的近似可表达为[53-55,116]

$$\frac{\mathrm{d}f}{\mathrm{d}x_e} = (1-f)^\xi \quad (2\text{-}66)$$

式中，ξ 为各向异性碰撞因子，$\xi \geqslant 1$。

式(2-66)显示，f 和 x_e 的差别比起随机形核分布式(2-65)引起的差别是比较大的，即随着 ξ 的增加碰撞愈发剧烈。当 $\xi > 1$ 时，对式(2-66)积分可得

$$f = 1 - \left[1+(\xi-1)x_e\right]^{-1/(\xi-1)} \quad (2\text{-}67)$$

当 $\xi = 1$ 时，式(2-67)退化为经典 KJMA 模型，见式(2-65)，如图 2-11 所示。

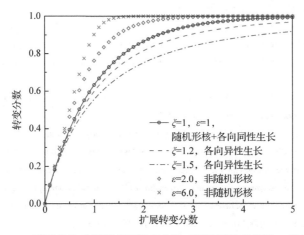

图 2-11　不同唯象碰撞模式下转变分数 f 同扩展转变分数 x_e 的关系

3. 晶核非随机分布碰撞

比起随机形核分布，更常规的非随机形核分布对碰撞修正有较小的影响，即 f 和 x_e 的差别是比较小的。对非随机形核分布引起的碰撞近似表达为[53-55,73]

$$\frac{\mathrm{d}f}{\mathrm{d}x_e} = 1 - f^\varepsilon \tag{2-68}$$

式中，ε 为非随机碰撞因子，$\varepsilon \geqslant 1$。

当 $\varepsilon > 1$ 时，由于式(2-68)引起的碰撞比起式(2-65)影响更小，f 和 x_e 的差别比较小，并且随着 ε 增加而减小，见图 2-11。对于一般的 ε，对式(2-68)进行积分，很难得到转变分数的确切表达式。对于 $\varepsilon = 2$，可以得到一个解析的表达式：

$$f = \tanh(x_e) \tag{2-69}$$

其他情况下，对应的 f 可以通过如下数值方法得到：

$$f_{i+1} = \left(1 - f_i^\varepsilon\right)\left[x_e(f_{i+1}) - x_e(f_i)\right] + f_i \tag{2-70}$$

参 考 文 献

[1] MITTEMEIJER E J. Fundamentals of Materials Science: The Microstructure-Property Relationship Using Metals as Model Systems[M]. Heidelberg: Springer Verlag, 2010.
[2] 崔振铎, 刘华山. 金属材料及热处理[M]. 长沙: 中南大学出版社, 2010.
[3] 赵乃勤. 合金固态相变[M]. 长沙: 中南大学出版社, 2008.
[4] 刘宗昌, 袁泽喜, 刘永长. 固态相变[M]. 北京: 机械工业出版社, 2010.
[5] 徐洲, 赵连城. 金属固态相变原理[M]. 北京: 科学出版社, 2004.
[6] 余永宁. 金属学原理[M]. 2 版. 北京: 冶金工业出版社, 2003.
[7] 徐祖耀. 相变原理[M]. 北京: 科学出版社, 1988.
[8] 徐祖耀. 材料相变[M]. 北京: 高等教育出版社, 2013.
[9] CHRISTIAN J W. The Theory of Transformation in Metals and Alloys[M]. 2nd ed. Oxford: Pergamon Press, 2002.
[10] PORTER D A, EASTERLING K E, SHERIF M Y. Phase Transformations in Metals and Alloys[M]. 3rd ed. Boca Raton: CRC Press, 2009.
[11] BOKSHTEIN B S, MENDELEV M I, SROLOVITZ D J. Thermodynamics and Kinetics in Materials Science: A Short Course[M]. New York: Oxford University Press, 2005.
[12] BARBER Z H. Introduction to Materials Modelling[M]. London: Maney Publishing, 2005.
[13] BALLUFFI R W, ALLEN S M, CARTER W C. Kinetics of Materials[M]. Hoboken: John Wiley, 2005.
[14] EHRENFEST P. Phase changes in the ordinary and extended sense classified according to the corresponding singularities of the thermodynamic potential[J]. Proceedings of the National Academy of Sciences, 1933, 36: 153-157.
[15] GIBBS J W. On the equilibrium of heterogeneous substances[J]. American Journal of Science, 1878, 16: 441-458.
[16] 胡光立, 谢希文. 钢的热处理[M]. 西安: 西北工业大学出版社, 1993.
[17] HE Y Q, SONG S J, DU J L, et al. Thermo-kinetic connectivity by integrating thermo-kinetic correlation and

generalized stability[J]. Journal of Materials Science & Technology, 2022, 127: 225-235.
[18] LIU F. Nucleation/growth design by thermo-kinetic partition[J]. Journal of Materials Science & Technology, 2023, 155: 72-81.
[19] 郝士明, 蒋敏, 李洪晓. 材料热力学[M]. 北京: 化学工业出版社, 2010.
[20] HILLERT M. Phase Equilibria, Phase Diagrams and Phase Transformations: Their Thermodynamic Basis[M]. New York: Cambridge University Press, 2007.
[21] SALWÉN A. A new model for diffusional growth[J]. Metallurgical Transactions A, 1993, 24: 1507-1516.
[22] HILLERT M. Solute drag, solute trapping and diffusional dissipation of Gibbs energy[J]. Acta Materialia, 1999, 47: 4481-4505.
[23] VAN LEEUWEN Y. Moving Interfaces in Low-Carbon Steel-A Phase Transformation Model[D]. Delft: Delft University of Technology, 2000.
[24] SVOBODA J, FISCHER F D, FRATZL P, et al. Kinetics of interfaces during diffusional transformations[J]. Acta Materialia, 2001, 49: 1249-1259.
[25] ESHELBY J D. The determination of the elastic field of an ellipsoidal inclusion, and related problems[J]. Proceedings of the Royal Society A, 1957, 241: 376-396.
[26] ESHELBY J D. The elastic field outside an ellipsoidal inclusion[J]. Proceedings of the Royal Society A, 1959, 252: 561-569.
[27] KHACHATURYAN A G. Theory of Structural Transformations in Solids[M]. New York: John Wiley, 1983.
[28] HANBÜCKEN M, MÜLLER P, WEHRSPOHN R B. Mechanical Stress on the Nanoscale: Simulation, Material Systems and Characterization Techniques[M]. Weinheim: Wiley-VCH, 2011.
[29] MURA T. Micromechanics of Defects in Solids[M]. Dordrecht: Martinus Nijhoff, 1987.
[30] FRATZL P, PENROSE O, LEBOWITZ J L. Modeling of phase separation in alloys with coherent elastic misfit[J]. Journal of Statistical Physics, 1999, 95: 1429-1503.
[31] FISCHER F D, BERVEILLER M, TANAKA K, et al. Continuum mechanical aspects of phase transformations in solids[J]. Archive of Applied Mechanics, 1994, 64: 54-85.
[32] FISCHER F D, OBERAIGNER E R. A micromechanical model of phase boundary movement during solid-solid phase transformations[J]. Archive of Applied Mechanics, 2001, 71: 193-205.
[33] FISCHER F D, OBERAIGNER E R. Deformation, stress state, and thermodynamic force for a transforming spherical inclusion in an elastic-plastic material[J]. Journal of Applied Mechanics, 2000, 67: 793-796.
[34] LUBLINER J. Plasticity Theory[M]. New York: Macmillan, 1990.
[35] 陈明祥. 弹塑性力学[M]. 北京: 科学出版社, 2007.
[36] LEE J K, EARMME Y Y, AARONSON H I, et al. Plastic relaxation of the transformation strain energy of a misfitting spherical precipitate: Ideal plastic behavior[J]. Metallurgical Transactions A, 1980, 11: 1837-1847.
[37] NABARRO F R N. The strains produced by precipitation in alloys[J]. Proceedings of the Royal Society A, 1940, 175: 519-538.
[38] SHEWMON P. Diffusion in Solids[M]. Warrendale: Minerals, Metals, & Materials Society, 1989.
[39] LARCHÉ F C, CAHN J W. The effect of self-stress on diffusion in solids[J]. Acta Metallurgica, 1982, 30: 1835-1845.
[40] LARCHÉ F C, CAHN J W. The interactions of composition and stress in crystalline solids[J]. Acta Metallurgica, 1985, 33: 331-357.
[41] ZENER C. Elasticity and Anelasticity of Metals[M]. Chicago: University of Chicago Press, 1948.

[42] HERRING C. Diffusional viscosity of a polycrystalline solid[J]. Journal of Applied Physics, 1950, 24: 437-445.
[43] HAM F S. Stress assisted precipitation on dislocations[J]. Journal of Applied Physics, 1959, 30: 915-926.
[44] LARCHÉ F C, VOORHEES P W. Diffusion and stresses, basic thermodynamic[J]. Defect Diffusion Forum, 1996, 129-130: 31-36.
[45] 陈永翀, 黎振华, 其鲁, 等. 固体中的扩散应力研究[J]. 金属学报, 2006, 42: 225-233.
[46] BECKER R, DÖRING W. Kinetishe behandlung der keimbildung in übersättiger dämpfen[J]. Annalen der Physik, 1935, 416: 719-752.
[47] HOBSTETTER J N. Stable transformation nuclei in solids[J]. Transaction of American Institute of Mining, Metallurgical, and Petroleum Engineers, 1949, 180: 121-130.
[48] CAHN J W, HILLIARD J E. Free energy of a nonuniform system. I . Interfacial free energy[J]. Journal of Chemical Physics, 1958, 28: 258-267.
[49] CAHN J W, HILLIARD J E. Free energy of a nonuniform system. III. Nucleation in two component incompressible fluid[J]. Journal of Chemical Physics, 1959, 31: 688-699.
[50] TURNBULL D, FISHER J C. Rate of nucleation in condensed systems[J]. Journal of Chemical Physics, 1949, 17: 71-73.
[51] TURNBULL D. Formation of crystal nuclei in liquid metals[J]. Journal of Applied Physics, 1950, 21: 804-810.
[52] TURNBULL D. Kinetics of heterogeneous nucleation[J]. Journal of Chemical Physics, 1950, 18: 198-203.
[53] MITTEMEIJER E J, SOMMER F. Solid state phase transformation kinetics: A modular transformation model[J]. Zeitschrift Fur Metallkunde, 2002, 93: 352-361.
[54] LIU F, SOMMER F, BOS C, et al. Analysis of solid state phase transformation kinetics: Models and recipes[J]. International Materials Reviews, 2007, 52: 193-212.
[55] MITTEMEIJER E J, SOMMER F. Solid state phase transformation kinetics: Evaluation of the modular transformation model[J]. International Journal of Materials Research, 2011, 102: 785-795.
[56] RHEINGANS B, MITTEMEIJER E J. Phase transformation kinetics: Advanced modeling strategies[J]. JOM, 2013, 65: 1145-1154.
[57] CAHN J W. The kinetics of grain boundary nucleated reactions[J]. Acta Metallurgica, 1956, 4: 449-459.
[58] AVRAMI M. Kinetics of phase change. I general theory[J]. Journal of Chemical Physics, 1939, 7: 1103-1112.
[59] AVRAMI M. Kinetics of phase change. II transformation-time relations for random distribution of nuclei[J]. Journal of Chemical Physics, 1940, 8: 212-224.
[60] AVRAMI M. Granulation, phase change, and microstructure kinetics of phase change. III [J]. Journal of Chemical Physics, 1941, 9: 177-184.
[61] LIU F, NITSCHE H, SOMMER F, et al. Nucleation, growth and impingement modes deduced from isothermally and isochronally conducted phase transformations: Calorimetric analysis of the crystallization of amorphous $Zr_{50}Al_{10}Ni_{40}$[J]. Acta Materialia, 2010, 58: 6542-6553.
[62] LIU F, SOMMER F, MITTEMEIJER E J. Determination of nucleation and growth mechanisms of the crystallization of amorphous alloys; application to calorimetric data[J]. Acta Materialia, 2004, 52: 3207-3216.
[63] LIU F, SOMMER F, MITTEMEIJER E J. Parameter determination of an analytical model for phase transformation kinetics: Application to crystallization of amorphous Mg-Ni alloys[J]. Journal of Materials Research, 2004, 19: 2586-2596.
[64] RHEINGANS B, MA Y Z, LIU F, et al. Crystallisation kinetics of $Fe_{40}Ni_{40}B_{20}$ amorphous alloy[J]. Journal of Non-

Crystalline Solids, 2013, 362: 222-230.

[65] MA Y Z, RHEINGANS B, LIU F, et al. Isochronal crystallization kinetics of $Fe_{40}Ni_{40}B_{20}$ amorphous alloy[J]. Journal of Materials Science, 2013, 48: 5596-5606.

[66] KURZ W, FISHER D J. Fundamentals of Solidification[M]. Switzerland: Trans Tech Publications, 1998: 34-35.

[67] AARONSON H I, ENOMOTO M, LEE J K. Mechanisms of Diffusional Phase Transformations in Metals and Alloys[M]. Boca Raton: CRC Press, 2010.

[68] HILLERT M. Diffusion and interface control of reactions in alloys[J]. Metallurgical Transactions A, 1975, 6A: 5-19.

[69] BHADESHIA H K D H. Diffusional formation of ferrite in iron and its alloys[J]. Progress in Materials Science, 1985, 29: 321-386.

[70] LEEUWEN V Y, SIETSMA J, VAN DER ZWAAG S. The influence of carbon diffusion on the character of the gamma-alpha phase transformation in steel[J]. ISIJ International, 2003, 43: 767-773.

[71] ZENER C. Theory of growth of spherical precipitates from solid solution[J]. Journal of Applied Physics, 1949, 20: 950-953.

[72] VANDERMEER R A. Modeling diffusional growth during austenite decomposition to ferrite in polycrystalline Fe-C alloys[J]. Acta Metallurgica et Materialia, 1990, 38: 2461-2470.

[73] KEMPEN A T W, SOMMER F, MITTEMEIJER E J. The kinetics of the austenite-ferrite phase transformation of Fe-Mn: Differential thermal analysis during cooling[J]. Acta Materialia, 2002, 50: 3545-3555.

[74] SIETSMA J, MECOZZI M G, VAN BOHEMEN S M C, et al. Evolution of the mixed-mode character of solid-state phase transformations in metals involving solute partitioning[J]. International Journal of Materials Research, 2006, 97: 356-361.

[75] SCHMIDT E D, DAMM E B, SRIDHAR S. A study of diffusion- and interface-controlled migration of the austenite/ferrite front during austenitization of a case-hardenable alloy steel[J]. Materials Transactions A, 2007, 38A: 244-260.

[76] KRIELAART G P. Primary Ferrite Formation from Supersaturated Austenite[D]. Delft: Delft University of Technology, 1995.

[77] BRUNA P. Microstructural Characterization and Modelling in Primary Crystallization[D]. Barcelona: Universitat Politècnica de Catalunya, 2007.

[78] CHEN H. Cyclic Partial Phase Transformations in Low Alloyed Steels: Modeling and Experiments[D]. Delft: Delft University of Technology, 2013.

[79] LIU F, WANG H F, SONG S J, et al. Competitins correlated with nucleation and growth in non-equilibrium solidification and solid-state transformation[J]. Progress in Physics, 2012, 32(2):57-97.

[80] KOZESCHNIK E, GAMSJÄGER E. High-speed quenching dilatometer investigation of the austenite-to-ferrite transformation in a low to ultralow carbon steel[J]. Metallurgical and Materials Transactions A-Physical Metallurgy and Materials Science, 2006, 37: 1791-1797.

[81] LIU Y C, WANG D J, SOMMER F, et al. Isothermal austenite-ferrite transformation of Fe-0.04at.% C alloy: Dilatometric measurement and kinetic analysis[J]. Acta Materialia, 2008, 56: 3833-3842.

[82] CLAVAGUERA-MORA M T, CLAVAGUERA N, CRESPO D, et al. Crystallisation kinetics and microstructure development in metallic systems[J]. Progress in Materials Science, 2002, 47: 559-619.

[83] CLAVAGUERA N, CLAVAGUERA-MORA M T. Interface versus diffusion controlled growth in naocrystallization kinetic studies[J]. Materials Research Society Symposium Proceeding, 1996, 398: 319-324.

[84] FONTANA M, ARCONDO B, CLAVAGUERA-MORA M T, et al. Crystallization kinetics driven by two simultaneous modes of crystal growth[J]. Philosophical Magazine B, 2000, 80: 1833-1856.

[85] NITSCHE H, SOMMER F, MITTEMEIJER E J. The Al nano-crystallization process in amorphous $Al_{85}Ni_8Y_5Co_2$[J]. Journal of Non-Crystalline Solids, 2005, 351: 3760-3771.

[86] LIU Y C, SOMMER F, MITTEMEIJER E J. The austenite-ferrite transformation of ultralow- carbon Fe-C alloy; transition from diffusion- to interface-controlled growth[J]. Acta Materialia, 2006, 54: 3383-3393.

[87] LIU Y C, SOMMER F, MITTEMEIJER E J. Critical temperature for massive transformation in ultra-low-carbon Fe-C alloys[J]. International Journal of Materials Research, 2008, 99: 925-932.

[88] GAMSJÄGER E. Kinetics of diffusive phase transformations: From local equilibrium to mobility-driven migration of thick interfaces[J]. Pure and Applied Chemistry, 2011, 83: 1105-1112.

[89] SIETSMA J, VAN DER ZWAAG S. A concise model for mixed-mode phase transformations in the solid state[J]. Acta Materialia, 2004, 52: 4143-4152.

[90] KOLMOGOROV A N. On the Statistical Theory of Metal Crystallization[M]//SHIRYAYEV A N. Selected Works of A.N. Kolmogorov: Volume II Probability Theory and Mathematical Statistics. Netherlands: Springer, 1992: 188-192.

[91] JOHNSON W A, MEHL R F. Reaction kinetics in processes of nucleation and growth[J]. Transactions of the American Institute of Mining and Metallurgical Engineers, 1939, 135: 416-458.

[92] CAHN J W. Transformation kinetics during continuous cooling[J]. Acta Metallurgica, 1956, 4: 572-575.

[93] KELTON K F. Transient nucleation in glasses[J]. Materials Science and Engineering B, 1995, 32: 145-151.

[94] SHNEIDMAN V A, WEINBERG M C. The effects of transient nucleation and size-dependent growth rate on phase transformation kinetics[J]. Journal of Non-Crystalline Solids, 1993, 160: 89-98.

[95] TOMELLINI M, FANFONI M, VOLPE M. Spatially correlated nuclei: How the Johnson-Mehl-Avrami-Kolmogorov formula is modified in the case of simultaneous nucleation[J]. Physical Review B, 2000, 62: 11300-11303.

[96] TOMELLINI M, FANFONI M. Impingement factor in the case of phase transformations governed by spatially correlated nucleation[J]. Physical Review B, 2008, 78: 014206.

[97] BURBELKO A A, FRAŚ E, KAPTURKIEWICZ W. About Kolmogorov's statistical theory of phase transformation[J]. Materials Science and Engineering A, 2005, 413-414: 429-434.

[98] RIOS P R, VILLA E. Simultaneous and sequential transformations[J]. Acta Materialia, 2011, 59: 1632-1643.

[99] WEINBERG M C, BIRNIE III D P. Transformation kinetics for randomly oriented anisotropic particles[J]. Journal of Non-Crystalline Solids, 1995, 189: 161-166.

[100] BIRNIE III D P, WEINBERG M C. Kinetics of transformation for anisotropic particles including shielding effects[J]. Journal of Chemical Physics, 1995, 103: 3742-3746.

[101] KOOI B J. Monte Carlo simulations of phase transformations caused by nucleation and subsequent anisotropic growth: Extension of the Johnson-Mehl-Avrami-Kolmogorov theory[J]. Physical Review B, 2004, 70: 224108.

[102] LIU F, YANG G C. Effects of anisotropic growth on the deviations from Johnson-Mehl-Avrami kinetics[J]. Acta Materialia, 2007, 55: 1629-1639.

[103] SHEPILOV M P, BAIK D S. Computer simulation of crystallization kinetics for the model with simultaneous nucleation of randomly-oriented ellipsoidal crystals[J]. Journal of Non-Crystalline Solids, 1994, 171: 141-156.

[104] ALEKSEECHKIN N V. Extension of the Kolmogorov-Johnson-Mehl-Avrami theory to growth laws of diffusion type[J]. Journal of Non-Crystalline Solids, 2011, 357: 3159-3167.

[105] SHEPILOV M P. On the calculation of the transformation kinetics for new-phase particles growing by laws of the

diffusion type[J]. Glass Physics and Chemistry, 2004, 30: 477-480.

[106] TOMELLINI M, FANFONI M. Beyond the constraints underlying Kolmogorov-Johnson-Mehl-Avrami theory related to the growth laws[J]. Physical Review E, 2012, 85: 021606.

[107] STARINK M J. A new model for diffusion-controlled precipitation reactions using the extended volume concept[J]. Thermochimica Acta, 2014, 596: 109-119.

[108] ALEKSEECHKIN N V. On the kinetics of phase transformation of small particles in Kolmogorov's model[J]. Condensed Matter Physics, 2008, 11: 597-613.

[109] TOMELLINI M. Kinetics of dissolution-precipitation reaction at the surface of small particles: Modelling and application[J]. Journal of Materials Science, 2012, 47: 804-814.

[110] CRESPO D, PRADELL T, CLAVAGUERA N, et al. Kinetic theory of microstructural evolution in nucleation and growth processes[J]. Materials Science and Engineering A, 1997, 238: 160-165.

[111] PINEDA E, CRESPO D. Microstructure development in Kolmogorov, Johnson-Mehl, and Avrami nucleation and growth kinetics[J]. Physical Review B, 1999, 60: 3104-3112.

[112] PINEDA E, PRADELL T, CRESPO D. On the equations describing the grain size distribution change for KJMA kinetics[J]. Journal of Non-Crystalline Solids, 2001, 287: 88-91.

[113] TOMELLINI M. Soft impingement in diffusion-controlled growth of binary alloys: Moving boundary effect in one-dimensional system[J]. Journal of Materials Science, 2013, 48: 5653-5663.

[114] FARJAS J, ROURA P. Modification of the Kolmogorov-Johnson-Mehl-Avrami rate equation for non-isothermal experiments and its analytical solution[J]. Acta Materialia, 2006, 54: 5573-5579.

[115] TOMELLINI M. Functional form of the Kolmogorov-Johnson-Mehl-Avrami kinetics for non-isothermal phase transformations at constant heating rate[J]. Thermochimica Acta, 2013, 566: 249-256.

[116] STARINK M J. On the meaning of the impingement parameter in kinetic equations for nucleation and growth reactions[J]. Journal of Materials Science, 2001, 36: 4433-4441.

第3章 等温相变与非等温相变

3.1 引　言

经典KJMA相变动力学理论局限于相变机制较为简单的等温过程。实际上，由于等温相变过程不好控制，且耗时长、成本高，金属材料热处理往往涉及连续加热或冷却而不是恒定温度。当连续加热或冷却过程采用恒定速率(Φ = dT/dt)升温或降温，相应的非等温退火称为等时退火(isochronal annealing)[1,2]。由于形核和生长都是热激活过程，形核率和生长速率均是温度的函数，非等温理论建模过程相对复杂，促使利用相对容易建立的等温相变模型来预测实际的非等温相变(等时相变)过程，可加性原理便应运而生。

3.2　等动力学理论

3.2.1　可加性原理与等动力学

可加性原理起源于20世纪30年代，由Scheil和Steinberg提出，最初目的是通过等温相变模型来预测连续冷却条件下相变的开始温度[3]。随后，可加性原理的概念不断被延伸和扩展，广泛用于相变、晶粒长大等动力学过程[3-13]。

如图3-1所示，考虑一个最简单的非等温相变。首先，试样在温度T进行等

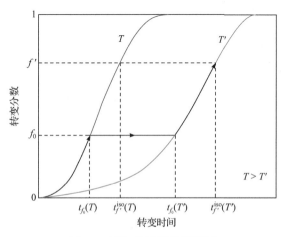

图3-1　可加性原理示意图[14]

温相变，然后，在 $t=t_{f_0}$ 时转变分数达到 f_0，迅速将温度降到 T' 进行第二阶段等温相变，直至转变分数达到 f'，则其对应的转变时间 $t_{f'}$ 可以写作[14]：

$$t_{f'} = t_{f_0}(T) + \left[t_{f'}^{\text{iso}}(T') - t_{f_0}(T')\right] \tag{3-1}$$

如果相变是可以加和的，且在 $t_{f_0}(T)/t_{f_0}(T') = t_{f'}^{\text{iso}}(T)/t_{f'}^{\text{iso}}(T')$ 成立前提下，式(3-1)等价于[14]：

$$\frac{t_{f_0}(T)}{t_{f'}^{\text{iso}}(T)} + \frac{t_{f'}^{\text{iso}}(T') - t_{f_0}(T')}{t_{f'}^{\text{iso}}(T')} = \frac{t_{f_0}(T)}{t_{f'}^{\text{iso}}(T)} + \frac{t_{f'} - t_{f_0}(T)}{t_{f'}^{\text{iso}}(T')} = 1 \tag{3-2}$$

这便是可加性原理。非等温相变过程可以由一系列极小的不同温度下的连续等温相变过程组成，其转变时间要求每一个等温过程所持续的相对时间之和等于 1，用公式表示为[3,14]

$$\sum_{i=1}^{n} \frac{\Delta t_i}{\tau(f^*, T_i)} = 1 \quad \text{或} \quad \int_0^t \frac{\mathrm{d}t'}{\tau(f^*, T)} = 1 \tag{3-3}$$

式中，Δt_i 为第 i 个等温相变持续的时间；$\tau(f^*, T_i)$ 为在 T_i 进行等温相变达到特定转变分数 f^* 所需时间；t 为总的非等温相变时间。

Cahn[4]和 Christian[3]提出上述可加性原理成立的一个充分不必要条件：转变速率 df/dt 可描述成对转变分数 f 和温度 T 分离变量的一阶微分方程：

$$\frac{\mathrm{d}f}{\mathrm{d}t} = \frac{h(T)}{g(f)} \tag{3-4}$$

显然，瞬时速率 df/dt 独立于 $T(t)$ 路径，仅仅是温度 T 和转变分数 f 的状态函数。满足这个条件的相变过程称为等动力学过程[1,3,14]。证明如下：

首先，对任一转变路径 $T(t)$ 对式(3-4)进行积分并得到

$$\int h(T) \mathrm{d}t = \int g(f) \mathrm{d}f = G(f) \tag{3-5}$$

若 T 恒定，则式(3-5)变为

$$h(T) = \frac{G(f^*)}{\tau(f^*, T)} \tag{3-6}$$

将式(3-6)代入式(3-4)，可得

$$\tau(f^*, T) \frac{\mathrm{d}f}{\mathrm{d}t} = \frac{G(f^*)}{g(f)} \tag{3-7}$$

最终考虑式(3-3)的积分：

$$\int_0^t \frac{\mathrm{d}t}{\tau(f^*,T)} = \int_0^f \frac{\mathrm{d}f}{\tau(f^*,T)\frac{\mathrm{d}f}{\mathrm{d}t}} = \frac{G(f)}{G(f^*)} \tag{3-8}$$

这便给出了整个非等温相变中时间和转变分数之间的关系，即可加性原理的一般性公式。特殊地，若 $f=f^*$，式(3-8)将回归到式(3-4)。因此，若相变满足式(3-4)则一定服从可加性原理；然而一个相变服从可加性原理，其转变速率 $\mathrm{d}f/\mathrm{d}t$ 不一定能写成式(3-4)可分离变量的形式。

此外，等动力学要求转变速率 $\mathrm{d}f/\mathrm{d}t$ 仅为状态变量 T 和 f 的函数，与温度路径 $T(t)$ 无关。这就可以引申出更为广义的等动力学条件[11]：

$$\frac{\mathrm{d}f}{\mathrm{d}t} = F(f,T) \tag{3-9}$$

其概念可以定义如下：如果非等温相变和等温相变在相同 T 和 f 状态下 $\mathrm{d}f/\mathrm{d}t$ 也相同，即等动力学。如图3-2所示，任一时间-温度(t-T)路径的非等温相变，在某一时刻 t，温度达到 T^*，转变分数达到 f^*，此刻的转变速率 $\mathrm{d}f/\mathrm{d}t$(转变分数曲线的切线，如图3-2中箭头所示)与在 T^* 温度下发生等温相变，转变分数达到 f^* 时的转变速率相等(两条切线平行)，这意味着相变过程为等动力学。需要注意的是，此等动力学条件，不一定满足可加性原理。

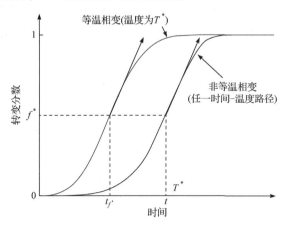

图3-2 广义等动力学示意图[11]

式(3-4)的等动力学条件并非总是在所有相变动力学过程中成立，尤其瞬时转变速率 $\mathrm{d}f/\mathrm{d}t = h(T,t)/g(f)$ 除了为状态变量 T 和 f 的函数外，还是时间 t 的函数。针对此种情形，存在两种处理思路对可加性原理(式(3-3))进行修正，以满足转变速率与可加性原理的相容性。

一种修正是基于一般性可加性原理(式(3-8))，考虑式(3-3)的积分不再等于1，而是温度路径的函数，如徐祖耀院士的修正[15-17]表述如下：

$$\int_0^t \frac{\mathrm{d}t'}{\tau(f^*,T)} = a\Phi^b \tag{3-10}$$

式中，$\Phi = \mathrm{d}T/\mathrm{d}t$，为恒定冷却速率；给定等温相变(TTT)数据 $\tau(f^*,T)$；常数 a 和 b 可通过两个连续冷却实验来确定。

另一种修正则来自 Réti 和 Felde[12]，考虑每一个极小间隔 $\mathrm{d}t'$ 的等温相变对最终非等温相变的贡献存在相对权重 $W(t',T,\Phi)$，可将式(3-3)修正为如下形式[12]：

$$\int_0^t W(t',T,\Phi) \frac{st'^{s-1}\mathrm{d}t'}{\tau(f^*,T)} = 1 \tag{3-11}$$

3.2.2 等温相变和非等温相变的转换

可加性原理和等动力学作为固态相变理论与实验研究的两个指导性法则，俨然构成了等温相变和非等温相变过程互通的桥梁。在等温条件下，由于同温度相关的参量为常数，所以等温模型比较简单明确。对于非等温过程，动力学模型的建立往往比较困难。然而，连续加热或冷却(即等时)过程却有着非常重要的现实意义。因此，可加性原理主要被用来从等温模型或数据(如等温相变(time-temperature-transformation，TTT)图)来预测非等温相变动力学过程(如连续加热转变(continuous heating transformation，CHT)图或连续冷却转变(continuous cooling transformation，CCT)图)，或者从任一时间-温度路径 $T(t)$ 的非等温实验中提取相关的等温动力学数据。可加性原理的有效性严重依赖动力学过程是否具备可加性。如果相变具备可加性，则该动力学过程的瞬时反应速率仅取决于转变时的状态，而与到达该状态的路径 $T(t)$ 无关，即所谓的等动力学条件[3]。等动力学遵从可加性原理，如果固态相变具备可加性，则应该属于等动力学范畴。

将等温相变数据转换为任意 $T(t)$ 路径下的非等温相变数据是直接的，因为可加性原理是建立在等温相变已知的前提之下。式(3-3)旨在基于给定的等温相变数据，在任一温度路径 $T(t)$ 的非等温相变过程中寻找达到特定转变分数 f^* 所需的时间 t。图 3-3 描绘了 TTT 图转换为 CCT 图的基本原理。已知 TTT 图 $\tau(f^*,T')$，假定温度路径 $T(t)$ 由一系列恒定冷却速率 $\Phi = \mathrm{d}T/\mathrm{d}t$ 给定，对于任一 Φ 利用式(3-3)可以得到对应连续冷却转变达到 f^* 所需的状态点 (t,T)，然后针对一系列冷却速率形成 f^* 等值 CCT 图。

逆转换，即从非等温动力学数据中提取等温信息，这在等温实验相对难于执行或实验技术更利于非等温相变的情形下是非常有必要的。对于恒定速率 $\Phi = \mathrm{d}T/\mathrm{d}t$，$\Phi > 0$ 为连续加热转变，$\Phi < 0$ 为连续冷却转变，将 $\mathrm{d}t = \mathrm{d}T/\Phi$ 代入

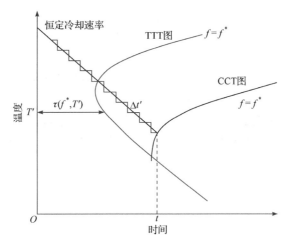

图 3-3　TTT 图到 CCT 图的转换示意图

式(3-3)，得[13,18]

$$\Phi(f^*, T) = \int_{T_0}^{T} \frac{\mathrm{d}T'}{\tau(f^*, T')} \tag{3-12}$$

对式(3-12)两边求偏导，得

$$\tau(f^*, T) = \left(\frac{\partial T}{\partial \Phi}\right)_{f^*} \tag{3-13}$$

这个导数已在图 3-4 的 Φ-T 平面 CCT 图/CHT 图中指出，即等温动力学 $\tau(f^*, T)$ 实为 CCT 图/CHT 图 $T(f^*, \Phi)$ 的斜率。具体可参考文献[13]和[18]。

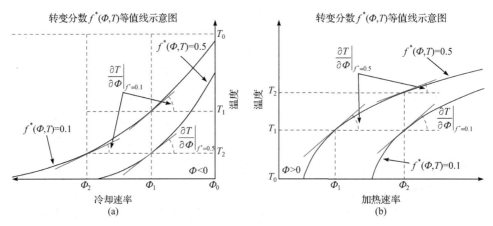

图 3-4　从非等温动力学数据中提取等温信息[13]
(a) 连续冷却转变；(b) 连续加热转变

3.3 非等温相变类 KJMA 动力学模型

3.3.1 路径变量

对于热激活相变，试样所经历的热历史决定其转变状态。图 3-5 描绘了温度-时间(T-t)热历史示意图，试样可通过路径 a 或路径 b 发生热激活相变，即从"状态 $1(t_1, T_1)$"到达"状态 $2(t_2, T_2)$"。尽管从状态 1 到状态 2 两种途径下所用时间相等，但沿着温度比较高的途径 b 到达状态 2 时的相变过程要比沿着途径 a 更快一些。一般而言，状态 2 由所经历的路径决定。对于非等温相变，t 和 T 不是状态参量(数学上而言，状态参量应该为独立变量)。因此，由 TTT 曲线中各不同温度等温退火得到的转变分数曲线并不适用于连续冷却过程。

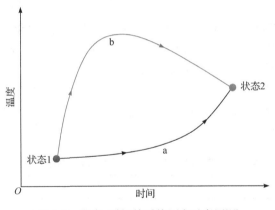

图 3-5 温度-时间关系热历史示意图[14]

考虑一个 $T(t)$ 路径的非等温相变，如果存在一个变量 β 可以完全包含这个热历史，那么这个转变属于等动力学，即在整个时间/温度域内相变机制始终保持不变，与可加性原理相兼容[14]。状态量 β 被称为路径变量，取决于相变热历史。转变分数 f 应该为 β 的单变量函数：

$$f = F(\beta) \tag{3-14}$$

路径变量 β 可由速率方程对 $T(t)$ 路径进行积分得到：

$$\beta = \int K[T(t)]\mathrm{d}t \tag{3-15}$$

式中，K 为速率常数，一般满足阿伦尼乌斯方程：

$$K[T(t)] = K_0 \exp\left(-\frac{Q}{RT(t)}\right) \tag{3-16}$$

式中，K_0 为速率常数指前因子；Q 为相变总有效激活能；R 为摩尔气体常数。

对于等温相变过程，式(3-15)可直接写作：

$$\beta = K(T)t \tag{3-17}$$

采用路径变量 β 的主要优势是只要相变机制相同，动力学参量就和退火类别(等温或非等温)不相关。

3.3.2 类 KJMA 动力学模型

正如 2.6 节所述，针对等温相变，假设纯位置饱和形核或纯连续形核、大驱动力(大过冷度或过热度)、晶核随机分布及各向同性生长，相变动力学可以直接应用如下形式的经典 KJMA 模型[19-24]：

$$f = 1 - \exp\left(-K(T)^n t^n\right) = 1 - \exp\left[-K_0^n t^n \exp\left(-\frac{nQ}{RT}\right)\right] \tag{3-18}$$

式中，速率常数指前因子 K_0、Avrami 指数 n 和总有效激活能 Q 均为常数，参数的具体表达式可参见表 3-1。尽管 KJMA 模型受到以上诸多条件的限制，但在不满足假设的情形下，上述形式 KJMA 模型依然被频繁使用，其对一些相变的拟合往往仅能得到唯象描述，获得的动力学参数不一定有物理意义[1,2,24]。此外，上述 KJMA 模型也经常被直接用到等时退火过程，这势必导致动力学参数因退火类型改变而发生混淆。

表 3-1 相变解析表达式(式(3-18)和式(3-26))中各动力学参数具体表达式[2,24]

形核方式	动力学参数	等温相变	非等温相变
连续形核	n	$d/m+1$	$d/m+1$
	Q	$\dfrac{(d/m)Q_G + Q_N}{n}$	$\dfrac{(d/m)Q_G + Q_N}{n}$
	K_0^n	$\dfrac{gN_0 v_0^{d/m}}{n}$	$\dfrac{gN_0 v_0^{d/m} C_c}{n}$
位置饱和形核	n	d/m	d/m
	Q	Q_G	Q_G
	K_0^n	$gN^* v_0^{d/m}$	$gN^* v_0^{d/m}$

注：N_0 和 N^* 分别为连续形核和位置饱和形核参数；Q_N 为形核激活能；d 为生长维数；m 为生长模式($m=1$ 时，线性界面控制生长；$m=2$ 时，抛物线型扩散控制生长)；g 为形状因子；v_0 为指前因子；Q_G 为生长激活能；C_c 为常数[24]。

如 3.3.1 小节所述，经典 KJMA 模型与路径变量 β 是一致的，此时，式(3-14)的函数形式就变成了：

$$f = F(\beta) = 1 - \exp(-\beta^n) \tag{3-19}$$

式中，路径变量 β 的处理意味着式(3-19)对等温相变和非等温相变均是适用的。那么针对非等温相变，依然考虑 KJMA 模型的形核和生长等假设条件，按照 KJMA 模型的推导逻辑是否也能得到一个类似于式(3-18)的类 KJMA 模型，是否也遵循式(3-15)和式(3-16)的路径变量约定。

以恒定速率 Φ 冷却或加热的非等温相变为例，具有如下的温度 $T(t)$ 路径：

$$T(t) = T_0 + \Phi t \tag{3-20}$$

式中，T_0 为初始温度；$\Phi > 0$ 为连续加热转变，$\Phi < 0$ 为连续冷却转变。不同于等温相变的推导，非等温相变过程依赖于阿伦尼乌斯方程的积分，如下所示：

$$\beta = \frac{K_0}{\Phi} \int_{T_0}^{T} \exp\left(-\frac{Q}{RT'}\right) dT' \tag{3-21}$$

式(3-21)称作温度积分(temperature integral)[1,2,24]，该积分没有精确的解析解。下面针对式(3-21)的温度积分推导出一个近似的解析解。

首先，用 $z = T/T'$ 和 $z = T_0/T'$ 分别替代积分变量，则式(3-21)可以写为

$$\beta = \frac{K_0}{\Phi}\left[\int_0^T \exp\left(-\frac{Q}{RT'}\right)dT' - \int_0^{T_0}\exp\left(-\frac{Q}{RT'}\right)dT'\right]$$

$$= \frac{K_0}{\Phi}\left[T\int_1^\infty \frac{\exp\left(-\frac{Q}{RT}z\right)}{z^2}dz - T_0\int_1^\infty \frac{\exp\left(-\frac{Q}{RT_0}z\right)}{z^2}dz\right] \tag{3-22}$$

其次，对于连续加热转变来说，假设 $T_0 \ll T$，忽略式(3-22)方括号中的第二项，即令初始温度 $T_0 = 0$。

最后，利用如下级数展开：

$$\int_1^\infty \frac{e^{-xt}}{t^n}dt = \frac{e^{-x}}{x}\left[1 - \frac{n}{x} + \frac{n(n+1)}{x^2} + \cdots\right] \tag{3-23}$$

可以得到温度积分，即式(3-21)的一个近似解析解：

$$\beta \cong \frac{RT^2}{\Phi Q}K_0 \exp\left(-\frac{Q}{RT}\right)\left[1 - 2\frac{RT}{Q} + 6\left(\frac{RT}{Q}\right)^2 - \cdots\right] \tag{3-24}$$

对于固态相变动力学过程，通常 RT 远远小于激活能 Q，即 $RT/Q \ll 1$，且式(3-24)的级数展开为正负交替，因此可进一步近似为

$$\beta \cong \frac{RT^2}{\Phi Q}K_0 \exp\left(-\frac{Q}{RT}\right) \tag{3-25}$$

将式(3-25)代入式(3-19)，便可得到非等温相变过程的类KJMA动力学模型：

$$f = 1 - \exp(-\beta^n) = 1 - \exp\left[-K_0^n\left(\frac{RT^2}{\Phi Q}\right)^n \exp\left(-\frac{nQ}{RT}\right)\right] \quad (3\text{-}26)$$

式中，速率常数指前因子 K_0、Avrami 指数 n 和总有效激活能 Q 均为常数，参数的具体表达式可参见表3-1。

从上述类KJMA动力学模型的描述可以看出，不论等温相变还是非等温相变，Avrami 指数 n、总有效激活能 Q、速率常数指前因子 K_0 都是恒定的，这三个动力学参数取决于相变过程中的形核和生长模型。整个相变过程中(整个时间或温度的范围)其相变机制保持不变，动力学参数恒定，属于等动力学过程。然而，许多的相变过程测量出来的动力学特征却显示 n 和 Q 不是定值，这是因为这些拟合参数在转变的不同时期往往有不同的值，曾被解释为形核和生长机理发生了相应变化，即相变过程不是等动力学的。

3.4 相变动力学分析方法

动力学分析主要是基于理论模型来获得相变过程的动力学参数。在动力学参数中，Avrami 指数 n 可反映转变机理(判断形核和生长机制)；总有效激活能 Q 表示转变的难易程度(Q 越大转变越难进行，Q 越小转变则越易发生)；碰撞因子反映的是碰撞机制。从实验数据中获取动力学参数的方法可以分为两大类：直接求解法和拟合法，下面将简单介绍这两种方法。

3.4.1 直接求解法

通过实验得到关于相变动力学的直接数据是转变分数(或转变速率)随时间(或温度)的演化关系。如何从这些实验数据中获得 n、Q 和碰撞因子 ξ(或 ε)的数值，文献中提出了很多简便且有效的直接求解法。

1. 求总有效激活能 Q 的方法

求 Q 的方法一般需要用到不同等温温度或不同加热速率下达到同一转变分数的实验数据，本书称该方法为等转变分数法(isoconversional method，在固态反应动力学中也常被称为等转化率法)[25]。对等温过程，由式(3-18)可得[14]

$$\ln[-\ln(1-f)] = n\ln K_0 - \frac{nQ}{RT} + n\ln t \quad (3\text{-}27a)$$

式(3-27a)针对经典KJMA模型，仅适用于随机晶核分布和各向同性生长。如果考虑2.7.3小节经典KJMA模型基础上的三类唯象碰撞修正(真实转变分数 f 和

扩展转变分数 x_e 的不同函数关系),即式(2-65)、式(2-66)和式(2-68),则式(3-27a)具有如下更一般的形式:

$$\ln x_e = n \ln K_0 - \frac{nQ}{RT} + n \ln t \tag{3-27b}$$

在不同退火温度条件下,达到同一转变分数 f 所需转变时间不同,因此由式(3-27)可得

$$\ln t_f = \frac{Q}{RT} + C_1 \tag{3-28}$$

式中,C_1 为一常数;t_f 为某一温度下转变达到特定分数 f 所需的时间。

由式(3-28)可知,以 $1/RT$ 为横坐标,以 $\ln t_f$ 为纵坐标,将不同温度对应的数值绘图得到一条直线,该直线的斜率是等温相变的 Q。

同理,对等时过程,由式(3-26) 类 KJMA 模型可得

$$\ln\left[-\ln(1-f)\right] = n \ln K_0 - \frac{nQ}{RT} + n \ln \frac{RT^2}{\Phi} \tag{3-29a}$$

如果考虑 2.7.3 小节的三类唯象碰撞修正,一般形式为

$$\ln x_e = n \ln K_0 - \frac{nQ}{RT} + n \ln \frac{RT^2}{\Phi} \tag{3-29b}$$

在不同加热速率条件下,达到同一转变分数 f 所对应的温度不同。因此,由式(3-29)可得

$$\ln \frac{T_f^2}{\Phi} = \frac{Q}{RT_f} + C_2 \tag{3-30}$$

式中,C_2 为一常数;T_f 为某一速率下转变达到特定分数 f 所对应的温度。

由式(3-30)可知,以 $1/(RT_f)$ 为横坐标,以 $\ln(T_f^2/\Phi)$ 为纵坐标,将不同速率对应的数值绘图得到一条直线,该直线的斜率是等时相变的 Q。源自 Kissinger 所提出的方法[26]:根据不同加热速率达到转变速率峰值的温度,由式(3-30)可求解 Q。经分析发现,等时相变的转变速率峰值对应于一个特征转变分数:$f=0.632$。因此,可以说 Kissinger 提出的方法仅是等转变分数方法的特殊情形[27]。然而,通常更习惯将式(3-30)称为 Kissinger 方法。

Kissinger 方法中,仅用到不同加热速率下达到同一转变分数所对应的温度数据。根据转变速率,同样可得到 Q:

$$\ln\left(\frac{df}{dt}\right)_f = -\frac{Q}{RT_f} + C_3 \tag{3-31}$$

式中,C_3 为一常数;$(df/dt)_f$ 为在某一加热速率下转变达到特定分数 f 所对应的转

变速率。

由式(3-31)可知，以 $1/(RT_f)$ 为横坐标，以 $\ln(\mathrm{d}f/\mathrm{d}t)_f$ 为纵坐标，将不同速率对应的数值绘图得到一条直线，该直线的斜率的绝对值是等时相变的 Q。这一方法最早由 Friedman 提出，因此将其称为 Friedman 方法[28]。由于转变速率数值对实验噪音比较敏感，实验误差会传播到 Q 中。因此，相对于 Kissinger 方法，Friedman 方法在实际中应用较少。

上述方法均基于经典 KJMA 模型，其暗含着激活能为常数的假设。Xu 等[29]经理论分析得出：对于激活能随 f 和 T 变化，这些方法仍然有效，有

$$\frac{\mathrm{d}\ln(t_f)}{\mathrm{d}(1/T)}=\frac{\dfrac{d}{m}Q_{\mathrm{G}}+\left(n-\dfrac{d}{m}\right)Q_{\mathrm{N}}}{nR}=\frac{Q(T,f)}{R} \tag{3-32a}$$

$$\frac{\mathrm{d}\ln(T_f^2/\varPhi)}{\mathrm{d}(1/T_f)}=\frac{\dfrac{d}{m}Q_{\mathrm{G}}+\left(n-\dfrac{d}{m}\right)Q_{\mathrm{N}}}{nR}=\frac{Q(\varPhi,f)}{R} \tag{3-32b}$$

具体见 4.6.1 小节。

2. 求 Avrami 指数 n 的方法

观察式(3-27b)和式(3-29b)，若要从实验数据中单独求出 n，需要使温度恒定。对于等温相变过程，该条件自然成立。对于等时相变过程，则需采取与等转变分数法类似的处理。对于等温相变过程，将式(3-27b)两边对 $\ln t$ 求导可得[24]

$$\frac{\mathrm{d}\ln x_{\mathrm{e}}}{\mathrm{d}\ln t}=n \tag{3-33}$$

若碰撞模型(式(2-65)、式(2-66)和式(2-68))已知，由实验数据 f 得到 $\ln x_{\mathrm{e}}$ 的数值。若碰撞模型未知，则可根据确定碰撞因子的方法来预先判断碰撞模型(见 4.6 节)。由式(3-33)可知，以 $\ln t$ 为横坐标，以 $\ln x_{\mathrm{e}}$ 为纵坐标，将不同时刻对应的转变分数绘图得到一条直线，该直线的斜率是等温相变的 n。该方法就是著名的 Avrami 绘图方法。

对于等时相变过程，在不同的加热速率下，达到同一温度时的转变分数不同，因此可由式(3-29b)得

$$\ln(x_{\mathrm{e}})_T=-n\ln\varPhi+C_4 \tag{3-34}$$

式中，C_4 为常数；$(x_{\mathrm{e}})_T$ 为在某一速率下转变达到温度 T 所对应的扩展转变分数。

由式(3-34)可知，以 $\ln\varPhi$ 为横坐标，以 $\ln(x_{\mathrm{e}})_T$ 为纵坐标，将不同加热/冷却速率对应的数值绘图得到一条直线，该直线斜率的绝对值是等时相变的 n。该方法

被称为 Ozawa 方法[30]，但是它的实用性有限。一般情况下的等时相变过程，在某一温度处，对应于低加热速率转变已经完成(即 $f=1$)，而对应于高加热速率转变尚未开始(即 $f=0$)。由 $f=0$ 或 $f=1$ 计算出来的扩展转变分数是没有意义的，即无法应用 Ozawa 方法。

由于 Ozawa 方法经常失效，Starink 和 Zahra[31]又提出了同等温 Avrami 方法相类似的方法求等时相变过程的 n。对于某一恒定转变速率，将式(3-29b)两边对 $-1/T$ 求导可得

$$\frac{\mathrm{d}\ln x_\mathrm{e}}{\mathrm{d}(-1/T)} = n\left(\frac{Q}{T} + 2T\right) \tag{3-35}$$

同理，根据碰撞模型可由实验数据 f 得到 $\ln x_\mathrm{e}$，由式(3-35)可知，以 $-1/T$ 为横坐标，$\ln x_\mathrm{e}$ 为纵坐标，将不同温度对应的转变分数绘图得到一条直线，从该直线的斜率得到等时相变 n。注意该方法需要已知 Q，若 Q 未知可由式(3-30)或式(3-31)判断给出。

上述方法均基于经典 KJMA 模型，其中暗含着 Avrami 指数为常数的假设。Xu 等[29]经理论分析得出：对于 Avrami 指数随 f 和 T 变化，这些方法仍然有效，有

$$\frac{\mathrm{d}\ln x_\mathrm{e}}{\mathrm{d}\ln t} = \frac{d}{m} + \frac{1}{1+(r_2/r_1)^{-1}} = n(T,f) \tag{3-36a}$$

$$\frac{\mathrm{d}\ln x_\mathrm{e}}{\mathrm{d}(-1/T)}\left(\frac{T}{Q+2T^2}\right) = \frac{d}{m} + \frac{1}{1+(r_2/r_1)^{-1}} = n(\Phi,f) \tag{3-36b}$$

具体见 4.6 节。

3. 求碰撞因子的方法

转变速率峰值位置处的实验数据包含了很多动力学信息。例如，Kissinger 提出的求激活能的方法中[26]，等时相变的速率峰值位置 $f=0.632$ 被认为是 KJMA 模型的"指纹"信息[32]。进一步研究发现，转变速率峰值位置所包含的信息，可反映真实转变分数 f 和扩展转变分数 x_e 之间的关系[33]。据此，提出了转变速率最大值分析的方法来判断碰撞模型及确定碰撞因子大小。具体见 4.7 节。

3.4.2 拟合法

1. 经典 KJMA 模型拟合

大多数文献中关于非晶晶化过程的动力学描述，基本上是将经典模型直接对单条实验曲线进行拟合来确定其动力学参数。随着相变理论的发展，逐渐认识到

总有效激活能来自形核和生长激活能的共同贡献[34,35]。因此，用KJMA模型拟合非晶晶化动力学时，可得到形核和生长激活能，但所得动力学参数仍为常数。该方法在传统分析中应用非常广泛。然而，动力学参数为常数的假设往往令其使用受限[24]。具体见4.3节。

2. 模块化解析相变模型直接拟合

根据模块化解析相变模型可得到不同形核、生长和碰撞机制的组合，分别将不同的组合代入转变分数的演化方程。之后分别采用不同组合对一系列的等温或等时实验数据同时拟合。具体见4.5节。

3. 机制预判拟合法

针对直接拟合方法的缺点提出了结合转变分数和转变速率分析的拟合方法。如4.7节所述，转变速率最大值位置包含很多动力学信息。根据最大值分析，可以初步判断形核、生长和碰撞机制，且可得到一些重要参数(Q_N 和 Q_G)的近似值。此时，根据预判的形核、生长和碰撞机制组合，并将最大值分析得到的模型参数数值赋为拟合的初值。具体见4.6节和4.7节。

参 考 文 献

[1] MITTEMEIJER E J. Fundamentals of Materials Science: The Microstructure-Property Relationship Using Metals as Model Systems[M]. Heidelberg: Springer Verlag, 2010.

[2] KEMPEN A T W. Solid State Phase Transformation Kinetics[D]. Stuttgart: Universität Stuttgart, 2001.

[3] CHRISTIAN J W. The Theory of Transformation in Metals and Alloys[M]. 2nd ed. Oxford: Pergamon Press, 2002.

[4] CAHN J W. Transformation kinetics during continuous cooling[J]. Acta Metallurgica, 1956, 4: 572-575.

[5] UMEMOTO M, HORIUCHI K, TAMURA I. Pearlite transformation during continuous cooling and its relation to isothermal transformation[J]. Transactions of the Iron and Steel Institute of Japan, 1983, 23: 690-695.

[6] LEBLOND J B, DEVAUX J. A new kinetic model for anisothermal metallurgical transformations in steels including effect of austenite grain size[J]. Acta Metallurgica, 1984, 32: 137-146.

[7] KAMAT R G, HAWBOLT E B, BROWN L C, et al. The principle of additivity and the proeutectoid ferrite transformation[J]. Metallurgical Transactions A, 1992, 23: 2469-2480.

[8] LUSK M, JOU H J. On the rule of additivity in phase transformation kinetics[J]. Metallurgical and Materials Transactions A, 1997, 28: 287-291.

[9] ZHU Y T, LOWE T C, ASARO R J. Assessment of the theoretical basis of the rule of additivity for the nucleation incubation time during continuous cooling[J]. Journal of Applied Physics, 1997, 82: 1129-1137.

[10] ZHU Y T, LOWE T C. Application of, and precautions for the use of, the rule of additivity in phase transformation[J]. Metallurgical and Materials Transactions B, 2000, 31B: 675-682.

[11] TODINOV M T. Alternative approach to the problem of additivity[J]. Metallurgical and Materials Transactions B, 1998, 29B: 269-273.

[12] RÉTI T, FELDE I. A non-linear extension of the additivity rule[J]. Computational Materials Science, 1999, 15: 466-482.

[13] RIOS P R. Relationship between non-isothermal transformation curves and isothermal and non-isothermal kinetics[J]. Acta Materialia, 2005, 53: 4893-4901.

[14] MITTEMEIJER E J. Analysis of the kinetics of phase transformations[J]. Journal of Materials Science, 1992, 27: 3977-3987.

[15] YE J S, HSU T Y, CHANG H B. On the application of the additivity rule in pearlitic transformation in low alloy steels[J]. Metallurgical and Materials Transactions A, 2003, 34A: 1259-1264.

[16] YE J S, HSU T Y. Modification of the additivity hypothesis with experiment[J]. ISIJ International, 2004, 44: 777-779.

[17] HSU T Y. Additivity hypothesis and effects of stress on phase transformations in steel[J]. Current Opinion in Solid State & Materials Science, 2005, 9: 256-268.

[18] LIU F, YANG C, YANG G, et al. Additivity rule, isothermal and non-isothermal transformations on the basis of an analytical transformation model[J]. Acta Materialia, 2007, 55: 5255-5267.

[19] KOLMOGOROV A N. On the Statistical Theory of Metal Crystallization[M]// SHIRYAYEV A N. Selected Works of A.N. Kolmogorov. Netherlands: Springer, 1992.

[20] JOHNSON W A, MEHL R F. Reaction kinetics in processes of nucleation and growth[J]. Transactions of the American Institute of Mining and Metallurgical Engineers, 1939, 135: 416-458.

[21] AVRAMI M. Kinetics of phase change. I general theory[J]. Journal of Chemical Physics, 1939, 7: 1103-1112.

[22] AVRAMI M. Kinetics of phase change. II transformation-time relations for random distribution of nuclei[J]. Journal of Chemical Physics, 1940, 8: 212-224.

[23] AVRAMI M. Granulation, phase change, and microstructure kinetics of phase change. III [J]. Journal of Chemical Physics, 1941, 9: 177-184.

[24] LIU F, SOMMER F, BOS C, et al. Analysis of solid state phase transformation kinetics: Models and recipes[J]. International Materials Reviews, 2007, 52: 193-212.

[25] VYAZOVKIN S, SBIRRAZZUOLI N. Isoconversional analysis of calorimetric data on non-isothermal crystallization of a polymer melt[J]. The Journal of Chemical Physics, 2003, 107: 882-888.

[26] KISSINGER H E. Reaction kinetics in differential thermal analysis[J]. Analytical Chemistry, 1957, 29: 1702-1706.

[27] AKAHIRA T, SUNOSE T. Method of determining activation deterioration constant of electrical insulating material[R]. Research Report Chiba Institute of Technology, 1971, 16: 22-24.

[28] FRIEDMAN H L. Kinetics of thermal degradation of char-forming plastics from thermogravimetry. Application to a phenolic plastic[J]. Journal of Polymer Science Part C-Polymer Symposium, 1964, 6: 183-195.

[29] XU J F, LIU F, SONG S J, et al. Application of recipes for isothermal and isochronal solid-state transformations[J]. Journal of Non-Crystalline Solids, 2010, 356: 1236-1245.

[30] OZAWA T. Kinetics of non-isothermal crystallization[J]. Polymer, 1971, 12: 150-158.

[31] STARINK M J, ZAHRA A M. Determination of the transformation exponents from experiments at constant heating rate[J]. Thermochimica Acta, 1997, 298: 179-189.

[32] JORAID A A. Limitation of the Johnson-Mehl-Avrami (JMA) formula for kinetic analysis of the crystallization of a chalcogenide glass[J]. Thermochimica Acta, 2005, 436: 78-82.

[33] LIU F, SONG S J, SOMMER F, et al. Evaluation of the maximum transformation rate for analyzing solid-state phase transformation kinetics[J]. Acta Materialia, 2009, 57: 6176-6190.

[34] KEMPEN A T W, SOMMER F, MITTEMEIJER E J. Determination and interpretation of isothermal and non-isothermal transformation kinetics; the effective activation energies in terms of nucleation and growth[J]. Journal of Materials Science, 2002, 37: 1321-1332.

[35] FARJAS J, ROURA P. Modification of the Kolmogorov-Johnson-Mehl-Avrami rate equation for non-isothermal experiments and its analytical solution[J]. Acta Materialia, 2006, 54: 5573-5579.

第4章 模块化解析相变模型及方法

4.1 引　　言

从 3.3 节给出的类 KJMA 模型描述可以看出，不论等温相变还是等时相变(等加热速率相变、等冷却速率相变)，Avrami 指数 n、总有效激活能 Q 及速率常数指前因子 K_0 都是恒定的，它们取决于相变过程中的形核和生长方式。从本质上讲，KJMA 模型与类 KJMA 模型均认为，相变机制在整个温度-时间(T-t)范围内保持不变，即动力学参数恒定，属于等动力学过程[1]。如 3.2 节所述，可加性原理和等动力学理论作为固态相变理论和实验研究的两个指导性法则，构成了等温和非等温过程互通的桥梁。然而，以往的可加性原理和等动力学理论针对简单情形，如纯界面控制且生长速率恒定的相变等，当关注成分变化且与时间相关的扩散控制生长过程时，KJMA 模型或类 KJMA 模型拟合得到的动力学参数在不同转变阶段是不同的，这归因于相变过程中形核和长大机制的变化[2-4]，且这并不是唯一的解释。因此，用 KJMA 模型或类 KJMA 模型去描述上述相变过程时，往往会得到没有实际意义的动力学参数。可见，硬性地假设参量不变会得到不准确的结论。

为实现变化的参量同恒定的动力学机制不矛盾，刘峰等提出模块化解析相变模型(简称"模块化解析模型"或"解析模型")，进而描述随温度/时间变化的动力学参数；耦合不同形核、长大和碰撞方式，得到转变分数随时间或温度的解析表达式，扩展了等动力学理论[5-8]。

4.2 模块化解析相变模型

Liu 等[5,6,8]通过和积转化的方法，合理地处理了混合形核或 Avrami 形核的中间态情形，认为连续形核和位置饱和形核对扩展转变分数的相对贡献随转变进行而变化，从而得到了随转变分数变化的动力学参数：$n(t)$、$Q(t)$ 和 $K_0(t)$(等温相变)或 $n(T)$、$Q(T)$ 和 $K_0(T)$(等时相变)，只有当极端形核方式发生时(位置饱和或连续形核)，这些参量的时间或温度相关性才会消失，从而使模型退化为经典 KJMA 模型。相变过程中相变机制保持恒定，但动力学参数随转变进行而变化，称之为"扩展等动力学"[6]。

4.2.1 模块化解析相变模型推导

对于混合形核和 Avrami 形核控制的相变,其扩展转变分数总是由两部分之和而得。一部分由纯位置饱和形核提供,另一部分由纯连续形核提供。因此,可以得到扩展转变分数的精确解析形式[5]。

(1) 等温相变:

$$x_e = K_0(t)^{n(t)} t^{n(t)} \exp\left(-\frac{n(t)Q(t)}{RT}\right) \tag{4-1}$$

(2) 等时相变:

$$x_e = K_0(T)^{n(T)} \left(\frac{RT^2}{\Phi}\right)^{n(T)} \exp\left(-\frac{n(T)Q(T)}{RT}\right) \tag{4-2}$$

式中,针对不同形核方式,各自的动力学参数 n、Q、K_0 的等温相变和等时相变精确表达式参见表4-1。下面给出混合形核控制的等温相变的相关推导。有关 Avrami 形核及非等温的情况,相关解析处理可参考文献[5]。

表 4-1 等温相变和等时相变中动力学参数的解析表达式[6]

形核方式	参数	等温相变	等时相变
混合形核	n	$\dfrac{d}{m} + \dfrac{1}{1+(r_2/r_1)^{-1}}$	$\dfrac{d}{m} + \dfrac{1}{1+(r_2/r_1)^{-1}}$
	Q	$[d/m Q_G + (n-d/m)Q_N]/n$	$[d/m Q_G + (n-d/m)Q_N]/n$
	K_0^n	$\dfrac{g v_0^{d/m}}{(d/m+1)^{\frac{1}{1+(r_2/r_1)^{-1}}}} \left[N^*(1+r_2/r_1)\right]^{\frac{1}{1+r_2/r_1}} \times \left\{N_0 \left[1+(r_2/r_1)^{-1}\right]\right\}^{\frac{1}{1+(r_1/r_2)^{-1}}}$	$\dfrac{g v_0^{d/m}}{(d/m+1)^{\frac{1}{1+(r_2/r_1)^{-1}}}} \left[\dfrac{N^*}{Q_G^{d/m}}(1+r_2/r_1)\right]^{\frac{1}{1+r_2/r_1}} \times \left\{C_c N_0 \left[1+(r_2/r_1)^{-1}\right]\right\}^{\frac{1}{1+(r_1/r_2)^{-1}}}$
	r_2/r_1	$\dfrac{N_0 t \exp(-Q_N/RT)}{(d/m+1)N^*}$	$\dfrac{C_c Q_G^{d/m} N_0 \exp(-Q_N/RT)}{(d/m+1)N^*}\left(\dfrac{RT^2}{\Phi}\right)$
Avrami 形核	n	$\dfrac{d}{m}+\dfrac{1}{1+r_2/r_1}$	$\dfrac{d}{m}+\dfrac{1}{1+r_2/r_1}$
	Q	$[d/m Q_G+(n-d/m)Q_N]/n$	$[d/m Q_G+(n-d/m)Q_N]/n$
	K_0^n	$\dfrac{g N' f(\lambda t) v_0^{d/m}}{d/m+1} \lambda^{\frac{1}{1+r_2/r_1}} (\lambda t)^{\frac{1}{1+(r_2/r_1)^{-1}}}$	$\dfrac{g N' f\left(\lambda RT^2/Q_N\Phi\right) v_0^{d/m}}{d/m+1} C_c \lambda^{\frac{1}{1+r_2/r_1}} \left(\lambda \dfrac{RT^2}{\Phi}\right)^{\frac{1}{1+(r_2/r_1)^{-1}}}$
	r_2/r_1	$\dfrac{\lambda t}{d/m+1}$	$\dfrac{C_c Q_G^{d/m}}{d/m+1}\left(\lambda \dfrac{RT^2}{\Phi}\right)$

注:C_c、$f(\lambda t)$ 和 $f(\lambda RT^2/Q_N\Phi)$ 的表达式参见文献[5]。

根据式(3-18)和表3-1，在某一时刻 t 总的扩展转变分数可表示为

$$x_e = x_{e1} + x_{e2} = N^* g v_0^{d/m} \exp\left(-\frac{d/mQ_G}{RT}\right) t^{d/m} + \frac{N_0 g v_0^{d/m}}{d/m+1} \exp\left(-\frac{d/mQ_G + Q_N}{RT}\right) t^{d/m+1} \tag{4-3}$$

式中，x_{e1} 和 x_{e2} 分别表示纯位置饱和形核和纯连续形核控制的两个不同子过程的扩展转变分数：

$$x_{e1} = N^* g v_0^{d/m} \exp\left(-\frac{d/mQ_G}{RT}\right) t^{d/m} \tag{4-4a}$$

$$x_{e2} = \frac{N_0 g v_0^{d/m}}{d/m+1} \exp\left(-\frac{d/mQ_G + Q_N}{RT}\right) t^{d/m+1} \tag{4-4b}$$

二者之比为

$$r_{1,2} = \frac{r_2}{r_1} = \frac{x_{e2}}{x_{e1}} \tag{4-5}$$

为了给出动力学参数的解析式，对式(4-3)进行数学变换。用 N_1^* 和 N_{01} 分别取代式(4-4a)和式(4-4b)中的 N^* 和 N_0，从而使得总的扩展转变分数完全来自位置饱和：

$$x_e = x'_{e1} = N_1^* g v_0^{d/m} \exp\left(-\frac{d/mQ_G}{RT}\right) t^{d/m} \tag{4-6a}$$

或者使总的扩展转变分数完全来自连续形核：

$$x_e = x'_{e2} = \frac{N_{01} g v_0^{d/m}}{d/m+1} \exp\left(-\frac{d/mQ_G + Q_N}{RT}\right) t^{d/m+1} \tag{4-6b}$$

其中，

$$N_1^* = N^*\left(1+r_{1,2}\right) \text{ 和 } N_{01} = N_0\left(1+r_{1,2}^{-1}\right) \tag{4-7}$$

此时，式(4-3)可写为

$$x_e = \frac{1}{r_1 + r_2}\left(r_1 x'_{e1} + r_2 x'_{e2}\right) \tag{4-8}$$

对于任一相变过程，总可以找到两个正整数 r_1 和 r_2，使得式(4-5)和式(4-8)成立。因此，总的转变分数可被均分为 r_1+r_2 份，则式(4-8)可写为

$$x_e = \frac{1}{r_1 + r_2}\left[\sum_{r_1} N^*\left(1+r_{1,2}\right) g v_0^{d/m} \exp\left(-\frac{d/mQ_G}{RT}\right) t^{d/m}\right.$$
$$\left. + \sum_{r_2} \frac{N_0\left(1+r_{1,2}^{-1}\right) g v_0^{d/m}}{d/m+1} \exp\left(-\frac{d/mQ_G + Q_N}{RT}\right) t^{d/m+1}\right] \tag{4-9}$$

由于式(4-9)方括号中加和的每一部分都相等,可将其写为乘积形式:

$$x_e = \frac{gv_0^{d/m}}{(d/m+1)^{\frac{1}{1+r_{1,2}^{-1}}}}\left[N^*(1+r_{1,2})\right]^{\frac{1}{1+r_{1,2}}}\left[N_0(1+r_{1,2}^{-1})\right]^{\frac{1}{1+r_{1,2}^{-1}}}$$

$$\times \exp\left[-\left(d/mQ_G + \frac{Q_N}{1+r_{1,2}^{-1}}\right)\frac{1}{RT}\right]t^{d/m+\frac{1}{1+r_{1,2}^{-1}}} \tag{4-10}$$

假设碰撞模式遵循晶核随机分布(式(2-65)),式(4-10)可写为

$$\ln[-\ln(1-f)] = \ln\left\{\frac{gv_0^{d/m}}{(d/m+1)^{\frac{1}{1+r_{1,2}^{-1}}}}\left[N^*(1+r_{1,2})\right]^{\frac{1}{1+r_{1,2}}}\left[N_0(1+r_{1,2}^{-1})\right]^{\frac{1}{1+r_{1,2}^{-1}}}\right\}$$

$$-\left(d/mQ_G + \frac{Q_N}{1+r_{1,2}^{-1}}\right)\frac{1}{RT} + \left(d/m + \frac{1}{1+r_{1,2}^{-1}}\right)\ln t \tag{4-11}$$

通过与经典KJMA模型(2.7.3小节)对比,可得到动力学参数的明确解析表达式,见表4-1,将在5.2节具体介绍。

4.2.2 模块化解析相变模型应用于描述蒙特卡罗模拟

蒙特卡罗(Monte Carlo,MC)模拟充分考虑形核的统计特点和随后生长的各向异性(即生长晶粒间的阻碍),可以用来检验KJMA动力学模型。各向异性生长对KJMA动力学模型的影响将在5.4节中详细探讨,本小节试图利用模块化解析相变模型的处理途径,阐明各向异性生长导致的经典KJMA动力学模型偏离。根据文献[9],利用同时间或温度相关的形核率及同时间独立但同温度相关的生长速率,可以借助MC模拟来考虑各向异性生长造成的同经典KJMA动力学模型的偏离。定义生长晶粒被阻碍之前处于经典KJMA动力学模型的时间段为记忆时间t^*。各向异性生长效应可以通过t^*的数值来表达[9],较大的t^*意味着较小的各向异性效应及较大的转变速率,这同MC模拟一致。

1. 各向异性生长效应的解析描述

由文献[9]可知,各向同性生长和具有相同凸起形状且平行生长的各向异性生长晶粒,结合连续形核,确实符合KJMA动力学模型,这与晶核随机分布碰撞模式(式(2-65))符合。文献[9]还表明,s(正方形)、r(矩形)、rNRp(平行各向异性)和np(平行针形)的生长模式在很大程度上遵循KJMA动力学模型,即对$\ln[-\ln(1-f)]$关于$\ln(t)$作图,其数据落在一条直线上,这4种生长模式对应的Avrami指数n在整个转变分数范围内几乎保持不变。

在各向异性生长效应影响下，如随机分布颗粒如果发生 rNRo(各向异性正交生长)或 no(一维正交生长)[9]，在被其他颗粒"阻挡"之前，其生长的平均时间间隔会小于各向同性生长的平均时间间隔，导致与 KJMA 动力学模型的强烈偏差。由 2.7.3 小节可知，通过碰撞模式的调整，可以实现这种阻碍效应的唯象学处理方法，即 f 和 x_e 之间的差异大于晶核随机分布碰撞模式引起的差异(图 2-11)。但是，碰撞模式的改变意味着各向异性生长仅改变 f 和 x_e 之间的关系(图 2-11)，并不改变 x_e 本身，这与 MC 模拟不符合[9]。

为了描述各向异性生长对 KJMA 动力学模型的影响，文献[9]提供了一种相对简单和透明的解析描述，可准确再现 MC 模拟的数值结果。例如，对于 np 生长模式，解析描述与 MC 模拟之间精确一致，二维空间连续形核结合平行一维生长可以得到标准 KJMA 模型[9]：

$$-\ln(1-f) = wIGt^2 \tag{4-12}$$

式中，w 为一维生长晶粒的宽度；G 为生长速率。如果 $w = 1/2$，则对于 $n = 2$，式(4-12)与式(2-64)一致，且 $k = (IG/2)^{1/2}$。

如果 no 模式发生，阻碍效应导致记忆时间 t^* 不会恢复到 $t=0$，而是局限于某先前时间步。因此，得到与式(4-12)不同的关系[9]：

$$-\ln(1-f) = 2Cw\sqrt{I(t-t^*)} + wIGt^{*2} \tag{4-13}$$

式中，记忆时间 t^* 表示从 KJMA 行为转换到阻碍行为的时间，表示为

$$t^* = \sqrt[3]{\frac{C^2}{IG^2}} \tag{4-14}$$

式中，C 是接近 2 的常数[9]。对于 $t<t^*$，式(4-13)中的最后一项依旧成立且符合 KJMA 动力学模型。

类似地，可获得 rNRo 模式对应的方程[9]：

$$-\ln(1-f) = 2Cw\sqrt{I(t-t^*)}\left(1-\frac{2}{NR}\right) + \frac{4C}{3NR}\sqrt{IG}(t-t^*)^{\frac{3}{2}} + \frac{2}{3NR}IG^2t^{*3} \tag{4-15}$$

2. 利用解析模型表征各向异性效应

式(4-12)、式(4-13)和式(4-15)给出的解析描述旨在再现 MC 模拟[9]，其是否适用于一般相变仍需探讨。这里试图利用 4.2.1 小节给出的解析处理方法对式(4-12)、式(4-13)和式(4-15)重新进行解释，并获得具有物理意义的 Avrami 指数解析解[10]。

对于二维空间中连续成核的 np 生长模式，结合式(4-12)($w = 1/2$)和式(2-64)给出：

$$\ln\left[-\ln(1-x)\right] = \ln\left(\frac{1}{2}I_0G_0\right) - \frac{Q_N + Q_G}{RT} + 2\ln t \tag{4-16}$$

根据 KJMA 动力学模型，获得恒定的 Avrami 指数(n=2)和恒定的有效激活能(Q=(Q_N+Q_G)/2)(表 3-1 和表 4-1)。

对于二维空间中连续成核的 no 模式，可认为式(4-13)中扩展转变分数由两部分组成，即 $x_e = x_{e1} + x_{e2}$，一部分 n_1=0.5，另一部分 n_2=2。两部分遵循如下关系：

$$\frac{wI_1G_1t^{*2}}{2Cw\sqrt{I_1t_{\text{eff}}}} = \frac{r_2}{r_1} = \frac{x_{e2}}{x_{e1}} \tag{4-17}$$

式中，$t_{\text{eff}} = t - t^*$。

类似于 4.2.1 小节的处理方法，可以选择不同的 I_2 和 G_2，使得 x_e 全部来自 n_1=0.5 那部分的贡献，可描述为

$$x'_{e1} = 2Cw\sqrt{I_1t_{\text{eff}}} + wI_1G_1t^{*2} \tag{4-18a}$$

或使得 x_e 全部来自 n_2=2 那部分的贡献，可描述为

$$x'_{e2} = 2Cw\sqrt{I_1t_{\text{eff}}} + wI_1G_1t^{*2} \tag{4-18b}$$

将式(4-17)、式(4-18)整合得

$$x_e = \frac{1}{r_1 + r_2}\left(\sum_{i=1}^{r_1} x'_{e1}(i) + \sum_{i=1}^{r_2} x'_{e2}(i)\right) \tag{4-19a}$$

$$x_e = \left[\left(2Cw\sqrt{I_2t_{\text{eff}}}\right)^{\frac{1}{1+r_2/r_1}} \left(wI_2G_2t^{*2}\right)^{\frac{1}{1+(r_2/r_1)^{-1}}}\right] \tag{4-19b}$$

进一步结合前述，由式(4-17)可得

$$-\ln(1-x) = \left(2Cw\sqrt{I_{02}}\right)^{\frac{1}{1+r_2/r_1}} \left(wI_{02}G_{02}\right)^{\frac{1}{1+(r_2/r_1)^{-1}}}$$

$$\cdot \exp\left[-\frac{\dfrac{1}{1+(r_2/r_1)^{-1}}(Q_G + Q_N) + \left(\dfrac{1}{1+r_2/r_1}\right)\left(\dfrac{1}{2}Q_N\right)}{RT}\right] (t-t^*)^{\frac{1}{2(1+r_2/r_1)}} (t^*)^{\frac{1}{1+(r_2/r_1)^{-1}}}$$

$$\tag{4-20}$$

式中，

$$I_{02} = \left\{-\frac{w\sqrt{I_{01}}(t-t^*)^{1/2} + 2Cw\left[N_{01}G_{01}\exp\left(-\dfrac{1/2Q_N + Q_G}{RT}\right)t^{*2}\right]}{w\sqrt{t}}\right\}^2 \tag{4-21a}$$

第 4 章 模块化解析相变模型及方法

$$G_{02} = \left(-\frac{1}{2Ct}\right)\frac{\exp\left(\frac{1/2Q_N + Q_G}{RT}\right)}{\sqrt{I_{01}}(t-t^*)^{1/2} + 2CI_{01}G_{01}\exp\left(-\frac{1/2Q_N + Q_G}{RT}\right)t^{*2}} \qquad (4\text{-}21\text{b})$$

根据 4.2.1 小节的处理，当前转变的动力学参数可表示如下：

$$n = \frac{1}{2(1+r_2/r_1)} + \frac{2}{1+(r_2/r_1)^{-1}} = 2 - \frac{3/2}{1+(r_2/r_1)} \qquad (4\text{-}22\text{a})$$

$$Q = \frac{\dfrac{1}{1+r_2/r_1}n_1Q_1 + \dfrac{1}{1+(r_2/r_1)^{-1}}n_2Q_2}{n}, \quad Q_1 = \frac{Q_G + Q_N}{2}, \quad Q_2 = Q_N \qquad (4\text{-}22\text{b})$$

$$K_0^{\,n} = \left[\left(2Cw\sqrt{I_{02}}\right)^{\frac{1}{1+r_2/r_1}}\left(wI_{02}G_{02}\right)^{\frac{1}{1+(r_2/r_1)^{-1}}}\right] \qquad (4\text{-}22\text{c})$$

对于二维空间连续成核的 rNRo 模式，可获得式(4-15)，类似地，其右侧的整个扩展转变分数可被认为由两部分组成：一部分为 $n = 3$，另一部分为 $n = 0.5$ 和 $n = 1.5$ 的混合。按照同上的处理方法，可获得类似于式(4-20)的解析表达式：

$$\begin{aligned}
&-\ln(1-x) \\
&= \left\{2Cw\left[\sqrt{I_{02}} + \sqrt{I_{02}}G_2(t-t^*)\right]\left(1-\frac{2}{NR}\right)\right\}^{\frac{1}{\left[1+(r_2/r_1)^{-1}\right]\left(1+r_4/r_3\right)}} \\
&\times \left[\frac{4C}{3NR}\frac{\sqrt{I_{02}}\exp(Q_N/RT) + \sqrt{I_{02}}G_{02}(t-t^*)}{t-t^*}\right]^{\frac{1}{\left[1+(r_2/r_1)^{-1}\right]\left(1+r_4/r_3\right)}} \\
&\times \left(\frac{2}{3NR}I_{02}G_{02}^{\,2}\right)^{\frac{1}{1+(r_4/r_3)^{-1}}}\exp\left\{-\frac{\dfrac{1}{1+r_4/r_3}\left[\dfrac{1}{1+(r_2/r_1)^{-1}}Q_G + \dfrac{Q_N}{2}\right] + \dfrac{1}{1+(r_4/r_3)^{-1}}(2Q_G+Q_N)}{RT}\right\} \\
&\times (t-t^*)^{\left[\frac{3}{2}\times\frac{1}{1+(r_2/r_1)^{-1}} + \frac{1}{2}\times\frac{1}{1+r_2/r_1}\right]\left[\frac{1}{1+r_4/r_3}\right]}t^{*\frac{3}{1+(r_4/r_3)^{-1}}}
\end{aligned}$$

$$(4\text{-}23)$$

式中，$G_{02} = \dfrac{(t-t^*)^{n_1}}{\sqrt{Ut^{*3}} - (t-t^*)^{n_1+1}}\exp\left(\dfrac{Q_G}{RT}\right)$，$n_1 = \dfrac{3}{2} - \dfrac{1}{1+r_2/r_1}$；$I_{02} = \dfrac{U}{G_2^2 t^{*3}} \cdot$

$\exp\left(\dfrac{Q_N}{RT}\right)$，$U = 2Cw\sqrt{I(t-t^*)}\left(1-\dfrac{2}{NR}\right) + \dfrac{4C}{3NR}\sqrt{I}G(t-t^*)^{3/2} + \dfrac{2}{3NR}IG^2\left(t^*\right)^3$。

根据 4.2.1 小节的处理，当前转变的动力学参数可表示如下：

$$n = 3 - \frac{\frac{3}{2} - \frac{1}{1 + r_2/r_1}}{1 + r_4/r_3} \tag{4-24a}$$

$$Q = \frac{\frac{1}{1+r_4/r_3}\left[\frac{1}{1+(r_2/r_1)^{-1}}Q_G + \frac{Q_N}{2}\right] + \frac{1}{1+(r_4/r_3)^{-1}}(2Q_G + Q_N)}{n} \tag{4-24b}$$

$$K_0{}^n = \left\{2Cw\left[\sqrt{I_{02}} + \sqrt{I_{02}}G_1\left(t-t^*\right)\right]\left(1-\frac{2}{NR}\right)\right\}^{\frac{1}{1+(r_2/r_1)^{-1}(1+r_4/r_3)}}$$

$$\times \left\{\frac{4C}{3NR}\frac{\sqrt{I_{02}}\exp\left(\frac{Q_N}{RT}\right)+\sqrt{I_{02}}G_{02}\left(t-t^*\right)}{t-t^*}\right\}^{\frac{1}{\left[1+(r_2/r_1)^{-1}\right](1+r_4/r_3)}}$$

$$\times \left(\frac{2}{3NR}I_{02}G_{02}^2\right)^{\frac{1}{1+(r_4/r_3)^{-1}}} \tag{4-24c}$$

式中,$\frac{r_2}{r_1} = \frac{2G_1 t_{\text{eff}}}{3w(NR-2)}$, $\frac{r_4}{r_3} = \frac{\frac{2}{3NR}I_1 G_1^2 t^{*3}}{2Cw\sqrt{I_1(t-t^*)}\left(1-\frac{2}{NR}\right) + \frac{4C}{3NR}\sqrt{I_1}G_1\left(t-t^*\right)^{3/2}}$。

3. 各向异性效应下的 Avrami 指数

文献[9]表明,尽管式(4-13)和式(4-15)同 MC 模拟符合,但无法得到合理的 Avrami 指数。为了理清如何得到合理的动力学参数,作如下处理。

基于 I_0、G_0、Q_G、Q_N 和 T,利用数值计算构造各向异性生长影响下的相变。为了简便,式(4-13)中如 $2Cw$ 和 w,以及式(4-15)中如 $2Cw[1-2/(NR)]$,$4C/(3NR)$ 和 $2/(3NR)$ 均被合并进 I_0 和 G_0。基于此,将式(4-20)和式(4-23)同式(4-22a)和式(4-24a)结合,即可给出了 f-t 和 n-f 的演化关系,如图 4-1 和图 4-2 所示。

如式(4-22a)所示,Avrami 指数主要取决于 r_2/r_1,即分别源自 KJMA 模型和阻碍行为的扩展转变分数之间的比率[10]。如果 $t<t^*$, r_2/r_1 趋向无穷大,$n=2$。如图 4-1(a)所示,粗(重叠)实线表示在 $0\sim t_1^*$、$0\sim t_2^*$ 和 $0\sim t_3^*$ 的 KJMA 转变($n=2$,见图 4-1(b))。如果 $t>t^*$,来自阻碍效应的扩展转变分数逐渐提升,进而降低 n。尤其当 $t\gg t^*$ 时,r_2/r_1 趋近于零,而 n 趋近于 0.5(图 4-1(b))。对于足够大的 t^*,r_2/r_1(在 $t^*\sim t$)有限,因此 n 几乎随 f 线性减小(参见图 4-1(b)中 $t_3^*=1000s$ 的 n-f 曲线)。相反,对于各向异性生长效应足够大(如 $t_1^*=100s$),n 初始会出现强烈下降,之后几乎达到一个平台，其中 n 几乎不随 f 变化(参见图 4-1(b)中 $t_1^* = 100$s 的 n-f 曲线)。

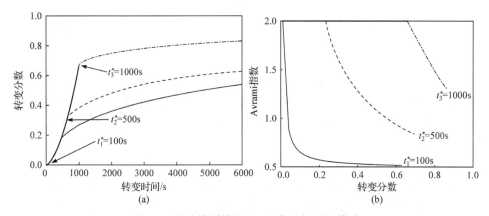

图 4-1　纯连续形核和 no(一维正交生长)模式
(a) 转变分数 f 随转变时间 t 的演化；(b) Avrami 指数 n 随转变分数 f 的演化
$N_0 = 4 \times 10^7 (\text{m}^3 \cdot \text{s})^{-1}$；$Q_G = 1.2 \times 10^5$ kJ/mol；$Q_N = 2 \times 10^5$ kJ/mol；$v_0 = 1 \times 10^5$ m/s；$d/m = 1$；$T = 900$K

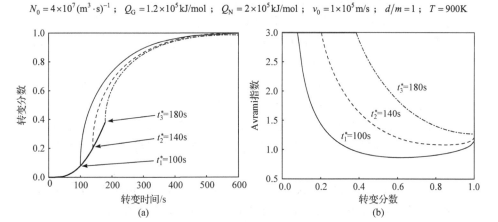

图 4-2　纯连续形核和 rRNo(各向异性正交生长)模式
(a) 转变分数 f 随转变时间 t 的演化；(b) Avrami 指数 n 随转变分数 f 的演化
$N_0 = 1 \times 10^5 (\text{m}^3 \cdot \text{s})^{-1}$；$Q_G = 1.1 \times 10^5$ kJ/mol；$Q_N = 1 \times 10^5$ kJ/mol；$v_0 = 1.8 \times 10^5$ m/s；$d/m = 2$；$T = 740$K

根据式(4-24a)，n 由 r_4/r_3(分别由 KJMA 动力学模型和阻碍行为贡献的扩展转变分数之间的比率)和 r_2/r_1 共同决定。如果 $t < t^*$，r_4/r_3 趋向无穷大，$n=3$(见图 4-2)。对于 $t > t^*$，r_2/r_1 的增加和 r_4/r_3 的减少导致 n 与 f 的特定演化。如图 4-2(b)所示，如果 $t > t^*$，则 n 随 f 连续减小，达到最小值后，n 连续增大，直到转变结束。注意，随着 t^* 的增加，即各向异性生长效应的减弱，n 的最小值向 f 的更大值偏移。如果 $t \gg t^*$ 成立，r_4/r_3 趋向于零，n 等于 $3/2-1/(1+r_2/r_1)$(见图 4-2(b)中 t_3^* 对应的 n-f 曲线)。只有当 r_2/r_1 随着 $t^* \sim t$ 趋向于无穷大时，可最终得到 $n=1.5$；否则，最终值 $n<1.5$。

可见，各向异性效应使得 KJMA 动力学模型不再成立，n 将随之改变，这一点可通过 4.2.1 小节的解析处理和 MC 模拟[9,11,12]得以证明。

4.3 模块化解析相变模型与类 KJMA 模型的对比

如前文所述，经典的 KJMA 动力学模型属于等动力学过程。然而，许多相变中 n、Q 和 K_0 不是常数，它们在转变的不同时期往往有不同的值；这曾被解释为形核和生长机理发生了相应的变化，即相变过程不遵循等动力学理论假设[1-4]。如 4.2.1 小节所述，Liu 等[5-8]通过和积转化的方法，合理地处理了混合形核的情形，认为连续形核和位置饱和形核对扩展转变分数的相对贡献随转变分数变化，其动力学参数可表示为 $n(t)$、$Q(t)$ 和 $K_0(t)$(等温相变)或 $n(T)$、$Q(T)$ 和 $K_0(T)$(等时相变)，只有极端形核方式发生时(位置饱和形核或连续形核)，这些参量的时间或温度相关性才会消失，从而退化为经典理论所得的常数。这一处理扩展了等动力学理论，即相变过程中相变机制保持不变时，动力学参数可以恒定也可以随转变进行而发生变化，将其称为"扩展等动力学"。

对于混合形核和 Avrami 形核，其扩展转变分数总是包含两部分：一部分由纯位置饱和形核提供，另一部分由纯连续形核提供。通过计算，可以得到扩展转变分数的精确解析表达式，如式(4-1)和式(4-2)所示。据此，可开展如下计算来对模块化解析相变模型(解析模型)和类 KJMA 模型进行对比分析[13]。

(1) 根据 4.2.1 小节的处理方法，利用一系列模型参数 Q_G、v_0 和 d/m、Q_N、N_0 和 N^*或 λ_0 和 N^*进行转变速率的数值计算(表 4-1)，选择参数以构建混合形核机制控制的相变。

(2) 假设界面控制生长模式，在五个不同温度 T(等温相变)或五个不同加热速率Φ(等加热速率相变)下进行转变速率 df/dt 或 df/dT 的数值计算，然后，对其进行类 KJMA 模型拟合，获得动力学参数 n、Q 和 K_0 的值。

(3) 使用数值计算中选择的模型参数和相同的 T 或 Φ，可以得到 df/dt 或 df/dT 的相应解析表达式(表 4-1)；使用同数值计算相同的模型参数值进行解析模型计算，得到 $n(t)$、$Q(t)$ 和 $K_0(t)$(等温相变)或 $n(T)$、$Q(T)$ 和 $K_0(T)$(等时相变)。

上述对比已在给定的 N_0、N^*或 λ_0 的范围内执行，可以看到，精确数值计算与解析模型结果吻合良好(图 4-3)。针对扩散控制相变的计算和对比分析也有开展[13]，结果类似，这里不再赘述。

通过对一系列等温相变和等时相变进行解析模型与类 KJMA 模型的计算对比可知(图 4-3)，基于动力学参数不变的类 KJMA 模型拟合仅适用于纯位置饱和形核或纯连续形核控制的极端情况，但对于中间形核控制的相变，类 KJMA 模型拟合产生的误差要远大于解析模型。

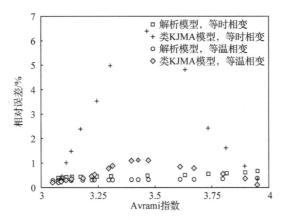

图 4-3　Avrami 形核与界面控制生长组成的解析模型和类 KJMA 模型拟合的相对误差[13]

由图 4-4 可知，解析模型的相对误差随着 N^* 的增大(即形核机制从连续形核转换至位置饱和形核)而减小。对于混合形核控制的等温相变，解析模型的相对误差几乎为零，远低于类 KJMA 模型拟合的误差。

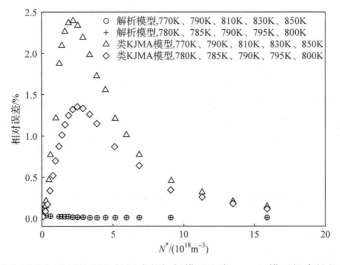

图 4-4　混合形核与界面控制生长组成的解析模型和类 KJMA 模型拟合的相对误差[13]

究其根本，类 KJMA 模型整个相变过程中的动力学参数恒定，相当于其假定位置饱和形核与连续形核之间的比值为一定值，与温度或时间无关。根据模块化解析相变模型可知，位置饱和形核与连续形核之间的比值随转变的进行而变化。因此，动力学参数应该随转变进行而变化，即作为时间(等温相变)或温度(等时相变)的函数(图 4-5)。通过与类 KJMA 拟合相比，采用随时间或温度变化的动力学参数可以更好地描述中间形核机制控制的相变动力学。

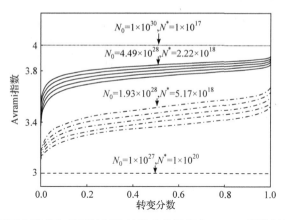

图 4-5　不同温度下混合形核与界面控制生长组成的相变中 Avrami 指数随转变分数的演化[13]
直线和点划线从上到下依次对应温度 770K、790K、810K、830K、850K

4.4　基于模块化解析相变模型的等温相变-等时相变

如 3.2 节所述，可加性原理在固态相变中应用普遍，但大都关于如何从等温相变实验数据中得到非等温数据，即 TTT-CCT(CHT)的转变。可加性原理立足于等动力学理论，即相变机制恒定的相变过程中动力学参数保持不变，如果 n、Q 和 K_0 是同转变分数相关的变量，可加性原理是否依旧适用尚待研究。利用模块化解析相变模型，可对上述问题做出合理回答[5-8,14,15]。将可加性原理同模块化解析相变模型结合，得到 n 和 Q 在 CHT(CCT)-TTT 或 TTT-CHT(CCT)转变前后的具体变化及对转变本身产生的物理影响[16]，无论从理论深度还是实际应用而言，都意义深远。

4.4.1　模块化解析相变模型与可加性原理的相容性

按照 4.2 节的描述，考虑混合形核，界面控制生长及晶核随机分布碰撞机制，等加热速率相变的转变分数可表示为

$$f = 1 - \exp\left[-K_0(T)^{n(T)}\left(\frac{RT^2}{\varPhi}\right)^{n(T)}\exp\left(-\frac{n(T)Q(T)}{RT}\right)\right] \quad (4\text{-}25)$$

式中，$n(T)$、$Q(T)$ 和 $K_0(T)$ 见表 4-1，将其代入式(4-25)，整理并求导可得

$$\frac{\mathrm{d}\{\ln[-\ln(1-f)]\}}{\mathrm{d}T} = \frac{nQ}{RT^2} + \frac{2n}{T} \quad (4\text{-}26)$$

具体推导过程参见 4.6 节。式(4-26)可进一步表示为[16]

$$\ln\left[-\ln(1-f)\right] = \int \frac{\mathrm{d}f}{(1-f)\left[-\ln(1-f)\right]} = \int \frac{\mathrm{d}t}{RT^2/(nQ+2nRT)}\Phi \quad (4\text{-}27)$$

则

$$\frac{\mathrm{d}f}{\mathrm{d}t} = \Phi(1-f)\left[-\ln(1-f)\right]\left(\frac{nQ}{RT^2}+\frac{2n}{T}\right) = \frac{h(T)}{g(f)} \quad (4\text{-}28)$$

根据式(3-3)和式(3-4)，给定温度下，转变分数只由时间和温度的函数来决定；不同温度下的转变分数只是在时间尺度上不同，即等动力学成立。基于解析模型，可以看出，对于一定温度和时间间隔内的确定转变分数，式(4-28)遵循等动力学理论，因此仍然具有可加性。

与式(3-4)比较可得

$$h(T) = \frac{(nQ+2nRT)\Phi}{RT^2} = \frac{\ln\left[-\ln(1-f_\mathrm{a})\right]}{t_\mathrm{a}(T)} \quad (4\text{-}29)$$

式中，f_a 为给定的转变分数；t_a 为在温度 T 下等温相变达到给定转变分数 f_a 所需的时间。将式(4-29)代入式(3-4)可得

$$\frac{\mathrm{d}f}{\mathrm{d}t} t_\mathrm{a}(T) = \frac{G(f_\mathrm{a})}{g(f)} \quad (4\text{-}30)$$

式中，$G(f)$ 是 $g(f)$ 关于 f 的积分。进一步得到

$$\int_0^t \frac{\mathrm{d}t}{t_\mathrm{a}(T)} = \int_0^f \frac{\mathrm{d}f}{t_\mathrm{a}(T)\frac{\mathrm{d}f}{\mathrm{d}t}} = \int_0^f \frac{g(f)\mathrm{d}f}{G(f_\mathrm{a})} = \frac{G(f)}{G(f_\mathrm{a})} \quad (4\text{-}31)$$

式(4-31)给出了非等温相变过程中时间和转变分数的关系，被定义为可加性原理的一般表达式。特殊情况下，如果 $f=f_\mathrm{a}$，式(4-31)将退回到式(3-3)。

根据模块化解析相变模型，动力学参数 n、Q 和 K_0 是关于时间 t(等温相变)或温度 T(等加热速率相变)的函数，且与模型参数 N^* 和 N_0(混合形核)、Q_N 和 Q_G、相变温度 T(等温相变)或加热速率 Φ(等加热速率相变)相关[5]。因此，等动力学理论并不意味着相变过程中 n、Q 和 K_0 保持不变。

4.4.2 立足于模块化解析相变模型的 TTT-CHT 互转变

如 4.2.1 小节所述，模块化解析相变模型针对等温相变和等加热速率相变，对于等冷却速率相变，解析模型只有在形核方式为位置饱和时才适用[5-8]。因此，本节只利用模块化解析相变模型来讨论 CHT-TTT 和 TTT-CHT 的转变。首先，通过数值计算构造转变分数方程，并得到初始的 TTT 图或 CHT 图，再通过 CHT-TTT

和 TTT-CHT 的转变，可直接获得 n 和 Q 的变化。有关 CCT-TTT 转变可参见文献[16]中结合实验数据的具体应用。

1. TTT-CHT 转变

对于一系列由混合形核、界面控制生长及晶核随机分布碰撞机制共同控制的等温相变，其转变分数方程可由模块化解析模型得到[5]：

$$f = 1 - \exp\left[K_0(t)^{n(t)} \exp\left(-\frac{n(t)Q(t)}{RT}\right) t^{n(t)}\right] \quad (4\text{-}32\text{a})$$

$$n = \frac{d}{m} + \frac{1}{1+\left(\frac{r_2}{r_1}\right)^{-1}} \quad (4\text{-}32\text{b})$$

$$Q = \frac{\frac{d}{m}Q_G + \left(n - \frac{d}{m}\right)Q_N}{n} \quad (4\text{-}32\text{c})$$

$$K_0^n = \frac{gv_0^{\frac{d}{m}}}{\left(\frac{d}{m}+1\right)^{\frac{1}{1+\left(\frac{r_2}{r_1}\right)^{-1}}}} \left(\left[N_1^*\left(1+\frac{r_2}{r_1}\right)\right]^{\frac{1}{1+\frac{r_2}{r_1}}} \left\{N_{01}\left[1+\left(\frac{r_2}{r_1}\right)^{-1}\right]\right\}^{\frac{1}{1+\left(\frac{r_2}{r_1}\right)^{-1}}}\right) \quad (4\text{-}32\text{d})$$

$$\frac{r_2}{r_1} = \frac{\frac{1}{d/m+1} N_{01} \exp\left(-\frac{Q_N}{RT}\right) t}{N_1^*} \quad (4\text{-}32\text{e})$$

计算式(4-32)所需参数的数值见表 4-2，该表针对混合形核、界面控制生长和随机晶核碰撞模式。

表 4-2 等温相变和等加热速率相变数值计算用到的参数

转变方式	Q_G /(kJ/mol)	Q_N /(kJ/mol)	v_0 /s^{-1}	d/m	N_{01} /[10^{15}(m$^3\cdot$s)$^{-1}$]	N_1^* /m^{-3}	退火温度/K	加热速率 /(K/min)
等温相变	200	100	10^9	3	5	10^{10}	650、660、670、680、690、700、710、720、730、740、750	—
等加热速率相变	200	100	10^9	3	5	10^{10}	—	80、70、60、50、40、30、20、10、5

针对 f 为 0.1、0.3、0.5、0.7 和 0.9，图 4-6 给出了 TTT 图，其中也显示了加热速率(Φ 为 2K/min、5K/min、10K/min、20K/min 和 40K/min)。图 4-7(a)和(b)则分别给出了利用解析模型计算得到不同温度下 n 和 Q 随 f 的演化。对于等温相变而言，总有效激活能 Q 可以根据不同相变温度 T 下达到同一转变分数需要的时间 t_f 得到(式(3-32a))。也就是说，$\ln t_f$ 关于 $1/T$ 作图得到直线的斜率为 $Q(f)$ 的数值，见图 4-7(b)。

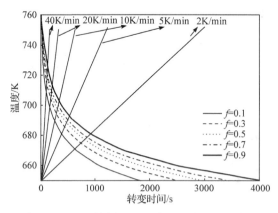

图 4-6 混合形核、界面控制生长和随机晶核碰撞模式下的 TTT 图
计算所用参数见表 4-2

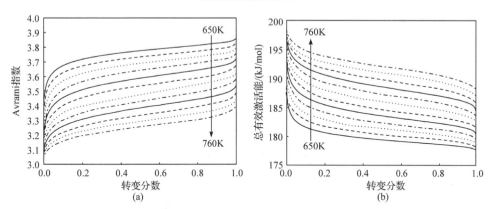

图 4-7 混合形核、界面控制生长和随机晶核碰撞模式下的等温相变
(a) Avrami 指数 n 随转变分数 f 的演化；(b) 总有效激活能 Q 随转变分数 f 的演化
计算所用参数见表 4-2，T 分别为 650K、660K、670K、680K、690K、700K、710K、720K、730K、740K、750K 和 760K

如 4.4.1 小节所述，可加性原理对混合形核控制的等加热速率相变也适用，因此利用可加性原理(式(3-3))，可以从上述 TTT 图中得到对应的 CHT 图，见图 4-8。对于等加热速率相变而言，不同加热速率 Φ 下达到同一转变分数时对应不同的温度 T[17]。因此，对于任何 f，$\ln(T^2/\Phi)$ 关于 $(-1/T)$ 作图得到直线的斜率可得 $Q(f)$ 在

不同加热速率下的平均值(图 4-9(b)和式(3-32b))。同样，在同一温度，不同加热速率对应不同的转变分数 f。因此，$\ln[-\ln(1-f)]$ 关于 $\ln\Phi$ 作图得到的直线的斜率可得对应于该温度的 n 在不同加热速率下的均值(图 4-9(a)和式(3-34))。考虑到 TTT-CHT 转变中温度、时间及加热速率的对应性，图 4-8 中除去对应于 Φ 为 2K/min、5K/min、10K/min、20K/min 和 40K/min 的温度，其他点的具体温度仅仅是一种近似。这主要归因于加热速率选取的有限性。因此，得出的 n 并不是非常精确。

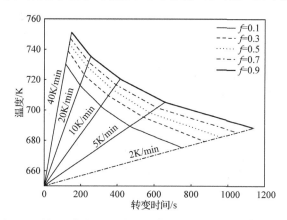

图 4-8　利用可加性原理实现的从 TTT 图向 CHT 图的转变

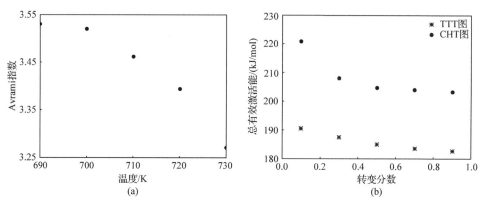

图 4-9　TTT 图转变为 CHT 图后的动力学参数
(a) Avrami 指数 n 随温度 T 的演化；(b) 总有效激活能 Q 随转变分数 f 的演化

2. CHT-TTT 转变

如 3.3 节所述，当等温相变过程很难控制，等温转变速率过快，或者可提供的实验手段更适合非等温相变时，如何从非等温相变实验结果中得到等温相变数据，即 CCT 图或 CHT 图如何向 TTT 图转变，成为一个亟待解决的问题。2005 年，Rios[18]有关 CHT 图或 CCT 图同 TTT 图间相互转换的研究详细阐述了如何从

CHT 图或 CCT 图中得到 TTT 图数据，对可加性原理做了扩展。

对于等温相变，转变分数可由式(4-32a)给出，其中时间可以表示为 $\tau(f,T)$。对于等加热速率相变，根据式(3-13)可以得到[18]

$$\Phi(f,T) = \int_{T_i}^{T} \frac{\mathrm{d}\theta}{\tau(f,\theta)} \Leftrightarrow \left(\frac{\partial T}{\partial \Phi}\right)_f = \tau(f,T) \tag{4-33}$$

式中，$\Phi(f,T)$ 是在温度 T 时达到转变分数 f 所需的加热速率。结合式(4-32a)可以得到

$$f = 1 - \exp\left[-K(t)^{n(t)}\left(\frac{\partial T}{\partial \Phi}\right)_f^{n(t)}\right] \tag{4-34}$$

和

$$\ln[-\ln(1-f)] = (n(T)\ln K(T)) + n(T)\ln\left(\frac{\partial T}{\partial \Phi}\right)_f \tag{4-35}$$

式(4-34)表明，在相同温度下，不同的加热速率对应不同的转变分数。结合模块化解析相变模型[5-8]，对于不同温度，$\ln[-\ln(1-f)]$ 关于 $\ln(\partial T/\partial \Phi)_f$ 作图则给出随温度变化的具体 n。由式(4-35)可进一步得到

$$K(T) = \frac{[-\ln(1-f_0)]^{\frac{1}{n}}}{\left(\frac{\partial T}{\partial \Phi}\right)_{f_0}}$$

结合模块化解析相变模型[5-8]，给定转变分数 f_0，$\ln(\partial T/\partial \Phi)$ 关于 $\ln K(T)$ 作图可得 Q。

由混合形核、界面控制生长和晶核随机分布碰撞机制共同控制的一系列等加热速率相变可由模块化解析模型得到。转变分数、Avrami 指数及总有效激活能可根据式(4-32a)、式(4-32b)和式(4-32c)分别得到。同等温相变相比，速率常数指前因子的表达方式有所不同，具体如下：

$$K_0^n = \frac{gv_0^{\frac{d}{m}}}{\left(\frac{d}{m}+1\right)^{\frac{1}{1+\left(\frac{r_2}{r_1}\right)^{-1}}}}\left(\left[\frac{N^*}{Q_G^{\frac{d}{m}}}\left(1+\frac{r_2}{r_1}\right)\right]^{\frac{1}{1+\frac{r_2}{r_1}}} \times \left\{C_c N_0\left[1+\left(\frac{r_2}{r_1}\right)^{-1}\right]\right\}^{\frac{1}{1+\left(\frac{r_2}{r_1}\right)^{-1}}}\right) \tag{4-36a}$$

并且 r_2/r_1(式(4-32e))也发生了变化：

$$\frac{r_2}{r_1} = \frac{C_c Q_G^{\frac{d}{m}} N_0 \exp\left(-\frac{Q_N}{RT}\right)}{\left(\frac{d}{m}+1\right)N^*}\left(\frac{RT^2}{\Phi}\right) \tag{4-36b}$$

式中，C_c 是由 Q_N 和 Q_G 共同决定的常数[5]，计算所需参数数值见表 4-2。

图 4-10 给出了从上述等加热速率相变中得到的分别对于 f 为 0.1、0.3、0.5、0.7 和 0.9 的 CHT 图，其中也显示了加热速率(Φ 为 5K/min 和 80K/min)。图 4-11(a) 和(b)则分别给出了在不同加热速率下 n 和 Q 分别随 T 和 f 的演化。如前文所述，$\ln(T^2/\Phi)$ 关于 $(-1/T)$ 作图可得 $Q(f)$ 在不同加热速率下的平均值。

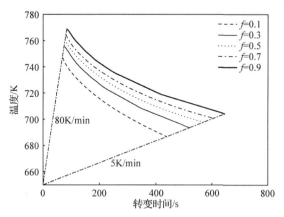

图 4-10　混合形核、界面控制生长和随机晶核碰撞模式下的等加热速率相变 CHT 图
计算参数见表 4-2

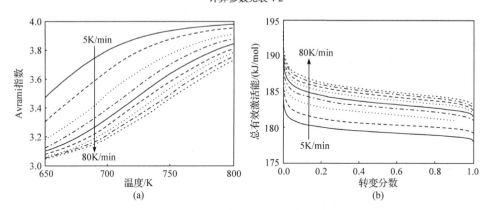

图 4-11　混合形核、界面控制生长和随机晶核碰撞模式下的等加热速率相变
(a) Avrami 指数 n 随温度 T 的演化；(b) 总有效激活能 Q 随转变分数 f 的演化
计算参数见表 4-2，Φ 为 80K/min、70K/min、60K/min、50K/min、40K/min、30K/min、20K/min、10K/min、5K/min

利用式(4-33)可以完成 CHT 图向 TTT 图的转变，见图 4-12。结合 3.3 节可知，对于任何 f，$\ln t_f$ 或 $\ln(\partial T/\partial \Phi)_f$ 关于 $1/T$ 作图可得 $Q(f)$ 在不同加热温度下的平均值(图 4-13(b))。考虑到 CHT-TTT 转变中温度、时间及加热速率的对应性，图 4-12 中除去对应于 Φ 为 80K/min、70K/min、60K/min、50K/min、40K/min、30K/min、20K/min、10K/min、5K/min(在 CHT 图中)的温度点对应的时间，其他

温度点对应的时间(即$\partial T/\partial \Phi$)仅是一种近似。这主要归因于转变后的 TTT 图中加热温度的有限性。因此，得出的 n 并不是非常精确。

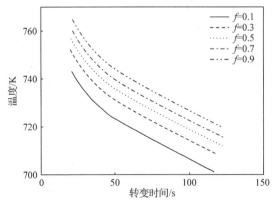

图 4-12 利用可加性原理实现的从 CHT 图(图 4-10)向 TTT 图的转变

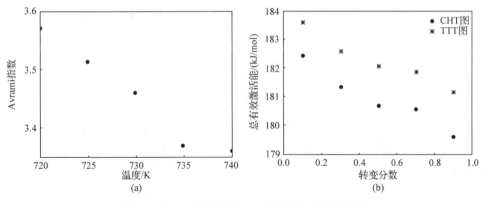

图 4-13 CHT 图转变为 TTT 图后的动力学参数
(a) Avrami 指数 n 随温度 T 的演化；(b) 总有效激活能 Q 随转变分数 f 的演化

3. TTT 图和 CHT 图转变前后的比较

图 4-9(a)和(b)给出了从 CHT 图中得到的 n 和 Q 分别关于 T 和 f 的演化。很明显，从 CHT 图中得到的对应于 T 为 690K、700K、710K、720K 和 730K 的 Avrami 指数同转变前等温相变的基本相同(图 4-7(a)和图 4-9(a))。然而，从 CHT 图中得到的 Q 明显高于 TTT-CHT 转变前等温相变中的 Q(图 4-7(b)和图 4-9(b))。这意味着 TTT-CHT 转变后，等加热速率相变的转变速率小于等温相变(图 4-6 和图 4-8)。图 4-13(a)和(b)给出了从 CHT 图中得到的 n 和 Q 分别关于 T 和 f 的演化。如图 4-10 所示，较高温度对应于较高的加热速率。例如，$f = 0.1$ 时，T 为 720K、730K 和 740K 分别对应 Φ 约为 24K/min、38K/min 和 60K/min。在此基础上，从转变后的 TTT 图(图 4-12)得到的分别对应于 T 为 720K、725K、730K、

735K 和 740K 的 Avrami 指数同 CHT-TTT 转变前等加热速率相变的 Avrami 指数基本相同(图 4-11(a)和图 4-13(a))。但是，CHT-TTT 转变的发生使得从 TTT 图(图 4-12)得到的 Q 小于从原 CHT 图得到的(图 4-11(b)和图 4-13(b))。这意味着 CHT-TTT 转变后，等温相变的转变速率大于等加热速率相变(图 4-6 和图 4-8)。

图 4-14 将根据式(4-32a)~式(4-32c)、式(4-36a)和式(4-36b)进行数值计算，构造的等加热速率相变(Φ 为 2K/min、5K/min、10K/min、20K/min 和 40K/min)得到的 CHT 图同经过 TTT-CHT 转变(图 4-8)得到的 CHT 图进行了比较。

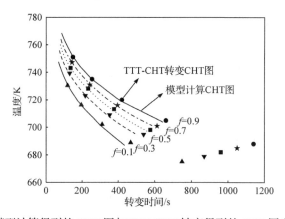

图 4-14　模型计算得到的 CHT 图与 TTT-CHT 转变得到的 CHT 图(图 4-8)比较

图 4-15 比较了根据式(4-32a)~式(4-32e)数值计算，构造的等温相变(T 为 720K、725K、730K、735K 和 740K)得到的 TTT 图及经过 CHT-TTT 转变(图 4-12)得到的 TTT 图。很明显，无论是经过 TTT-CHT 或是 CHT-TTT 转变，等温相变总是比等加热速率相变进行得快。如表 4-2 所示，两类转变发生前的初始等温相变和等加热速率相变由相同的参数值计算得到，比如 N^*、N_0、Q_N 和 Q_G，这进

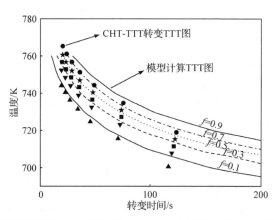

图 4-15　模型计算得到的 TTT 图和经 CHT-TTT 转变得到的 TTT 图(图 4-12)比较

一步说明上述 TTT-CHT 或 CHT-TTT 转变前后的变化，即 n 和 Q 的变化引起的转变速率的变化是合理的。

4.5　模块化解析相变模型拟合参数确定法

结合 3.4.2 小节的拟合法，本节针对解析模型的拟合策略进行探讨。根据 4.2.2 小节中模型推导可知，在极端形核方式发生时(如连续形核或位置饱和形核)，式(4-1)和式(4-2)会退化为经典KJMA模型形式。扩展转变分数的解析解可由下列模型参数组合进行表征：N^*(位置饱和形核)、N_0 和 Q_N(连续形核)、v_0 和 Q_G(界面控制生长)、D_0 和 Q_D(扩散控制生长)，其中，n、Q 和 K_0 为常数，见表3-1。对于极端情况，n、Q 和 K_0 可以作为拟合参数。本书所考虑的混合形核模式中，n、Q 和 K_0 都与时间或温度相关。因此，需拟合的参数有：N^*、N_0 和 Q_N(位置饱和形核+连续形核)，N'、λ_0 和 Q_N(Avrami 形核)，N^*、N'、λ_0 和 Q_N(Avrami 形核+位置饱和形核)，v_0 和 Q_G(界面控制生长)，D_0 和 Q_D(扩散控制生长)。其中，v_0(或 D_0)并不是独立的参数，在混合形核时其与 N_0 和 N^* 相乘；在 Avrami 形核时其与 λ_0 相乘；在 Avrami 形核+位置饱和形核中，其与 λ_0、N^* 和 N' 相乘。这意味着 v_0(或 D_0)的变化可通过改变其他参数得到补偿。

通过上述讨论可知，拟合动力学数据不能独立确定 v_0、N_0、N^*、λ_0(Avrami 形核)或 v_0、λ_0、N^*、N'(Avrami 形核+位置饱和形核)。因此，为了得到动力学参数，必须对其中一个参数进行赋值。在下面给定的方法中，v_0 为一定值，且 v_0 的取值会直接影响其他参数的绝对值。例如，在混合形核的情况下，如果 v_0 的取值为 10^6m/s(实际值为 10^{10}m/s)，那么通过拟合程序得到的 N_0 和 N^* 取值就会偏高。然而，由于 N_0 和 N^* 偏离的程度相同，可认为 N_0/N^* 是正确的。在此基础上归纳总结得出通过拟合实验数据确定模型参数的流程[6]：

(1) 对 v_0(或 D_0)进行取值。

(2) 将模型与实验数据进行拟合，得到 Q_N、Q_G、N_0、N^*(混合形核)或 λ_0(Avrami 形核)，以及 λ_0、N^*、N'(Avrami 形核+位置饱和形核)的最佳值。

如果对上述拟合结果进行确认，那么需要已知形核速率的绝对值。KJMA 模型、类 KJMA 模型以及模块化解析模型中给定的形核速率，其假定条件为体积无限大，但这与实际情况不符，因此真正的形核速率应该描述为[6]

$$\dot{N}_R(t) = \dot{N}(t)(1-f) \tag{4-37}$$

即随着转变的进行，其真实形核率逐渐降低。对式(4-37)进行关于时间的积分，可以得到相变过程中新相粒子实际数目的表达式：

$$N_R = \int_0^t \dot{N}(\tau)(1-f(\tau))d\tau \tag{4-38}$$

将式(4-38)与实验所确定的新相晶粒数进行拟合，而新相晶粒数可以从晶粒尺寸得出，因此可以得出 N_0、N^*、λ_0(Avrami 形核)或 λ_0、N^*、N'(Avrami 形核+位置饱和形核)的绝对值。

根据 3.4.1 小节可知，总有效激活能 Q 和 Avrami 指数 n 可以直接根据实验数据测得。一旦 Q 和 n 作为转变分数的函数，Q_N 和 Q_G 可以通过 4.6.3 小节提供的方法确定，通过该方法确定的 Q_N 和 Q_G 相较于通过四个参数(Q_N、Q_G、N^*、N_0)直接拟合得到的值更接近初始值。之后，固定 Q_N 和 Q_G 的取值，通过将实验数据和解析模型进行拟合，可以得到 N^* 与 N_0 的值。

将不同形核、生长和碰撞机制的组合代入转变分数方程，之后将一系列等温或等时实验数据同时拟合。通过对比拟合结果的误差，可从众多组合中选取拟合结果较好的几组，它们都有可能是反映实际相变过程的真实相变机制。通过分析拟合结果，可以得到最符合实际过程、最具备物理意义的一组参数。例如，激活能应当在合金原子的扩散激活能范围之内，形核数目应当符合实验测量的晶粒尺寸。从而最终确定相变过程的形核、生长及碰撞机制，并得到模型参数。具体案例可参考文献[7]和[8]。

4.6 基于模块化解析相变模型的动力学分析方法

由 4.5 节可知，将不同形核、生长及碰撞方式组合的模块化解析模型同实验得到的转变分数 f 或转变速率 df/dt 进行拟合，可以得到动力学参数。这种直接拟合的方法较费时费力，如果初始拟合参数与真实值相差甚远，甚至得不到合适的拟合结果[7,8]。因此，提前确定形核、生长及碰撞模式，将对动力学参数准确值的获取非常有利。

4.6.1 等温过程转变分数分析

根据模块化动力学解析模型，不同形核和生长模式的联合，对应 Avrami 指数 n 和总有效激活能 Q 不同的演化规律。通过分析转变分数而得到这些参数的演化，就有可能得到相变过程的形核和生长方式。

针对包含同时间 t 相关的动力学参数的扩展转变分数 x_e，如式(4-1)所示，3.4 节中动力学参数 n 和 Q 的求解方法仍然有效。于是，式(3-33)和式(3-32a)可以重新写作如下形式：

$$\frac{\partial \ln(x_e(f))}{\partial \ln t} = n(t) \tag{4-39}$$

第 4 章 模块化解析相变模型及方法

$$\frac{\mathrm{d}(\ln t_f)}{\mathrm{d}\left(\dfrac{1}{T}\right)} = \frac{Q(f)}{R} \tag{4-40}$$

式中，$x_e(f)$ 为扩展转变分数同实际转变分数的函数关系，同碰撞模型相关，参见 2.7.3 小节。例如，对于晶核随机分布引起的碰撞，式(4-39)则变为

$$\frac{\partial \ln[-\ln(1-f)]}{\partial \ln t} = n(t) \tag{4-41}$$

仅仅对于纯位置饱和形核或纯连续形核模式，$\ln[-\ln(1-f)]$ 对 $\ln t$ 的斜率为一条直线。对于纯位置饱和形核，$n = d/m$；对于纯连续形核，$n = d/m + 1$。其中，d 为生长维度，$d = 1,2,3$，$m = 1$ 对应界面控制生长，$m = 2$ 对应扩散控制生长[14]。

式(4-40)和式(3-32a)显示，对于不同的等温相变温度 T，达到某一特定的转变分数 f 需要不同的时间 t_f，其总有效激活能 Q 可以通过 $\ln t_f$ 对 $1/T$ 曲线的斜率直接求得。但是，对于同一转变分数 f，至少需要两个等温温度才能确定 $Q(f)$。对于一组或一系列等温相变，利用线性拟合不同温度下 $\ln t_f$ 对 $1/T$ 的斜率，即可求得特定 f 时近似的 $Q(f)$ 平均值[19]。同样，仅针对极端形核方式，$\ln t_f$ 对 $1/T$ 的斜率才为直线，即 Q 为常数。对于位置饱和形核 $Q = Q_G$；对于连续形核 $Q = [d/(mQ_G) + Q_N]/n$。其中，Q_N 和 Q_G 分别为形核激活能和生长激活能。

对于中间态形核方式，如位置饱和形核与连续形核的混合模式或 Avrami 形核模式，n 和 Q 不再为常数，均同相变过程相关。针对这两种情况，n 随 f、n 随 T 及 Q 随 f 均有各自不同的演化规律[20]。假设三维界面控制生长和晶核随机分布碰撞，采用表 4-3 所提供的模型参数，根据前文所述形核、生长及碰撞理论模型，即联立式(2-38)、式(2-39)、式(2-42)、式(2-61)和式(2-62)，分别数值计算了这两种情况在 5 个不同等温温度下转变分数 f 同时间 t 的演化。其中，T 为 580K、590K、600K、610K 和 620K，如图 4-16(a)和图 4-17(a)所示。

表 4-3 等温相变和非等温相变数值计算所用到的模型参数

形核方式	参数	数值	形核方式	参数	数值
混合形核	Q_G/(kJ/mol)	200	Avrami 形核	Q_G/(kJ/mol)	200
	Q_N/(kJ/mol)	100		Q_N/(kJ/mol)	100
	v_0/(m/s)	10^9		v_0/(m/s)	10^9
	d/m	3		d/m	3
	N_0/(m$^3 \cdot$s)$^{-1}$	5×10^{15}		N'/m^{-3}	5×10^{15}
	N^*/m^{-3}	1×10^{10}		λ_0/(m$^3 \cdot$s)$^{-1}$	1×10^7

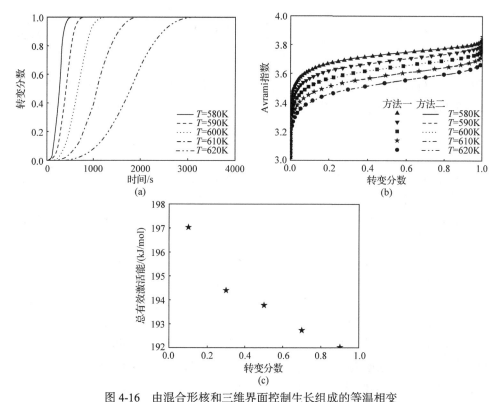

图 4-16 由混合形核和三维界面控制生长组成的等温相变

(a) 转变分数 f 随时间 t 的演化；(b) Avrami 指数 n 随转变分数 f 的演化；(c) 总有效激活能 Q 随转变分数 f 的演化

对应于图 4-16(a)和图 4-17(a)中不同温度下转变分数的演化，图 4-16(b)和图 4-17(b)展示了通过两种不同方法得到的相应温度下 n 随 f 的演化，方法一直接采用式(4-41)，方法二则根据解析模型计算得到(参见表 4-1 中 n 的解析表达式)。两种方法得到的演化规律均非常一致，且均在极端值 $n = 3$(对应位置饱和形核)和 $n = 4$(对应连续形核)之间单调变化。图 4-16(b)和图 4-17(b)最大的区别在于，对于

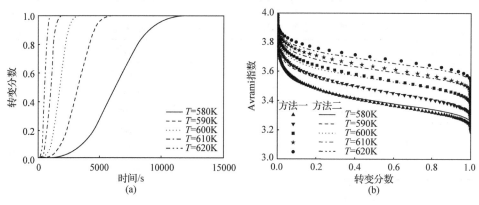

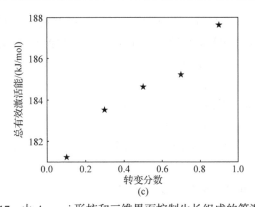

图 4-17 由 Avrami 形核和三维界面控制生长组成的等温相变

(a) 转变分数 f 随时间 t 的演化；(b) Avrami 指数 n 随转变分数 f 的演化；(c) 总有效激活能 Q 随转变分数 f 的演化

混合形核控制相变和 Avrami 形核控制相变，在给定 T 条件下 n 随 f 的演化和在给定 f 条件下 n 随 T 的演化均呈现完全不同的规律。对于混合形核，n 随 f 增加从 $n = 3$ 单调增加至 $n = 4$，意味着混合形核初始为位置饱和形核，随着转变进行逐渐过渡到连续形核，n 随 T 升高逐渐减小。对 Avrami 形核情形恰好相反，n 随 f 增加从 $n = 4$ 单调减小至 $n = 3$，意味着混合形核初始为连续形核，而随着转变进行逐渐达到位置饱和状态，n 随 T 的升高逐渐增大。图 4-16(c) 和图 4-17(c) 分别展示了混合形核控制相变和 Avrami 形核控制相变中 Q 随 f 的演化规律。所选参数 $Q_N < Q_G$ 的情形下，对于混合形核，Q 随 f 单调递减；对 Avrami 形核，Q 则随 f 单调递增。

4.6.2 等加热速率转变分数分析

类似于等温相变，对于等时相变(本小节主要针对等加热速率相变)，Kissinger 方法[21]或 Ozawa 方法[22]被广泛用于获取相应的 n 和 Q。然而，Kissinger 方法仅适用于转变速率最大值处[21]；Ozawa 方法仅针对一个给定的温度，一般不适用于所有加热速率及整个转变范围[22]。进一步考虑 f 的实验测量误差，上述方法仅能提供等加热速率相变中某一点处近似的动力学信息，而对相变过程中形核和生长方式的确定则无能为力。

本小节借助可加性原理，将等时相变转化为等温相变[16,18]，即实现 CCT 图或 CHT 图向 TTT 图的转变，之后再根据 4.6.1 小节的方法确定其形核和生长模式。这种处理暗含一个先决条件，即整个相变过程必须满足等动力学。这个相变过程并不改变等加热速率相变中的形核和生长模式，即等加热速率相变过程中形核和生长模式的确定方法完全等同于等温相变。在等加热速率相变转化为等温相变后，如 4.4 节所述，Q 会有极小的降低，n 保持不变。

为了展示该处理方法的有效性，同样假设混合形核或 Avrami 形核、三维界面控制生长和晶核随机分布碰撞,除了 Avrami 形核选取$\lambda_0 = 5\times10^6(m^3 \cdot s)^{-1}$,,仍然采用表 4-3 所提供的模型参数计算得到了不同加热速率(Φ 为 80K/min、70K/min、60K/min、50K/min、40K/min、30K/min、25K/min、20K/min、18K/min、15K/min、12K/min、8K/min、6.5K/min、5.5K/min、4.5K/min、3.5K/min、3K/min、2.5K/min)条件下的非等温转变分数。基于这一系列连续加热转变分数,得到了相应的 CHT 图(其中 f 分别为 0.1、0.3、0.5、0.7、0.9)。利用式(4-33),相应的 TTT 图可以从该 CHT 图转变得到,如图 4-18(a)和图 4-19(a)所示,分别对应于混合形核和 Avrami 形核。在转变后的 TTT 图中,对于一个给定的 f,其平均的 Q 可以通过 $\ln t_f$ 对 $1/T$ 曲线的线性拟合得到(式(4-40)),然而拟合误差也相应地有所增加,如图 4-18(b)和图 4-19(b)所示。正如所设想的,对于所选参数 $Q_N < Q_G$ 的情形,混合形核和 Avrami 形核过程得到的 Q 随 f 分别单调递减和单调递增。这个结果暗示着等加热速率相变过程中的形核模式完全可以用 CHT 图转变为 TTT 图后的等温相变过程来确定[20]。

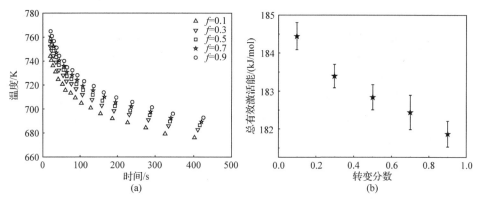

图 4-18 由混合形核和三维界面控制生长组成的等加热速率相变
(a) 利用式(4-33)转变后的 TTT 图;(b) 利用式(4-40)计算得到的总有效激活能 Q 关于 f 的演化

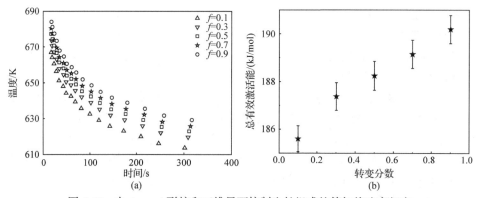

图 4-19 由 Avrami 形核和三维界面控制生长组成的等加热速率相变
(a) 利用式(4-33)转变后的 TTT 图;(b) 利用式(4-40)计算得到的总有效激活能 Q 关于 f 的演化

4.6.3 获取形核和生长激活能的方法

由模块化解析模型可知，总有效激活能源自形核和生长激活能(Q_N 和 Q_G)的共同作用，其表达式为(表 4-1)

$$Q = \frac{\frac{d}{m}Q_G + \left(n - \frac{d}{m}\right)Q_N}{n} \quad (4\text{-}42)$$

式(4-42)为一般情形下的通式，不仅适用于连续形核和位置饱和形核这两种极端情形，而且适用于混合形核。针对等温相变和等时相变的情形，式(4-42)都适用。文献中关于 Q_N 和 Q_G 的求解已有一定的研究，并提出了一些动力学分析方法，但这些方法或多或少都存在缺陷。Liu 等[8]提出的直接拟合方法虽可准确给出数值，但是其过程较为繁琐。Kempen 等[14]提出的方法对不同预热处理的样品进行差式扫描量热分析(DSC)实验，利用 KJMA 模型拟合实验结果给出 n 和 Q，最后由式(4-42)给出 Q_N 和 Q_G。该方法的缺点在于它需要大批量实验。

根据模块化解析模型，相变过程中 n 和 Q 将随着转变进行而不断变化。基于这一性质重新改写式(4-42)可得[23]

$$Q = \frac{d}{m}(Q_G - Q_N)\frac{1}{n} + Q_N \quad (4\text{-}43)$$

若 n 和 Q 之间的对应关系已知，以 $1/n$ 为横坐标且以 Q 为纵坐标作图，可得到一条直线。该直线的斜率为 $d/m(Q_G-Q_N)$，截距为 Q_N。n 的变化范围可提供 d/m 的信息，从而由斜率和截距可直接得到 Q_N 和 Q_G。

上述方法需预先根据动力学分析来获得 n 和 Q 的对应关系。例如，用 Avrami 方法获得 n，根据 Kissinger 方法获得 Q。值得注意的是，根据一系列不同退火温度下的转变，利用式(4-40)仅可得到一组 Q 随 f 的变化关系，而根据式(4-39)则可得到多组 n 随 f 的变化关系。由模块化解析模型的物理内涵可知，式(4-39)所得 Q 等于不同等温温度下相变激活能的平均值。因此，为了同 Q 相匹配，Avrami 指数应取不同温度下的平均值 n_a。根据这一对应关系，利用本节提出的方法可求出 Q_N 和 Q_G。

根据表 4-4 中给出的模型参数，通过数值计算可给出不同等温温度下转变分数随时间的演化关系，见图 4-20。根据式(4-39)和式(4-40)，将 Avrami 方法和等温 Kissinger 方法应用于图 4-20 中所描述的相变过程，可得到 $n_a(f)$ 和 $Q(f)$，如图 4-21 所示。以 $1/n_a$ 为横坐标，以 Q 为纵坐标，对数据点进行线性回归分析可得其斜率和截距。

案例①：斜率为 $(3.0015\pm0.0015)\times10^5$，截距为 $(1.9996\pm0.0005)\times10^5$；
案例②：斜率为 $(1.5002\pm0.0009)\times10^5$，截距为 $(1.9999\pm0.0004)\times10^5$；
案例③：斜率为 $(2.0038\pm0.0026)\times10^5$，截距为 $(1.9990\pm0.0007)\times10^5$；

案例④：斜率为$(2.9962\pm0.0021)\times10^5$，截距为$(2.0012\pm0.0007)\times10^5$。

表 4-4 针对四种不同相变机制的数值计算所需模型参数

案例	d/m	g	N^*/m^{-3}	λ_0 /$(\text{m}^3\cdot\text{s})^{-1}$	$N_0/(\text{m}^3\cdot\text{s})^{-1}$	N'/m^{-3}	Q_N /(kJ/mol)	Q_G /(kJ/mol)	v_0 /(m/s)	ξ	ε
案例①	3	$\frac{4}{3}\pi$	1×10^{18}	—	1×10^{28}	—	200	300	1×10^{10}	—	—
案例②	3/2	$\frac{4}{3}\pi$	—	5×10^9	—	3×10^9	200	300	1×10^{10}	—	—
案例③	3	$\frac{4}{3}\pi$	1×10^{18}	—	1×10^{29}	—	200	300	1×10^{10}	1.5	—
案例④	3	$\frac{4}{3}\pi$	1×10^{18}	—	5×10^{27}	—	200	300	1×10^{10}	—	1.5

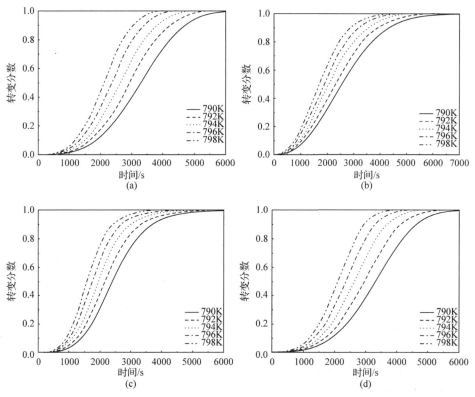

图 4-20 利用表 4-4 中参数进行数值计算得到的转变分数随时间的演化

(a) 混合形核、三维界面控制生长、晶核随机分布和各向同性生长碰撞；(b) Avrami 形核、三维扩散控制生长、晶核随机分布和各向同性生长碰撞；(c) 混合形核、三维界面控制生长和各向异性生长碰撞；(d) 混合形核、三维界面控制生长和晶核非随机分布碰撞

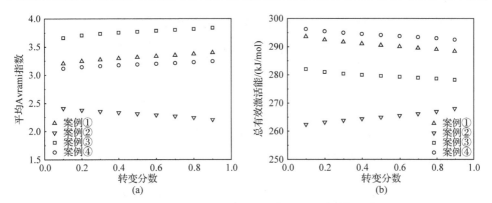

图 4-21 基于图 4-20 结果得到的动力学参量随转变分数的演化
(a) 平均 Avrami 指数；(b) 总有效激活能

由 $n_a(f)$ 的数值变化范围可得：案例①d/m=3；案例②d/m=1.5；案例③d/m=3；案例④d/m=3。根据斜率、截距和 d/m 可最终确定每一相变过程的形核激活能、生长激活能。

案例①：Q_N=(199.96±0.05)kJ/mol，Q_G=(300.01±0.05)kJ/mol；

案例②：Q_N=(199.99±0.04)kJ/mol，Q_G=(300.00±0.06)kJ/mol；

案例③：Q_N=(199.90±0.07)kJ/mol，Q_G=(300.03±0.09)kJ/mol；

案例④：Q_N=(200.12±0.07)kJ/mol，Q_G=(299.99±0.07)kJ/mol。

4.6.4 获取碰撞模型的方法

在描述等温相变时，经典 KJMA 模型经常以归一化的形式给出[24]：

$$f = 1 - \exp\left[\ln(1-f_r)\left(\frac{t}{t_r}\right)^n\right] \tag{4-44}$$

式中，f_r 为某一特定转变分数，通常选择 0.5；t_r 为转变进行到 f_r 所需的时间。

如果将上述归一化处理应用于解析模型。式(4-1)可写为

$$x_e = \left[K_0^n \exp\left(-\frac{nQ}{RT}\right)t^{n-n_r}\right] \times t^{n_r} \tag{4-45}$$

式中，n_r 为转变分数 f_r 对应的 Avrami 指数。

经数值计算可得式(4-45)等号右边[⋯]随时间变化不明显，可近似认为它为一常数 A_c。因此，式(4-45)变为

$$x_e \approx A_c t^{n_r} \tag{4-46}$$

若碰撞模型为晶核随机分布和各向同性生长，可得

$$f = 1 - \exp\left(-A_c t^{n_r}\right) \tag{4-47}$$

若相变机制保持不变，在 t_r 时刻新相转变分数可由式(4-47)给出：

$$f_r = 1 - \exp\left[-A_c (t_r)^{n_r}\right] \tag{4-48}$$

整理式(4-48)可得

$$A_c = -\frac{\ln(1-f_r)}{(t_r)^{n_r}} \tag{4-49}$$

将式(4-49)代入式(4-47)得

$$f = 1 - \exp\left[\ln(1-f_r)\left(\frac{t}{t_r}\right)^{n_r}\right] = 1 - \exp\left[-x_e\big|_{f=f_r}\left(\frac{t}{t_r}\right)^{n_r}\right] \tag{4-50}$$

式中，$x_e\big|_{f=f_r}$ 为转变分数 f_r 对应的扩展转变分数。

对应于扩展转变分数为 1 的时刻，设其为特征时间 t^*，且令 $t_r = t^*$，式(4-50)可简化为

$$f = 1 - \exp\left[-\left(\frac{t}{t^*}\right)^{n^*}\right] \tag{4-51}$$

式中，n^* 为特征时间对应的 Avrami 指数。

若碰撞模型为晶核随机分布碰撞(式(2-65))时，特征时间对应的转变分数 f^* 为

$$f^* = 1 - e^{-1} \tag{4-52a}$$

若碰撞模型为各向异性生长碰撞(式(2-66))时，特征时间对应的转变分数为

$$f^* = 1 - \xi^{1/(1-\xi)} \tag{4-52b}$$

若碰撞模型为晶核非随机分布碰撞(式(2-68))时，特征时间对应的转变分数满足：

$$\int_0^{f^*} \frac{df}{1-f^\varepsilon} = 1 \tag{4-52c}$$

可见，随着碰撞因子的变化，f^* 呈单调变化，如图 4-22 所示。基于这一性质，便可提出如下方法来确定碰撞模型。

DSC 实验结果通常给出半峰宽信息，即 (t_1, f_1) 和 (t_2, f_2)。按照如下迭代方法可由该实验数据获得碰撞模型(图 4-23)[25]：

(1) 任意选取一时间点并将其赋为特征时间初值 $t^*(0)$。由给定的 f-t 等温曲线，可获得特征转变分数初值 $f^*(0)$。根据图 4-22 进一步可得碰撞因子的初值，$\xi(0)$ 或 $\varepsilon(0)$。

(2) 将参数 t_1、f_1、$t^*(0)$、$\xi(0)$ 或 $\varepsilon(0)$ 代入式(4-51)，可计算出 Avrami 指数的初值 $n^*(0)$。随后将参数 t_2、f_2、$n^*(0)$、$\xi(0)$ 或 $\varepsilon(0)$ 代入式(4-51)，又可计算出新的

特征时间 $t^*(\text{cal})$。

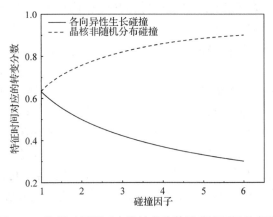

图 4-22　特征时间所对应的转变分数随碰撞因子的变化

(3) 用新计算出的 $t^*(\text{cal})$ 替代上一步中的 $t^*(i)$ $(i=0,1,2,\cdots)$ 并重复上述步骤，直到 $|t^*(\text{cal})-t^*(i)|/t^*(i)<0.1\%$。若该判据成立，可认为 $t^*(\text{cal})$ 近似等于实际的特征时间。注意，直接用 $t^*(\text{cal})$ 替代 $t^*(i)$ 可能会导致迭代过程不收敛。该问题的收敛性可由如下方法保证：

$$t^*(i+1)=\frac{1}{1-\theta}\left(t^*(\text{cal})-\theta t^*(i)\right) \tag{4-53}$$

式中，θ 为可调参数。

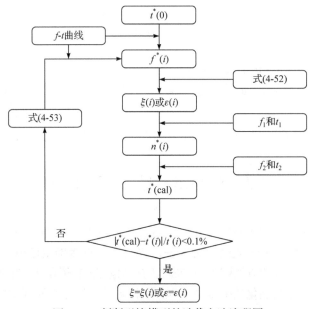

图 4-23　判断碰撞模型的迭代方法流程图

经数步迭代后便得到足够精确的 t^*，从而判定碰撞模型。在当前方法中，只要选择一个合理的 θ，经数步迭代就可得到碰撞因子，非常简便。

结合表 4-5 中给出的模型参数，通过数值方法计算得到混合形核、三维界面控制生长及各向异性生长碰撞模型情形下转变分数和转变速率随时间的演化关系，如图 4-24 所示。首先，从图 4-24(b)中可以得到半峰宽所对应的转变分数分别为 $f_1 = 0.0777$ 和 $f_2 = 0.7661$；其次，由图 4-24(a)可知半峰宽所对应的时间分别为 $t_1 = 806.0$s 和 $t_2 = 2051.3$s；再次，选取 $t = 1742.7$s 为特征时间初值 $t^*(0)$，其对应于转变分数和碰撞因子初值为 $f^*(0) = 0.6321$，$\xi(0) = 1$ 或 $\varepsilon(0) = 1$；最后，设定 $\theta = 2$。结合这些数据，可根据图 4-23 的步骤来判断其碰撞模型。经过六步迭代，得到其碰撞模型为各向异性生长，且 $\xi = 1.9723$。对比表 4-5 可知，当前分析结果同数值计算的输入参数非常接近，即 $\xi = 2$。这也说明了该方法的精确性。

表 4-5　数值计算所需模型参数

d/m	G	N^*/m^{-3}	$N_0/(\text{m}^3 \cdot \text{s})^{-1}$	$Q_N/(\text{kJ/mol})$	$Q_G/(\text{kJ/mol})$	$v_0/(\text{m/s})$	ξ
3	$\frac{4}{3}\pi$	1×10^9	5×10^{22}	200	100	1	2

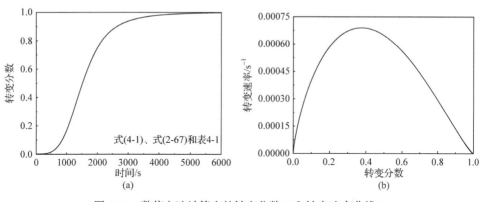

图 4-24　数值方法计算出的转变分数(a)和转变速率曲线(b)

4.7　转变速率最大值分析法

相对于转变分数的实验数据而言，转变速率的实验数据更为直接且更容易获取，本节拟从转变速率最大值分析入手，提出能够直接确定形核、生长、碰撞模式及相关动力学参数的方法[26]，并结合已有 Mg-Cu-Y[27]和 Pd-Ni-P-Cu[28]等非晶态合金等温或非等温晶化的 DSC 实验数据来验证这些方法的可靠性。

4.7.1 等温相变分析法

对于等温相变，如 4.6.1 小节所述，式(4-39)同样适用于动力学参数同时间相关的情形。根据如下公式：

$$\frac{\mathrm{d}\ln x_\mathrm{e}}{\mathrm{d}\ln t} = \frac{1}{x_\mathrm{e}} \frac{\mathrm{d}x_\mathrm{e}}{\mathrm{d}f} \frac{\mathrm{d}f}{\mathrm{d}t} t \tag{4-54}$$

对式(4-39)进行整理可得

$$\frac{\mathrm{d}f}{\mathrm{d}t} = nIx_\mathrm{e}/t \tag{4-55}$$

式中，I 为 $\mathrm{d}f/\mathrm{d}x_\mathrm{e}$，即碰撞模型，参见 2.7.3 小节。

根据式(4-1)，时间 t 可以写作 x_e 的函数，代入式(4-55)可得等温相变过程转变速率的表达式如下：

$$\frac{\mathrm{d}f}{\mathrm{d}t} = K_0 \exp\left(-\frac{Q}{RT}\right) nI(x_\mathrm{e})^{1-\frac{1}{n}} \tag{4-56}$$

式中，x_e、n、Q 和 K_0 的精确解析表达式参见 4.2.1 小节。

式(4-55)对 t 求导，代入 $\dfrac{\mathrm{d}x_\mathrm{e}}{\mathrm{d}t} = \dfrac{\mathrm{d}x_\mathrm{e}}{\mathrm{d}f}\dfrac{\mathrm{d}f}{\mathrm{d}t} = \dfrac{1}{I}\dfrac{\mathrm{d}f}{\mathrm{d}t}$ 和 $\dfrac{\mathrm{d}I}{\mathrm{d}t} = \dfrac{\mathrm{d}I}{\mathrm{d}f}\dfrac{\mathrm{d}f}{\mathrm{d}t}$，整理可得

$$\frac{\mathrm{d}^2 f}{\mathrm{d}t^2} = Ix_\mathrm{e}\left[\left(1+\frac{\mathrm{d}I}{\mathrm{d}f}x_\mathrm{e}\right)\frac{n^2}{t^2} + \frac{\dfrac{\mathrm{d}n}{\mathrm{d}t}t - n}{t^2}\right] \tag{4-57}$$

令 $\mathrm{d}^2 f/\mathrm{d}t^2 = 0$，可得最大转变速率时的转变分数 f_p，其满足如下形式：

$$\left(\frac{\mathrm{d}I}{\mathrm{d}f}\right)_{f_\mathrm{p}} x_\mathrm{e}(f_\mathrm{p}) = \frac{n_\mathrm{p} - \left(\dfrac{\mathrm{d}n}{\mathrm{d}t}\right)_\mathrm{p} t_\mathrm{p}}{n_\mathrm{p}^2} - 1 \tag{4-58a}$$

其中，下标 p 表示对应参量在转变速率最大时的值。由于 $\left(\dfrac{\mathrm{d}n}{\mathrm{d}t}\right)_\mathrm{p} t_\mathrm{p} \ll n_\mathrm{p}$，式(4-58a)可以简化为

$$\left(\frac{\mathrm{d}I}{\mathrm{d}f}\right)_{f_\mathrm{p}} x_\mathrm{e}(f_\mathrm{p}) = \frac{1}{n_\mathrm{p}} - 1 \tag{4-58b}$$

针对 2.7.3 小节所描述的三种碰撞模型：晶核随机分布碰撞、各向异性生长碰撞、晶核非随机分布碰撞，式(4-58b)的解分别为

$$f_\mathrm{p} = 1 - \exp\left(\frac{1}{n_\mathrm{p}} - 1\right) \tag{4-59a}$$

$$f_{\mathrm{p}} = 1 - \left[1 - \left(\frac{n_{\mathrm{p}}-1}{n_{\mathrm{p}}}\frac{\xi-1}{\xi}\right)\right]^{\frac{1}{\xi-1}} \qquad (4\text{-}59\mathrm{b})$$

$$x_{\mathrm{e}}(f_{\mathrm{p}})f_{\mathrm{p}}^{\varepsilon-1} = \frac{n_{\mathrm{p}}-1}{n_{\mathrm{p}}\varepsilon} \qquad (4\text{-}59\mathrm{c})$$

式中，ξ 和 ε 为碰撞因子，均 $\geqslant 1$。

将上述 f_{p} 的结果代入式(4-55)，最终可得最大转变速率$(\mathrm{d}f/\mathrm{d}t)_{\mathrm{p}}$，分别表示为以下形式。

(1) 晶核随机分布碰撞：

$$\left(\frac{\mathrm{d}f}{\mathrm{d}t}\right)_{\mathrm{p}} = \frac{n_{\mathrm{p}}-1}{t_{\mathrm{p}}}(1-f_{\mathrm{p}}) \qquad (4\text{-}60\mathrm{a})$$

(2) 各向异性生长碰撞：

$$\left(\frac{\mathrm{d}f}{\mathrm{d}t}\right)_{\mathrm{p}} = \frac{n_{\mathrm{p}}-1}{\xi t_{\mathrm{p}}}(1-f_{\mathrm{p}}) \qquad (4\text{-}60\mathrm{b})$$

(3) 晶核非随机分布碰撞：

$$\left(\frac{\mathrm{d}f}{\mathrm{d}t}\right)_{\mathrm{p}} = \frac{n_{\mathrm{p}}-1}{t_{\mathrm{p}}}\left(\frac{f_{\mathrm{p}}^{1-\varepsilon}}{\varepsilon} - \frac{f_{\mathrm{p}}}{\varepsilon}\right) \qquad (4\text{-}60\mathrm{c})$$

通常，等温实验可以提供同最大转变速率相关的三个参量：f_{p}、t_{p} 和$(\mathrm{d}f/\mathrm{d}t)_{\mathrm{p}}$。因此，针对上述三种不同的碰撞类型，式(4-60)既可以直接得到 n_{p}，又可以得到 n_{p}、ξ 和 ε 的不同组合。这一特点可以用来确定相变过程中碰撞模式的类型。

类似于式(4-39)，n_{p} 的确定方法可以直接表示为

$$n_{\mathrm{p}} = \left(\frac{\mathrm{d}\ln x_{\mathrm{e}}}{\mathrm{d}\ln t}\right)_{\mathrm{p}} \qquad (4\text{-}61)$$

式(4-61)表明，n_{p} 取决于所选择的碰撞模式，即取决于 $x_{\mathrm{e}}(f)$ 的特定形式。如果真实转变中碰撞模式非常接近晶核随机分布情形下的碰撞($\xi=1$ 或 $\varepsilon=1$)，从式(4-61)计算得到的 n_{p} 应该非常接近式(4-60a)计算得到的结果。

为了测试真实转变中碰撞模式是否接近于各向异性生长碰撞，首先给定一个试探性的 ξ，一方面将其代入式(4-60b)得到一个与之对应的 n_{p}，另一方面将其代入式(4-61)的 x_{e}，并将式(4-61)应用到转变速率最大值处，同样也会得到一个与之对应的 n_{p}。如果这两个方法计算得到的 n_{p} 几乎相等，真实的碰撞模式就是各向异性生长引起的。如果得到的两个 n_{p} 完全不一致，应该重新考虑给定新的 ξ，用于新一轮测试。然而，在(ξ, n_{p})组合的测试中，从 $\xi=1$ 开始，随着 ξ 的增加，能够发现如下两种情况：如果从式(4-60b)和式(4-61)分别计算得到的两个 n_{p} 之间的偏差是单调减小的，直到它们相等，这暗示着真实碰撞模式是各向异性生长引起

的碰撞；如果这个偏差是单调增加的，那么真实碰撞模式绝不是各向异性生长。上述推导和确定碰撞模式的流程图如图 4-25(a)所示。类似于各向异性生长碰撞模式的确定流程，可以直接给出测试真实碰撞模式是否接近于非随机晶核分布诱导碰撞的程序和讨论，这里不再赘述。

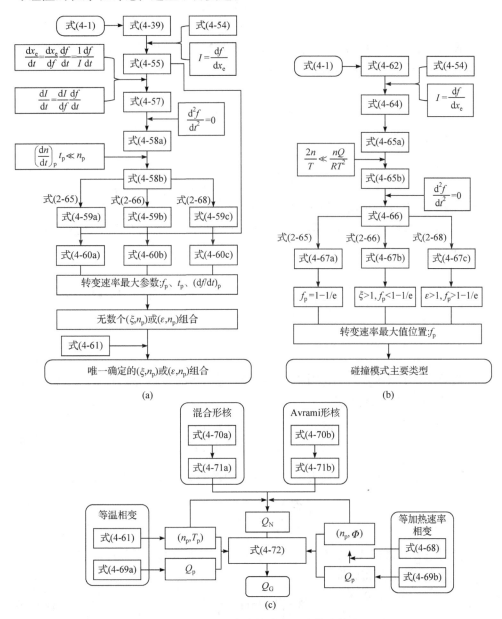

图 4-25 最大转变速率分析确定碰撞模式的流程图
(a) 等温相变；(b) 等加热速率相变；(c) n_p、Q_p、Q_N 和 Q_G 的确定

4.7.2 等加热速率相变分析法

对于等加热速率相变，如果 n、Q 和 K_0 均为常数，同温度无关，根据式(4-2)可直接得到

$$\frac{\mathrm{d}\ln x_e}{\mathrm{d}T} = \frac{nQ}{RT^2} + \frac{2n}{T} \tag{4-62}$$

通常，$2n/T \ll nQ/(RT^2)$，于是，式(4-62)中 $2n/T$ 项可以被忽略。如前文所述，式(4-62)同样适用于动力学参数同温度相关的情形。根据

$$\frac{\mathrm{d}\ln x_e}{\mathrm{d}T} = \frac{1}{x_e}\frac{\mathrm{d}x_e}{\mathrm{d}f}\frac{\mathrm{d}f}{\mathrm{d}T} \tag{4-63}$$

对式(4-62)进行整理可得

$$\frac{\mathrm{d}f}{\mathrm{d}T} = \frac{1}{\Phi}\frac{\mathrm{d}f}{\mathrm{d}t} = \left(\frac{nQ}{RT^2} + \frac{2n}{T}\right)Ix_e \tag{4-64}$$

式中，x_e、n 和 Q 的精确解析表达式参见 4.2.1 小节。

式(4-64)对温度 T 求导，类似于式(4-57)的推导，可以得到转变分数 f 对 T 的二阶导数：

$$\frac{\mathrm{d}^2 f}{\mathrm{d}T^2} = \left(I\frac{\mathrm{d}I}{\mathrm{d}f}x_e^2 + Ix_e\right)\left(\frac{nQ}{RT^2} + \frac{2n}{T}\right)^2 + Ix_e\left[\frac{\frac{\mathrm{d}(nQ)}{\mathrm{d}T} + 2RT\frac{\mathrm{d}n}{\mathrm{d}T}}{RT^2} - \frac{2nTQ + 2nRT}{RT^2}\right] \tag{4-65a}$$

通常，$2n/T \ll nQ/(RT^2)$，因此式(4-65a)等号右边的第二项要远远小于第一项。于是，式(4-65a)可以近似为

$$\frac{\mathrm{d}^2 f}{\mathrm{d}T^2} = Ix_e\left(\frac{\mathrm{d}I}{\mathrm{d}f}x_e + 1\right)\left(\frac{nQ}{RT^2}\right)^2 \tag{4-65b}$$

令 $\mathrm{d}^2 f/\mathrm{d}T^2 = 0$，可得最大转变速率时的转变分数 f_p，其满足如下方程式：

$$\left(\frac{\mathrm{d}I}{\mathrm{d}f}\right)_{f_p} x_e(f_p) + 1 = 0 \tag{4-66}$$

针对三种碰撞模式，式(4-66)的结果可以分别表示为以下几种形式。

(1) 晶核随机分布碰撞：

$$0 = \left[1 + \ln(1 - f_p)\right] \tag{4-67a}$$

(2) 各向异性生长碰撞：

$$\xi - \left(1 - f_p\right)^{1-\xi} = 0 \tag{4-67b}$$

(3) 晶核非随机分布碰撞：

$$1 = \varepsilon f_p^{\varepsilon-1} x_e\left(f_p\right) \tag{4-67c}$$

可见，与等温相变的情况不同，等加热速率相变中 f_p 同 n_p 无关，其碰撞模式的确定非常直接。对于晶核随机分布碰撞，$f_p = 1-1/e = 0.632$，这个结果在早期研究中已经被证明[17]。对于各向异性生长碰撞，$\xi > 1$，$f_p < 1-1/e$。对于晶核非随机分布碰撞，$\varepsilon > 1$，$f_p > 1-1/e$。其中，ξ 或 ε 可以将实验测得的 f_p 代入式(4-67b)或式(4-67c)直接计算得到。可见，同等温相变不同，对于等加热速率相变，可以通过转变速率最大值的位置，即 f_p 与 $1-1/e$ 大小的比较，直接确定其碰撞模式，如流程图 4-25(b)所示。

4.7.3 动力学分析方法

在碰撞模式确定之后，利用转变速率最大值处的相关数据，可以确定如下动力学参数：n_p、Q_p、Q_N 和 Q_G，其计算流程图可参见图 4-25(c)。

对于等温相变过程，n_p 的计算前文已有述及，参见式(4-61)及其讨论。对于等加热速率相变过程，采用类似的推导方法，可以得到 [16]

$$n_p = \frac{RT_p^2}{Q_p + 2RT_p}\left(\frac{\mathrm{d}\ln x_e}{\mathrm{d}T}\right)_p \tag{4-68}$$

值得注意的是，式(4-68)显示，与等温相变得到的结果不同，等加热速率相变中 n_p 的计算需要事先知道 Q_p。对于等加热速率相变，Q_p 的获取可以不用考虑动力学模型的选取，通过 Kissinger 类分析方法直接计算得到。

不依赖于任何动力学模型，Q_p 可以通过在不同温度(等温相变)或不同加热速率下转变分数达到 f_p 所必需的 t_p 或 RT_p^2/Φ 计算得到以下几种表达式。

(1) 等温相变：

$$\frac{\mathrm{d}\left(\ln t_p\right)}{\mathrm{d}\left(\dfrac{1}{T_p}\right)} = \frac{Q_p}{R} \tag{4-69a}$$

(2) 等加热速率相变：

$$\frac{\mathrm{d}\left(\ln \dfrac{RT_p^2}{\Phi}\right)}{\mathrm{d}\left(\dfrac{1}{T_p}\right)} = \frac{Q_p}{R} \tag{4-69b}$$

利用上述方法得到的 n_p 和 Q_p，计算单独形核和生长过程的激活能，即 Q_N 和 Q_G。根据固态相变动力学解析模型，对于混合形核情形，n_p 可以解析描述为

$$n_p = \frac{d}{m} + \frac{1}{1+\left(\dfrac{r_2}{r_1}\right)^{-1}} = \frac{d}{m} + \frac{1}{1 + A^{-1}\exp\left(\dfrac{Q_N}{RT_p}\right)\alpha_p^{-1}} \tag{4-70a}$$

式中，等温相变 A 为 $N_0/[N^*(d/m+1)]$，等加热速率相变 A 为 $C_c(Q_G)^{d/m}N_0/[N^*(d/m+1)]$，$C_c$ 为同 Q_N 和 Q_G 有关的一个常数，见文献[5]和[6]；α_p 为 t_p 或 RT_p^2/Φ，分别针对等温相变或等加热速率相变。

对于 Avrami 形核情形，n_p 的解析解形式为

$$n_p = \frac{d}{m} + \frac{1}{1+\dfrac{r_2}{r_1}} = \frac{d}{m} + \frac{1}{1 + A\exp\left(-\dfrac{Q_N}{RT_p}\right)\alpha_p} \tag{4-70b}$$

式中，等温相变 A 为 $\lambda_0/(d/m+1)$，等加热速率相变 A 为 $C_c(Q_G)^{d/m}\lambda_0/(d/m+1)$，见文献[5]和[6]。

式(4-70a)和式(4-70b)通过整理和取对数，可以重新写作：

$$\ln\left\{\frac{1}{\alpha_p}\left[1/(n_p - d/m) - 1\right]\right\} = \ln A - \frac{Q_N}{RT_p} \tag{4-71a}$$

$$\ln\left\{\alpha_p\left[1/(n_p - d/m) - 1\right]\right\} = -\ln A + \frac{Q_N}{RT_p} \tag{4-71b}$$

对于一系列等温或等加热速率相变，Q_N 可以直接通过线性拟合 $\ln\{1/\alpha_p[1/(n_p-d/m)-1]\}$ 对 $1/T_p$ 曲线的斜率或者 $\ln\{\alpha_p[1/(n_p-d/m)-1]\}$ 对 $1/T_p$ 曲线的斜率计算得到。最终，根据式(4-42)和计算得到的 Q_N，可以直接求得 Q_G：

$$Q_G = \frac{n_p(Q_p - Q_N)}{d/m} + Q_N \tag{4-72}$$

4.7.4 模型应用

1. 非晶态 Mg-Cu-Y 合金的等温晶化

图 4-26(a)给出预退火(在预退火温度 T_{pre}=428.2K 退火 3600s)之后的非晶态 $Mg_{80}Cu_{10}Y_{10}$ 合金薄带在不同温度(T=438.2K、435.7K、433.2K、430.7K、428.2K)下的等温 DSC 曲线[27]。图 4-26(b)给出从图 4-26(a)中计算得到的晶化过程中 f 同 t 的演化曲线。由于预退火处理，所有转变均开始于 t = 0。

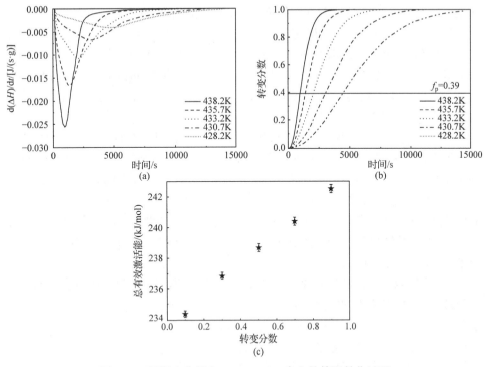

图 4-26 预退火非晶态 $Mg_{80}Cu_{10}Y_{10}$ 合金的等温晶化过程

(a) DSC 测量得到的 d(ΔH)/dt 随时间 t 的演化；(b) 转变分数 f 随时间 t 的演化；(c) 总有效激活能 Q 随转变分数 f 的演化

ΔH-焓变

1) 碰撞模式的确定

由图 4-26(a) 和图 4-26(b) 可知，对于温度 $T = 438.2K$ 的等温晶化曲线，其转变速率最大值处的 $f_p = 0.39$、$(df/dt)_p = 0.000648s^{-1}$、$t_p = 921s$。应用式(4-60a)、式(4-60b)和式(4-60c)，可以得到如下结论：

(1) 如果碰撞由晶核随机分布引起，式(4-60a)可以直接得出 $n_p = 2.0$。

(2) 如果碰撞由各向异性生长引起，式(4-60b)将会有无限多对(ξ, n_p)的组合，其中 $\xi > 1$，$n_p > 2.0$，如当 $\xi = 1.5$ 时，$n_p = 2.4$。

(3) 如果碰撞由晶核非随机分布引起，式(4-60c)显示将会有无限多对(ε, n_p)的组合，其中 $\varepsilon > 1$，$n_p < 2.0$，如当 $\varepsilon = 2$ 时，$n_p = 1.5$。

考虑晶核随机分布碰撞，式(4-61)计算得到 $n_p = 2.0$，与式(4-60a)直接得到的结果完全一致。考虑各向异性生长碰撞或晶核非随机分布碰撞，式(4-61)计算得到，当 $\xi = 1.5$ 或 $\varepsilon = 2$ 时，$n_p = 1.8$。可见，从式(4-61)计算得到的 n_p 与式(4-60b)或式(4-60c)所得结果明显不同。尝试其他多对(ξ, n_p)或(ε, n_p)组合也不能给出满意的结果。随着 ξ 或 ε 的增加，从式(4-60b)或式(4-60c)和从式(4-61)计算得到的两个 n_p

2) n_p、Q_p、Q_N 和 Q_G 的确定

根据图 4-26(b)中的 f-t 数据，n_p 可以直接通过式(4-61)计算得到。随着温度从 428.2K 升高到 438.2K，n_p 从 2.0 增加到 2.1。利用图 4-26(a)和图 4-26(b)中转变速率最大值处相关数据，根据式(4-69a)绘制 $\ln t_p$ 关于 $1/T_p$ 的曲线，线性拟合这条曲线可得 $Q_p = 234\text{kJ/mol}$。

对于等温相变，正如 4.6.1 小节所得结论，随着温度 T 的增加，n_p 的减小意味着混合形核模式；反之，n_p 的增大意味着 Avrami 形核模式。从上述得到的 n_p 随温度的演化可以得出，预退火后非晶态 $Mg_{80}Cu_{10}Y_{10}$ 合金的等温晶化过程受 Avrami 形核控制。此外，n_p 在 2.0～2.1 变化，根据 $d/m < n < d/m + 1$，可得 $d/m = 3/2$，对应于三维扩散控制生长。从上述结论出发，借助式(4-71a)的方法，可以确定其 Q_N，其结果为 $Q_N = 189\text{kJ/mol}$。结合上述得到的 n_p 和 Q_p，利用式(4-72)可得 Q_G 为 251～253kJ/mol。

基于图 4-26(b)中的 f-t 数据和式(4-40)，计算得到该晶化过程中总有效激活能 Q 随转变分数 f 的演化如图 4-26(c)所示，随着转变进行，Q 单调递增。根据 4.6.1 小节，针对 $Q_N < Q_G$ 的情形，对于混合形核，Q 随 f 增大单调递减；对于 Avrami 形核，Q 则随 f 增大单调递增。这再一次说明该晶化过程受 Avrami 形核模式控制。

通过上述动力学分析，可以得出如下结论：预退火后非晶态 $Mg_{80}Cu_{10}Y_{10}$ 合金的等温晶化过程受 Avrami 形核、三维扩散控制生长及晶核随机分布碰撞这三个子过程控制。这与文献[27]通过拟合方法得到的结论完全一致。此外，通过动力学分析方法得到的 Q_N 和 Q_G 同文献[27]通过拟合所得结果($Q_N = 197\text{kJ/mol}$ 和 $Q_G = 251\text{kJ/mol}$) 非常吻合。这也说明了动力学分析方法在固态相变精确描述中的必要性。

2. Pd-Cu-P-Ni 非晶的等加热速率晶化

根据 4.7.3 小节内容，对于等加热速率相变，其碰撞模式的确定非常直接，可以通过转变速率最大值位置 f_p 同 $1-1/e$ 的比较直接确定。选择块体非晶态 $Pd_{40}Cu_{30}P_{20}Ni_{10}$ 合金的等加热速率晶化实验[28]来展示，CHT 图转变为 TTT 图后形核和生长模式确定方法的适用性和有效性如图 4-27 所示。

图 4-27(a)为预退火(在中间态温度 $T_{pre} = 626\text{K}$ 退火 100s)之后的 $Pd_{40}Cu_{30}P_{20}Ni_{10}$ 合金在不同加热速率下的非等温 DSC 曲线。图 4-27(b)给出从图 4-27(a)中计算得到的晶化过程中 f 同 T 的演化曲线。根据文献[28]，随着 T_{pre} 从 623K 增加到 629K，模型拟合得到的 n 从 2.44 减小到 1.55，这暗示着体积扩散控制生长，形核模式从主要连续形核逐渐过渡到主要位置饱和形核。此外，将固态相变动力学解析模型直接拟合到上述两个极端情况(即 623K 和 629K 退火之后)的 DSC 曲线中，拟合结果也表明，623K 退火后的晶化对应连续形核，629K 退火后的晶化对

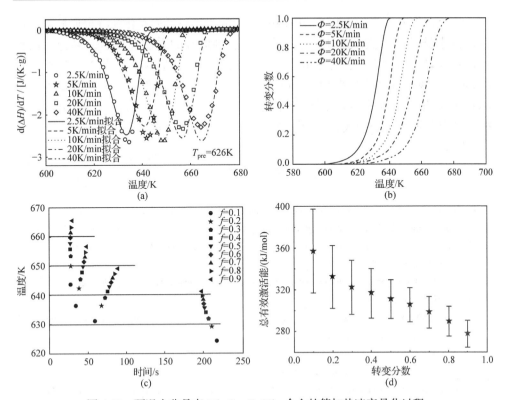

图 4-27 预退火非晶态 $Pd_{40}Cu_{30}P_{20}Ni_{10}$ 合金的等加热速率晶化过程

(a) DSC 测得到的 $d(\Delta H)/dT = d(\Delta H)/\Phi dt$ 随温度 T 的演化,实线为解析模型的拟合结果[28];(b) 转变分数 f 随 T 的演化;(c) 利用可加性原理(式(4-33))转变得到的 TTT 图;(d) 总有效激活能 Q 随转变分数 f 的演化

应位置饱和形核。混合形核和 Avrami 形核都可以退回极端的连续形核和位置饱和形核。因此,对应于中间态温度 T_{pre} = 626K 退火之后的晶化过程,混合形核或 Avrami 形核机制都存在可能性。

根据 4.4 节,首先针对这 5 个加热速率得到相应的 CHT 图,随后利用式(4-33)将 CHT 图转变为 TTT 图,接着从 TTT 图中可以得到一系列的等温相变,如图 4-27(c)所示。在这些等温相变中,给定一个 f,然后通过线性拟合 $\ln t_f$ 对 $1/T$ 曲线的斜率,可以直接得到与此 f 对应的总有效激活能 Q。正如所设想的,通过 TTT 图得到的 Q 随着 f 增加而逐渐减小,如图 4-27(d)所示,其对应混合形核控制的情形。

对于转变后的等温相变,如前文所述,式(4-41)一般不适用于所有的转变分数 f,参见图 4-27(c)。在图 4-27(c)中,4 个不同温度对应的横线与 TTT 图的交点,暗示着式(4-35)的处理方法将包含不同温度下不同 f-t 的范围。因此,得到的 n 关于 T 的演化不能提供有用的动力学信息。尽管如此,借助式(4-35)推导得到 n 的近似值对应着扩散控制生长的情形。

综上，预退火之后 $Pd_{40}Cu_{30}P_{20}Ni_{10}$ 合金的等加热速率晶化受混合形核和体扩散控制生长控制。文献[28]中动力学模型直接拟合的方法却显示，混合形核和 Avrami 形核均可以描述上述情形下的晶化过程。根据 4.6.2 小节，对于假设 Avrami 形核的等加热速率相变，Q 应该随着 f 增大而增大。图 4-27(d)表明，Avrami 形核不可能发生在上述的晶化过程中。这也再次说明，对转变分数的分析来确定形核和生长模式，对于固态相变的精确描述非常有利。

参 考 文 献

[1] CHRISTIAN J W. The Theory of Transformations in Metals and Alloys[M]. 2nd ed. Oxford: Pergamon Press, 2002.

[2] AVRAMI M. Kinetics of phase change. I general Theory[J]. The Journal of Chemical Physics, 1939, 7: 1103-1112.

[3] AVRAMI M. Kinetics of phase change. II transformation-time relations for random distribution of nuclei[J]. The Journal of Chemical Physics, 1940, 8: 212-224.

[4] AVRAMI M. Granulation, phase change, and microstructure kinetics of phase change. III [J]. The Journal of Chemical Physics, 1941, 9: 177-184.

[5] LIU F, SOMMER F, MITTEMEIJER E J. An analytical model for isothermal and isochronal transformation kinetics[J]. Journal of Materials Science, 2004, 39: 1621-1634.

[6] LIU F, SOMMER F, BOS C, et al. Analysis of solid state phase transformation kinetics: Models and recipes[J]. International Materials Reviews, 2007, 52: 193-212.

[7] LIU F, SOMMER F, MITTEMEIJER E J. Determination of nucleation and growth mechanisms of the crystallization of amorphous alloys; application to calorimetric data[J]. Acta Materialia, 2004, 52: 3207-3216.

[8] LIU F, SOMMER F, MITTEMEIJER E J. Parameter determination of an analytical model for phase transformation kinetics: Application to crystallization of amorphous Mg-Ni alloys[J]. Journal of Materials Research, 2004, 19: 2586-2596.

[9] KOOI B J. Monte Carlo simulations of phase transformations caused by nucleation and subsequent anisotropic growth: Extension of the Johnson-Mehl-Avrami-Kolmogorov theory[J]. Physical Review B, 2004, 70: 224108.

[10] LIU F, YANG G C. Effects of anisotropic growth on the deviations from Johnson-Mehl-Avrami kinetics[J]. Acta Materialia, 2007, 55: 1629-1639.

[11] SHNEIDMAN V A, WEINBERG M C. The effects of transient nucleation and size-dependent growth rate on phase transformation kinetics[J]. Journal of Non-Crystalline Solids, 1993, 160: 89-98.

[12] WEINBERG M C, BIRNIE III D P, SHNEIDMAN V A. Crystallization kinetics and the JMAK equation[J]. Journal of Non-Crystalline Solids, 1997, 219: 89-99.

[13] LIU F, YANG G C. Comparison between an analytical model and JMA kinetics for isothermally and isochronally conducted transformations[J]. Thermochimica Acta, 2005, 438: 83-89.

[14] KEMPEN A T W, SOMMER F, MITTEMEIJER E J. Determination and interpretation of isothermal and non-isothermal transformation kinetics; the effective activation energies in terms of nucleation and growth[J]. Journal of Materials Science, 2002, 37: 1321-1332.

[15] MITTEMEIJER E J, SOMMER F. Solid state phase transformation kinetics: A modular transformation model[J]. Zeitschrift Fur Metallkunde, 2002, 93: 352-361.

[16] LIU F, YANG C, YANG G, et al. Additivity rule, isothermal and non-isothermal transformations on the basis of an analytical transformation model[J]. Acta Materialia, 2007, 55: 5255-5267.

[17] MITTEMEIJER E J. Analysis of the kinetics of phase transformations[J]. Journal of Materials Science, 1992, 27: 3977-3987.

[18] RIOS P R. Relationship between non-isothermal transformation curves and isothermal and non-isothermal kinetics[J]. Acta Materialia, 2005, 53: 4893-4901.

[19] LIU F, SOMMER F, MITTEMEIJER E J. Analysis of the kinetics of phase transformations; roles of nucleation index and temperature dependent site saturation, and recipes for the extraction of kinetic parameters[J]. Journal of Materials Science, 2007, 42: 573-587.

[20] LIU F, SONG S J, XU J F, et al. Determination of nucleation and growth modes from evaluation of transformed fraction in solid-state transformation[J]. Acta Materialia, 2008, 56: 6003-6012.

[21] KISSINGER H E. Reaction kinetics in differential thermal analysis[J]. Analytical Chemistry, 1957, 29: 1702-1706.

[22] OZAWA T. Kinetics of non-isothermal crystallization[J]. Polymer, 1971, 12: 150-158.

[23] JIANG Y H, LIU F, SONG S J. Improved analytical description for non-isothermal solid-state transformation[J]. Thermochimica Acta, 2011, 515: 51-57.

[24] MARTIN D. Application of Kolmogorov-Johnson-Mehl-Avrami equations to non-isothermal conditions[J]. Computational Materials Science, 2010, 47: 796-800.

[25] JIANG Y H, LIU F, SONG S J, et al. Evaluation of the maximum transformation rate for determination of impingement mode upon near-equilibrium solid-state phase transformation[J]. Thermochimica Acta, 2013, 561: 54-62.

[26] LIU F, SONG S J, SOMMER F, et al. Evaluation of the maximum transformation rate for analyzing solid-state phase transformation kinetics[J]. Acta Materialia, 2009, 57: 6176-6190.

[27] NITSCHE H, STANISLOWSKI M, SOMMER F, et al. Kinetics of crystallization of amorphous $Mg_{80}Cu_{10}Y_{10}$[J]. Zeitschrift Fur Metallkunde, 2005, 96: 1341-1350.

[28] KEMPEN A T W, SOMMER F, MITTEMEIJER E J. The isothermal and isochronal kinetics of the crystallization of bulk amorphous $Pd_{40}Cu_{30}P_{20}Ni_{10}$[J]. Acta Materialia, 2002, 50: 1319-1329.

第5章 模块化解析相变模型的扩展

5.1 引　　言

实验技术的进步与测试手段的革新使得新的固态相变行为不断被观测到。由于传统动力学理论中的某些假设条件和近似处理在一些实际情形下不再适用，也就无法为上述新现象提供合理解释。

1. 模块化解析相变模型的基本假设

经典 KJMA 模型认为相变仅是单个机制引起的，动力学参数为常数[1-5]；模块化解析(相变)模型则认为相变来自两个同时发生的机制，动力学参数是变量[6-8]。在实际过程中，相变可以来自多个机制的贡献，这些机制可能同时发生，也可能连续(或顺序)发生。无论是经典 KJMA 模型，还是模块化解析模型，均无法解释这些复杂的相变动力学行为。

2. 初始温度及温度积分的简单处理

处理等时相变过程中，类 KJMA 模型和模块化解析模型中都会遭遇"温度积分"和初始温度的处理[6,9-11]。为突出主要问题，传统理论采取最简单的近似情形，如忽略初始温度，使用粗糙的温度积分。这一简化处理限制了传统理论的适用范围，仅适用于激活能较大及初始温度较低的相变过程。事实上，模块化解析模型也没有根本解决该技术问题。

3. 各向异性生长

模块化解析模型中采用的晶核随机分布和各向同性生长等假设同实际固态相变过程往往不符，如空间相关形核、位置确定形核、各向异性生长等，这些过程将导致实际转变分数同类 KJMA 模型的偏离[12-14]。尽管借助碰撞因子 ξ 和 ε，模块化解析模型能够利用 2.7.3 小节所述的碰撞模型来描述上述偏离，然而这种修正仅仅改变真实转变分数 f 和扩展转变分数 x_e 的关系，虽然更好地吻合了实际过程，但具体物理本质不甚清晰。

4. 纯粹动力学能垒控制相变的假设

经典 KJMA 模型和模块化解析模型均忽略热力学因素而纯粹研究动力学能垒的作用[1-3,5]。近平衡动力学则忽视全转变理论而偏重于研究形核和生长过程中热力学因素的变化，如临界形核功和生长驱动力[15]。因此，热力学状态和动力学理论的研究是相互独立的，尚无相对完整的理论模型来统一处理不同热力学状态下的相变动力学过程。

5. 阿伦尼乌斯关系失效

目前，几乎所有描述相变动力学的理论都是基于阿伦尼乌斯关系，其假设激活能为常数，从而限制了应用范围。因此，传统理论无法为一些动力学现象提供令人信服的解释。例如，同一类相变的等温相变和等时相变过程激活能不同，同一相变中激活能随相变温度升高而降低。

本章立足于模块化解析模型，逐步考虑上述情形对模型进行修正或扩展，希望从相变动力学理论上对上述情形给予更准确的描述。

5.2 和积转化模型的扩展

模块化解析模型的基本物理内涵表现为总扩展转变分数来自位置饱和形核与连续形核的共同贡献；其基本数学处理是根据和积转化将两部分的相对贡献体现于随转变分数变化的动力学参数[6]。模块化解析模型扩展了"等动力学"概念，即相变机制保持不变与动力学参数变化并不矛盾，然而该模型也有一定的局限性，主要体现在以下两点。

(1) 和积转化处理位置饱和形核与连续形核的基本逻辑仅准确适用于由混合形核控制的相变，此间得到的动力学方程和动力学参数具有明确的物理意义。在以下三种情形时则存在不足：①当相变由 Avrami 形核控制时，人为地将其分为位置饱和形核和连续形核共同作用略显牵强，甚至有可能得到错误的动力学参数表达式；②模块化解析模型中和积转化的处理要求两个子过程同时对新相分数有贡献，而实际相变中时常会出现消耗新相的子过程[16]；③在一些较为复杂的相变过程中，新相的形成可能来自多个子过程[17]。

(2) 和积转化仅能处理同时开始且同时结束的两个子过程，因此解析模型无法描述以下动力学现象：①多峰转变，在很多相变，譬如非晶晶化过程中，会出现初生相和共晶晶化、亚稳相到稳定相转变等顺序发生的相变，其动力学过程通常表现为多峰转变[18-20]。②异常转变，在某些相变中经常观测到转变异常迅速的情形，此时动力学分析往往得到异常高的 Avrami 指数[21-24]，过去的相变模型无法解释。

5.2.1 两机制基本模型

根据模块化解析模型和积转化的基本逻辑，按照类似方法定义两个不同的动力学参数始终保持不变的子过程。它们的动力学参数分别为 n_1、Q_1、K_{01}(第一个子过程)和 n_2、Q_2、K_{02}(第二个子过程)。

若两个子过程对新相分数都有贡献,则

$$x_{\mathrm{e}} = x_{\mathrm{e}1} + x_{\mathrm{e}2} = \left[K_{01}\exp\left(-\frac{Q_1}{RT}\right)t\right]^{n_1} + \left[K_{02}\exp\left(-\frac{Q_2}{RT}\right)t\right]^{n_2} \tag{5-1}$$

按照 4.2.2 小节中的逻辑可得

$$x_{\mathrm{e}} = \left[K_0^*\exp\left(-\frac{Q^*}{RT}\right)t\right]^{n^*} \tag{5-2}$$

式中,子过程动力学参数恒定,用带有数字下标的符号表示;总有效动力学参数随相变进行而变化,用带有 "*" 上标的符号表示为

$$n^* = \frac{n_1}{1+r_{1,2}} + \frac{n_2}{1+r_{1,2}^{-1}} \tag{5-3a}$$

$$Q^* = \frac{1}{n^*}\left(\frac{n_1 Q_1}{1+r_{1,2}} + \frac{n_2 Q_2}{1+r_{1,2}^{-1}}\right) \tag{5-3b}$$

$$\left[K_0^*\right]^{n^*} = \left[K_{01}^{n_1}(1+r_{1,2})\right]^{\frac{1}{1+r_{1,2}}} \times \left[K_{02}^{n_2}\left(r_{1,2}^{-1}+1\right)\right]^{\frac{1}{1+r_{1,2}^{-1}}} \tag{5-3c}$$

式中,$r_{1,2} = x_{\mathrm{e}2}/x_{\mathrm{e}1}$。当 $n_1 = d/m$、$Q_1 = Q_{\mathrm{G}}$、$K_{01} = \left(N^* g v_0^{d/m}\right)^{1/(d/m)}$、$n_2 = d/m + 1$、$Q_2 = (d/m Q_{\mathrm{G}} + Q_{\mathrm{N}})/(d/m+1)$ 和 $K_{02} = \left[N_0 g v_0^{d/m}/(d/m+1)\right]^{1/(d/m+1)}$ 成立时,式(5-2)便退化为 4.2.1 小节推导得到的模块化解析模型。

鉴于可逆相变中会出现负的子过程,如果将和积转化应用于两个相反的子过程,其结果可解释很多实验现象,如各向异性生长。在理论分析[12,25]和实验观测中[26],针对各向异性生长的动力学分析经常得到随相变进行逐渐减小的 Avrami 指数。这有悖于之前理论分析的结果,即若两个子过程对新相分数都有贡献,根据式(5-3a)可知,随转变进行 Avrami 指数必然是逐渐增大的。通常在处理各向异性生长时,如 5.4 节所述,其基本逻辑是在总的扩展转变分数中剔除由"阻断效应"引入的多余部分。这一原理相当于是将扩展转变分数看作两个相反的子过程:正号部分表示母相向新相的逐渐转变,负号部分则表示"阻断效应"而消耗新相。

假如第一个子过程使得新相分数增加,第二个子过程消耗新相分数,则总的扩展转变分数可写为[27]

$$x_e = x_{e1} - x_{e2} = \left[K_{01} \exp\left(-\frac{Q_1}{RT}\right) t \right]^{n_1} - \left[K_{02} \exp\left(-\frac{Q_2}{RT}\right) t \right]^{n_2} \tag{5-4}$$

由于新相分数不能为负，在相变中必须要保证 $x_{e1} > x_{e2}$，该限制条件可能会导致上述两个子过程不独立。考虑到如果两个子过程速率相当，它们的转变速率在某一时刻必然会达到平衡状态，即转变不能完全发生，但在本节的研究对象中，如 Avrami 形核过程和各向异性生长过程，其相变均可完全进行，即达到 $f=1$。因此，在该体系中，正反应速率远大于逆反应速率，从而可近似地认为两个子过程是相互独立的。

采用类似处理，总的扩展转变分数用第一个子过程表示为

$$x_e = x'_{e1} = \left[K'_{01} \exp\left(-\frac{Q_1}{RT}\right) t \right]^{n_1} \tag{5-5a}$$

总的扩展转变分数用第二个子过程表示为

$$x_e = x'_{e2} = \left[K'_{02} \exp\left(-\frac{Q_2}{RT}\right) t \right]^{n_2} \tag{5-5b}$$

式中，

$$(K'_{01})^{n_1} = K_{01}^{n_1}(1 - r_{1,2}), \quad (K'_{02})^{n_2} = K_{02}^{n_2}\left(r_{1,2}^{-1} - 1\right) \tag{5-6}$$

此时，式(5-4)可重写为

$$x_e = \frac{1}{r_1 - r_2}\left(r_1 x'_{e1} - r_2 x'_{e2}\right) \tag{5-7}$$

对任一相变过程，总可以找到两个正整数 r_1 和 r_2，使得式(5-7)成立，因此总的转变分数可被均分为 $r_1 - r_2$ 份，从而式(5-7)可写为

$$x_e = \frac{1}{r_1 - r_2}\left[\sum_{r_1} K_{01}^{n_1}(1 - r_{1,2}) \exp\left(-\frac{n_1 Q_1}{RT}\right) t^{n_1} \right.$$

$$\left. - \sum_{r_2} K_{02}^{n_2}\left(r_{1,2}^{-1} - 1\right) \exp\left(-\frac{n_2 Q_2}{RT}\right) t^{n_2} \right] \tag{5-8}$$

式(5-8)的方括号中求和符号内的每一部分都相等，因此可将两部分加和相减的形式写为乘积形式：

$$x_e = \left[K_{01}^{n_1}(1 - r_{1,2}) \right]^{\frac{1}{1 - r_{1,2}}} \times \left[K_{02}^{n_2}\left(r_{1,2}^{-1} - 1\right) \right]^{\frac{1}{1 - r_{1,2}^{-1}}}$$

$$\times \exp\left(-\left(\frac{n_1 Q_1}{1 - r_{1,2}} + \frac{n_2 Q_2}{1 - r_{1,2}^{-1}}\right) \frac{1}{RT} \right) t^{\frac{n_1}{1 - r_{1,2}} + \frac{n_2}{1 - r_{1,2}^{-1}}} \tag{5-9}$$

将式(5-9)同经典KJMA模型对比可得与式(5-2)相同形式的扩展转变分数，但总有效动力学参数的解析表达不同[27]：

$$n^* = \frac{n_1}{1-r_{1,2}} + \frac{n_2}{1-r_{1,2}^{-1}} \tag{5-10a}$$

$$Q^* = \frac{1}{n^*}\left(\frac{n_1 Q_1}{1-r_{1,2}} + \frac{n_2 Q_2}{1-r_{1,2}^{-1}}\right) \tag{5-10b}$$

$$\left(K_0^*\right)^{n^*} = \left[K_{01}^{n_1}(1-r_{1,2})\right]^{\frac{1}{1-r_{1,2}}} \times \left[K_{02}^{n_2}(r_{1,2}^{-1}-1)\right]^{\frac{1}{1-r_{1,2}^{-1}}} \tag{5-10c}$$

到此为止，和积转化被扩展为两个相反的子过程。

利用表 5-1 给出的模型参数，数值计算可得两个相变过程。图 5-1(a)表明受位置饱和形核控制和受连续形核控制的两个并行子过程同时对新相分数增加有贡献；图 5-1(b)表明受位置饱和形核控制的子过程使得新相分数增加，受连续形核控制的子过程消耗新相，即两个相反子过程。根据式(3-33)和式(4-39)给出的 Avrami 方法，可得到这两个相变过程的 Avrami 指数演化趋势，其结果如图 5-1(c)和(d)所示。根据相变过程的形核和生长模型可知：n_1=3 和 n_2=4。因此，将其代入式(5-3a)和式(5-10a)，可给出 Avrami 指数的理论预测结果。如图 5-1(c)和图 5-1(d)所示，当前模型预测的 Avrami 指数同 Avrami 方法得到的数值吻合很好，说明当前模型给出动力学参数的解析表达式足够精确。仔细观察式(5-3a)、式(5-10a)、图 5-1(c)和(d)可得，Avrami 指数增大是由两个并行的子过程(二者符号都为正)导致，而 Avrami 指数的降低则是由两个相反的子过程引起的。

表 5-1 两个同时发生子过程的模型数值计算参数

参数	N^* /m^{-3}	N_0 /(m$^3\cdot$s)$^{-1}$	v_0 /(m/s)	Q_N /(kJ/mol)	Q_G /(kJ/mol)	g	d/m
位置饱和形核和三维界面控制生长	1.25×10^{17}	—	1×10^6	—	200	1	3
连续形核和三维界面控制生长	—	4×10^{34}	1×10^6	280	200	1	3

总之，无论是两个并行或相反的子过程，和积转化都准确给出物理意义明确的动力学参数，按照两个子过程对相变贡献的比例，得到了随转变进行而变化的动力学参数。此后，为了简便起见可将式(5-2)和式(5-9)写为统一形式，仅以"±"来区分形成新相的子过程或消耗新相的子过程。

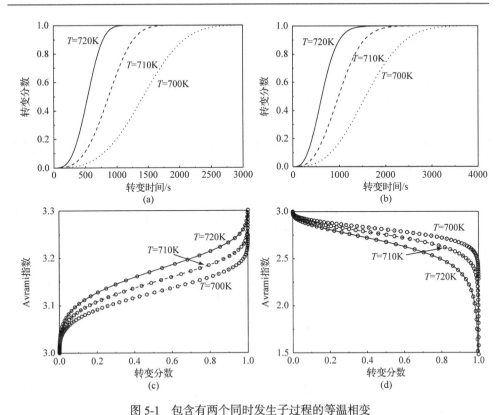

图 5-1 包含有两个同时发生子过程的等温相变

(a) 两个并行子过程的转变分数；(b) 两个相反子过程的转变分数；(c)和(d)分别为对应于(a)和(b)的有效 Avrami 指数
线表示 Avrami 方法得到的数值，符号表示模型预测数值

5.2.2 多机制同步模型

5.2.1 小节虽然处理了两个子过程的特殊情形，但事实上，$i(>2)$个子过程可同时并存。本节进一步将和积转化扩展到多个子过程。

1. 模型推导

若一个相变过程包含有 $i(>2)$ 个相互独立的子过程，且其任一子过程 z 的动力学参数都为常数：n_z、Q_z 和 K_{0z}，则总的扩展转变分数为[27]

$$x_e = \sum_{z=1}^{i} \pm x_{ez} = \sum_{z=1}^{i} \pm \left[K_{0z} \exp\left(-\frac{Q_z}{RT}\right) \alpha \right]^{n_z} \tag{5-11}$$

式中，等温相变时，$\alpha=t$；等时相变时，$\alpha=RT^2/\Phi$。当第 z 个子过程使得新相分数增加时，则"±"取"+"；当第 z 个子过程消耗新相时，则"±"取"−"。为保证总的扩展转变分数不为负，至少有一个子过程取"+"，设第一个子过程为"+"。式(5-11)可以改写为

$$x_e = x_{e1} \pm x_{e2} + \sum_{z=3}^{i} \pm x_{ez}$$

$$= \left[K_{01} \exp\left(-\frac{Q_1}{RT}\right) \alpha \right]^{n_1} \pm \left[K_{02} \exp\left(-\frac{Q_2}{RT}\right) \alpha \right]^{n_2} + \sum_{z=3}^{i} \pm \left[K_{0z} \exp\left(-\frac{Q_z}{RT}\right) \alpha \right]^{n_z} \tag{5-12}$$

方程等号右边前两项分别对应于式(5-1)和式(5-4)的右边两项。因此，直接应用5.2.1 小节中的结果可得

$$x_e = \left[K_{01}^* \exp\left(-\frac{Q_1^*}{RT}\right) \alpha \right]^{n_1^*} + \sum_{z=3}^{i} \pm \left[K_{0z} \exp\left(-\frac{Q_z}{RT}\right) \alpha \right]^{n_z} \tag{5-13}$$

式中，

$$n_1^* = \frac{n_1}{1 \pm r_{1,2}} + \frac{n_2}{1 \pm r_{1,2}^{-1}} \tag{5-14a}$$

$$Q_1^* = \frac{1}{n_1^*} \left[\frac{n_1 Q_1}{1 \pm r_{1,2}} + \frac{n_2 Q_2}{1 \pm r_{1,2}^{-1}} \right] \tag{5-14b}$$

$$\left(K_{01}^*\right)^{n_1^*} = \left[K_{01}^{n_1} \left(1 \pm r_{1,2}\right) \right]^{\frac{1}{1 \pm r_{1,2}}} \times \left[K_{02}^{n_2} \left(r_{1,2}^{-1} \pm 1\right) \right]^{\frac{1}{1 \pm r_{1,2}^{-1}}} \tag{5-14c}$$

重新整理式(5-12)可得

$$x_e = \left[K_{01}^* \exp\left(-\frac{Q_1^*}{RT}\right) \alpha \right]^{n_1^*} \pm \left[K_{03} \exp\left(-\frac{Q_3}{RT}\right) \alpha \right]^{n_3}$$

$$+ \sum_{z=4}^{i} \pm \left[K_{0z} \exp\left(-\frac{Q_z}{RT}\right) \alpha \right]^{n_z} \tag{5-15}$$

此时，可将式(5-15)右边第一项看作是一个子过程，它的动力学参数是变化的。分析 4.2.2 小节和 5.2.1 小节中的数学处理，可以发现和积转化并没有限制动力学参数必须为常数。因此，利用与其相似的处理，可以将式(5-15)右边前两项再次进行和积转化，得[27]

$$x_e = \left[K_{02}^* \exp\left(-\frac{Q_2^*}{RT}\right) \alpha \right]^{n_2^*} + \sum_{z=4}^{i} \pm \left[K_{0z} \exp\left(-\frac{Q_z}{RT}\right) \alpha \right]^{n_z} \tag{5-16}$$

式中，

$$n_2^* = \frac{n_1^*}{1 \pm r_{3,4}} + \frac{n_3}{1 \pm r_{3,4}^{-1}} \tag{5-17a}$$

第5章 模块化解析相变模型的扩展

$$Q_2^* = \frac{1}{n_2^*}\left[\frac{n_1^* Q_1^*}{1\pm r_{3,4}} + \frac{n_3 Q_3}{1\pm r_{3,4}^{-1}}\right] \tag{5-17b}$$

$$\left(K_{02}^*\right)^{n_2^*} = \left[\left(K_{01}^*\right)^{n_1^*}\left(1\pm r_{3,4}\right)\right]^{\frac{1}{1\pm r_{3,4}}} \times \left[K_{03}^{n_3}\left(r_{3,4}^{-1}\pm 1\right)\right]^{\frac{1}{1\pm r_{3,4}^{-1}}} \tag{5-17c}$$

式中，$r_{3,4}$为子过程扩展转变分数之比，$r_{3,4} = x_{e3}/(x_{e1}\pm x_{e2})$。

对比式(5-16)和式(5-15)或对比式(5-13)和式(5-12)可知，每进行一次和积转化，总的扩展转变分数的加和表达式中便会减少一项。按照上述步骤进行(i-1)次和积转化，最终可得

$$x_e = \left[K_0^* \exp\left(-\frac{Q^*}{RT}\right)\alpha\right]^{n^*} \tag{5-18}$$

式中，

$$n^* = \frac{n_{i-2}^*}{1\pm r_{2i-3,2i-2}} + \frac{n_i}{1\pm \left(r_{2i-3,2i-2}\right)^{-1}} \tag{5-19a}$$

$$Q^* = \frac{1}{n^*}\left[\frac{n_{i-2}^* Q_{i-2}^*}{1\pm r_{2i-3,2i-2}} + \frac{n_i Q_i}{1\pm \left(r_{2i-3,2i-2}\right)^{-1}}\right] \tag{5-19b}$$

$$\left(K_0^*\right)^{n^*} = \left\{\left[K_{0(i-2)}^*\right]^{n_{i-2}^*}\left(1\pm r_{2i-3,2i-2}\right)\right\}^{\frac{1}{1\pm r_{2i-3,2i-2}}} \times \left\{K_{0i}^{n_i}\left[\left(r_{2i-3,2i-2}\right)^{-1}\pm 1\right]\right\}^{\frac{1}{1\pm \left(r_{2i-3,2i-2}\right)^{-1}}}$$

$$\tag{5-19c}$$

式中，$r_{2i-3,2i-2}$为子过程扩展转变分数之比，$r_{2i-3,2i-2} = x_{ei}\Big/\sum_{z=1}^{i-1}x_{ez}$；$n_{i-2}^*$、$Q_{i-2}^*$和$K_{0(i-2)}^*$为式(5-19)中用(i-1)替换i得到的动力学参数。

如假设碰撞模型遵循晶核随机分布的各向同性生长(式(2-65))，由式(5-18)可得转变分数解析表达式。

由式(5-14)、式(5-17)及式(5-19)可知，每一步和积转化之后的动力学参数之间存在递推关系。根据该递推关系，总的有效动力学参数可由各子过程的动力学参数给出。这一点是应用和积转化的意义所在。动力学分析的主要目的是根据实验数据(如热分析获得的转变分数曲线或转变速率曲线)来确定相变过程的具体机制。热分析实验结果体现所有子过程的综合作用，因此动力学分析给出的结果往往是总的有效动力学参数。然而，为了明晰相变机制，需明确知道每一个子过程具体的动力学参数。因此，动力学分析中存在着一个突出问题：如何从总的有效

动力学参数中获得子过程的动力学参数？在过去大量的研究工作中，通常假设相变过程由单一机制控制，认为总的有效动力学参数直接反映相变机制。由于该假设并不合理，传统的动力学分析往往得到异常结果。和积转化处理可给出总的有效动力学参数和子过程动力学参数之间的明确关系，从而确定具体相变机制。

针对多机制相变，之前也提出过一些理论模型来描述该过程的动力学。如假设各个子过程的速率常数指前因子相同，而激活能不同，且不同子过程的激活能呈一定的数学分布。该模型在石油化工[28]、制药[29]等领域有较多的应用。然而该类模型注重描述总的相变过程，而本节的模型则更注重详细具体地给出每一个子过程的动力学参数。

2. 四个子过程共存的转变模型

由于当前模型考虑了更一般的情形，从而可以描述之前模型无法描述的复杂动力学行为。利用表 5-2 中给出的动力学参数，数值计算可以给出由四个子过程共存的相变，见图 5-2(a)。根据式(4-40)，可得 Avrami 指数随转变分数演化的曲线，见图 5-2(b)。四个子过程的 Avrami 指数分别为 $n_1=1$、$n_2=1.5$、$n_3=3$ 和 $n_4=4$，分别将表中参数代入式(5-19a)，当前模型也可计算出 Avrami 指数，见图 5-2(b)。

表 5-2　四个同时发生子过程的模型数值计算参数

参数	N^*/m^{-3}	N_0/(m$^3\cdot$s)$^{-1}$	v_0/(m/s)	Q_N/(kJ/mol)	Q_G/(kJ/mol)	g	d/m
位置饱和形核和二维扩散控制生长	1×10^5	—	1×10^6	—	200	1	1
位置饱和形核和三维扩散控制生长	1×10^9	—	1×10^6	—	210	1	3/2
位置饱和形核和三维界面控制生长	1×10^{21}	—	1×10^6	—	220	1	3
连续形核和三维界面控制生长	—	1.6×10^{38}	1×10^6	230	230	1	3

3. Avrami 形核的模型展示

根据多机制同步模型，可以对 Avrami 形核控制的相变做更为合理的处理。对于等温相变，其扩展转变分数可写为[6]

$$x_e = \frac{1}{d/m+1} g N' \lambda_0 v_0^{d/m} \exp\left(-\frac{d/m Q_G + Q_N}{RT}\right) t^{d/m+1} F(\lambda t) \quad (5-20)$$

式中，$F(\lambda t)$为关于λt的函数[6]，λ为亚临界晶核变为超临界的频率，具体参见 2.5.2

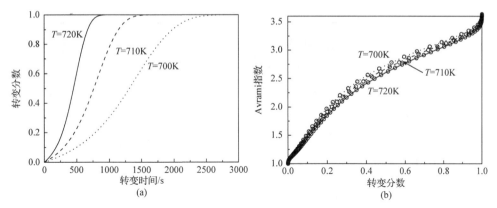

图 5-2 包含有四个并行子过程的等温相变
(a) 转变分数随转变时间的演化；(b) Avrami 指数随转变分数的演化
线表示 Avrami 方法得到的数值，符号表示模型预测的数值

小节。此处，将 $F(\lambda t)$ 作泰勒级数展开[27]：

$$F(\lambda t) \approx \sum_{z=0}^{j}(-\lambda t)^{z}\frac{\Gamma(d/m+2)}{\Gamma(d/m+2+z)} \tag{5-21}$$

式中，Γ 为欧拉定义的伽马函数；j 为泰勒级数展开的阶数($j=0,1,2,\cdots$)。

若泰勒级数的阶数足够高，可用式(5-21)作为 $F(\lambda t)$ 的解析表达式。将其代入式(5-20)得

$$x_{\mathrm{e}}=\sum_{z=1}^{i}(-1)^{z+1}x_{\mathrm{e}z}=\sum_{z=1}^{i}(-1)^{z+1}\left[K_{0z}\exp\left(-\frac{Q_{z}}{RT}\right)t\right]^{n_{z}} \tag{5-22}$$

式中，$n_z=\dfrac{d}{m}+z$ ；$Q_z=\left(\dfrac{d}{m}Q_{\mathrm{N}}+zQ_{\mathrm{G}}\right)\Big/n_z$ ；$K_{0z}^{n_z}=\dfrac{\Gamma(d/m+1)}{\Gamma(d/m+z+1)}gN'\lambda_0^z v_0^{d/m}$。据此可认为 Avrami 形核机制是由 $i(i=j+1)$ 个同时发生的子过程共同作用的结果。可以将 Avrami 形核解释为一个受连续形核控制的子过程和多个逐渐起作用的消耗新相的子过程共同导致的。由于有消耗新相的子过程出现，总的有效 Avrami 指数随着转变进行逐渐降低。具体细节可见文献[27]。

5.2.3 多机制非同步相变动力学模型

在 5.2.2 小节中考虑了多个子过程同时开始且同时结束的情形。在一些相变中各个子过程是非同步发生的，此时相变过程相对于 5.2.2 小节描述的情形会更加复杂，如图 5-3 所示。由于任一子过程的开始时间和结束时间不同，建模前需对每一子过程的动力学进行清晰描述，然后根据这些子过程的综合作用得到非同步相变动力学模型。

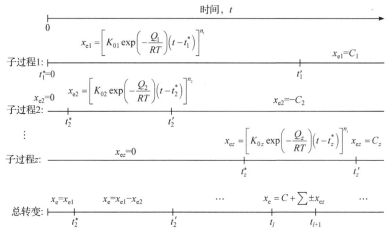

图 5-3 包含多个非同步发生子过程的转变示意图

1. 模型推导

如图 5-3 所示，对于等温相变中任一子过程，如第 z 个子过程(动力学参数为 n_z、Q_z 和 K_{0z})在一定的时间区间内发生，即从 t_z^* 时刻开始到 t_z' 时刻结束，在 $0\sim t_z^*$，子过程 z 对总的扩展转变分数无贡献，在 $t_z^*\sim t_z'$，子过程的贡献随时间逐渐增加，在 $t_z'\sim t_{\text{end}}$(t_{end} 为相变结束时间)，子过程的贡献为一常数。根据上述物理图像，可将子过程 z 的扩展转变分数解析表达为[27]

$$x_{ez}=\left[K_{0z}\exp\left(-\frac{Q_z}{RT}\right)(t-t_z^*)\right]^{n_z}\text{rect}\left[\frac{t-(t_z^*+t_z')/2}{t_z'-t_z^*}\right]+C_zH(t-t_z') \quad (5\text{-}23)$$

式中，$C_z=\left[K_{0z}\exp(-Q_z/RT)(t_z'-t_z^*)\right]^{n_z}$，为该过程总的贡献；rect($x$)为矩形方程，即 rect($\pm 1/2$)=0；$H$ 为赫维赛德方程，$H(0)$=1。

结合式(5-23)，可对总体相变过程进行描述。首先定义特征时间点，即某一时刻某一个(或几个)子过程停止或开始而导致相变机制发生变化。以图 5-3 为例，其中 t_2^* 为特征时间点。在 $0\sim t_2^*$，转变分数来自子过程 1 和子过程 2 的共同作用；在 t_2^* 时刻子过程 2 停止，导致在 $t_2^*\sim t_3^*$，转变分数仅来自子过程 1 的贡献。按照特征时间点可将总体相变过程划分成为若干部分。每一部分的相变机制都保持不变，据此可解析求得速率方程。

对于任一相变机制不变的区间，如 $t_l\sim t_{l+1}$，包含 h($h=i+j$)个相互独立的子过程，其中有 i($0\leqslant i\leqslant h$)个子过程已经停止($t_z^*\leqslant t_z'\leqslant t_l$，$z=1,2,\cdots,i$)，有 j 个子过程仍在进行($t_k^*\leqslant t_l\leqslant t_{l+1}\leqslant t_k'$，$k=i+1,i+2,\cdots,i+j$)。因此，在当前区间内，总的扩

展转变分数可写为

$$x_e = \sum_{z=1}^{i} \pm \left\{ \left[K_{0z} \exp\left(-\frac{Q_z}{RT}\right)(t-t_z^*) \right]^{n_z} \text{rect}\left[\frac{t-(t_z^*+t_z')/2}{t_z'-t_z^*} \right] + C_z H(t-t_z') \right\}$$

$$+ \sum_{k=i+1}^{i+j} \pm \left\{ \left[K_{0k} \exp\left(-\frac{Q_k}{RT}\right)(t-t_k^*) \right]^{n_k} \text{rect}\left[\frac{t-(t_k^*+t_k')/2}{t_k'-t_k^*} \right] + C_k H(t-t_k') \right\} \quad (5\text{-}24)$$

式中，等号右端第一项表示 i 个已停止子过程的贡献，为常数；等号右端第二项表示 j 个正在进行的子过程的贡献。因此，根据矩形方程和赫维赛德方程的特点可得

$$x_e = \sum_{z=1}^{i} \pm C_z + \sum_{k=i+1}^{i+j} \pm \left[K_{0k} \exp\left(-\frac{Q_k}{RT}\right)(t-t_k^*) \right]^{n_k} \quad (5\text{-}25)$$

为了方便表达，此后的推导过程中用式(5-25)代替式(5-24)。

应用 5.2.2 小节中的方法对式(5-25)进行处理，最终也会得到仅含有一项乘积形式的扩展转变分数表达式。式(5-25)中存在 t_k^*，传统的和积转化无法得到动力学参数的递推式，因此 5.2.2 小节中的方法对非同步相变是无效的，需用新方法来推导动力学方程。

若在 $t_l \sim t_{l+1}$ 仅有一个正在进行的子过程，即 $j=1$ 的情形，根据式(5-25)，得

$$\frac{df}{dt} = \frac{df}{dx_e} \frac{dx_e}{dt} = \frac{df}{dx_e}\left[\pm n_{i+1} K_{0(i+1)}^{n_{i+1}} \exp\left(-\frac{n_{i+1} Q_{i+1}}{RT}\right)(t-t_{i+1}^*)^{n_{i+1}-1} \right] \quad (5\text{-}26)$$

式中，df/dx_e 为晶核随机分布碰撞模型，见 2.7.3 小节。联立式(5-25)和式(5-26)得

$$\frac{df}{dt} = \frac{1}{t}(1-f)\left[-\ln(1-f)\right] \left(\frac{\pm n_{i+1} \dfrac{t}{t-t_{i+1}^*} x_{e(i+1)}}{\sum_{z=1}^{i} \pm C_z \pm x_{e(i+1)}} \right) \quad (5\text{-}27)$$

式中，$x_{e(i+1)} = \left[K_{0i+1} \exp(-Q_{i+1}/RT)(t-t_{i+1}^*) \right]^{n_{i+1}}$，为子过程 j 的贡献；$\sum \pm C_z$ 为所有已停止的子过程的贡献。

两者的扩展转变分数之比为

$$r_{2i+1,2i+2} = \frac{x_{e(i+1)}}{\sum_{z=1}^{i} \pm C_z} \quad (5\text{-}28)$$

将式(5-28)代入式(5-27)得

$$\frac{\mathrm{d}f}{\mathrm{d}t} = \frac{1}{t}(1-f)\left[-\ln(1-f)\right]\left[\frac{n_{i+1}}{1\pm\left(r_{2i+1,2i+2}\right)^{-1}}\frac{t}{t-t_{i+1}^{*}}\right] \quad (5\text{-}29)$$

经典 KJMA 速率方程如下：

$$\frac{\mathrm{d}f}{\mathrm{d}t} = \frac{n}{t}(1-f)\left[-\ln(1-f)\right] \quad (5\text{-}30)$$

式(5-29)和式(5-30)对比可得

$$n_{i+1}^{*} = \frac{n_{i+1}}{1\pm\left(r_{2i+1,2i+2}\right)^{-1}}\frac{t}{t-t_{i+1}^{*}} \quad (5\text{-}31)$$

接着，假设式(5-25)中的 $j=2$，则有

$$\frac{\mathrm{d}f}{\mathrm{d}t} = \frac{1}{t}(1-f)\left[-\ln(1-f)\right]\left(\frac{\pm n_{i+1}\dfrac{t}{t-t_{i+1}^{*}}x_{\mathrm{e}(i+1)}\pm n_{i+2}\dfrac{t}{t-t_{i+2}^{*}}x_{\mathrm{e}(i+2)}}{\displaystyle\sum_{z=1}^{i}\pm C_z \pm x_{\mathrm{e}(i+1)}\pm x_{\mathrm{e}(i+2)}}\right) \quad (5\text{-}32)$$

扩展转变分数之比进一步写为

$$r_{2i+3,2i+4} = \frac{x_{\mathrm{e}(i+2)}}{\displaystyle\sum_{z=1}^{i}\pm C_z \pm x_{\mathrm{e}(i+1)}} \quad (5\text{-}33)$$

将式(5-33)代入式(5-32)可得

$$\frac{\mathrm{d}f}{\mathrm{d}t} = \frac{1}{t}(1-f)\left[-\ln(1-f)\right]$$
$$\cdot\left[\frac{\pm n_{i+1}\dfrac{t}{t-t_{i+1}^{*}}x_{\mathrm{e}(i+1)}}{\displaystyle\sum_{z=1}^{i}\pm C_z \pm x_{\mathrm{e}(i+1)}}\frac{1}{1\pm r_{2i+3,2i+4}} + \frac{n_{i+2}}{1\pm\left(r_{2i+3,2i+4}\right)^{-1}}\frac{t}{t-t_{i+2}^{*}}\right] \quad (5\text{-}34)$$

结合式(5-27)、式(5-29)和式(5-31)，式(5-34)可进一步改写为

$$\frac{\mathrm{d}f}{\mathrm{d}t} = \frac{n_{i+2}^{*}}{t}(1-f)\left[-\ln(1-f)\right] \quad (5\text{-}35)$$

式中，

$$n_{i+2}^{*} = \frac{n_{i+1}^{*}}{1\pm r_{2i+3,2i+4}} + \frac{n_{i+2}}{1\pm\left(r_{2i+3,2i+4}\right)^{-1}}\frac{t}{t-t_{i+2}^{*}} \quad (5\text{-}36)$$

同理，对于 $j>2$ 的情形，仍可得

第 5 章 模块化解析相变模型的扩展

$$\frac{df}{dt} = \frac{n^*_{i+j}}{t}(1-f)\left[-\ln(1-f)\right] \tag{5-37}$$

式中，

$$n^*_{i+j} = \frac{n^*_{i+j-1}}{1 \pm r_{2i+2j-1,2i+2j}} + \frac{n_{i+j}}{1 \pm \left(r_{2i+2j-1,2i+2j}\right)^{-1}} \frac{t}{t - t^*_{i+j}} \tag{5-38a}$$

$$r_{2i+2j-1,2i+2j} = \frac{x_{e(i+j)}}{\sum\limits_{z=1}^{i} \pm C_z + \sum\limits_{k=i+1}^{i+j-1} \pm x_{ek}} \tag{5-38b}$$

到此为止，已经给出了等温相变非同步机制的动力学方程。当前处理得到了 Avrami 指数的递推关系式，见式(5-38a)。对于等时相变，其推导过程与等温相变相同，不同之处仅在于温度积分的处理。这里不再详细推导，直接给出其结果。对于任一子过程：

$$x_{ez} = \left[K'_{0z}\exp\left(-\frac{Q_z}{RT}\right)\frac{RT^2}{\Phi}\right]^{n'_z} \text{rect}\left[\frac{T-(T^*_z+T'_z)/2}{T'_z-T^*_z}\right] + C_z H(T-T'_z) \tag{5-39}$$

式中，

$$n'_z = \frac{n_z}{1-r'_z} \tag{5-40a}$$

$$K'_{0z} = \left(\frac{K_{0z}}{Q_z}\right)^{1-r'_z}(1-r'_z) \times \left\{\exp\left(-\frac{Q_z}{RT^*_z}\right)\frac{R(T^*_z)^2}{\Phi}\left[(r'_z)^{-1}-1\right]\right\}^{(-r'_z)} \tag{5-40b}$$

$$r'_z = \left[\exp\left(-\frac{Q_z}{RT^*_z}\right)(T^*_z)^2\right] \Big/ \left[\exp\left(-\frac{Q_z}{RT}\right)T^2\right] \tag{5-40c}$$

式中，上标 "'" 表示动力学参数受转变初始温度影响。对于总的相变过程：

$$\frac{df}{dT} = \left(\frac{n^*_{i+j}Q^*_{i+j}}{RT^2} + \frac{2n^*_{i+j}}{T}\right)(1-f)\left[-\ln(1-f)\right] \tag{5-41}$$

式中，动力学参数的递归关系为

$$n^*_{i+j} = \frac{n^*_{i+j-1}}{1 \pm r_{2i+2j-1,2i+2j}} + \frac{n'_{i+j}}{1 \pm \left(r_{2i+2j-1,2i+2j}\right)^{-1}} \tag{5-42a}$$

$$Q^*_{i+j} = \frac{1}{n^*_{i+k}}\left[\frac{n^*_{i+j-1}Q^*_{i+j-1}}{1 \pm r_{2i+2j-1,2i+2j}} + \frac{n'_{i+j}Q_{i+j}}{1 \pm \left(r_{2i+2j-1,2i+2j}\right)^{-1}}\right] \tag{5-42b}$$

$$r_{2i+2j-1,2i+2j} = \frac{x_{e(i+j)}}{\sum_{z=1}^{i} \pm C_z + \sum_{k=i+1}^{i+j-1} \pm x_{ek}} \tag{5-42c}$$

令式(5-25)中 $i=0$ 且 $t_k^*=0$，该式就可退化为式(5-11)。因此，本小节所得模型比 5.2.2 小节中所得模型更为普适。也就是说式(5-11)是式(5-25)的特殊情形。就其物理意义而言，同步转变可以认为是无特征时间点的非同步转变的特例。Rios 和 Villa [30]也提出了处理多个子过程的动力学理论。当前模型同 Rios 和 Villa 模型的不同之处在于：前者是从扩展转变分数出发，考虑各个子过程的相对贡献，强调相变的具体机制；后者是从空间几何出发，考虑不同子过程的实际转变分数，更强调对总的转变分数的准确描述。

非同步转变模型可用来解释很多动力学现象，如多峰转变、异常转变、异常的 Avrami 指数等。下面采用典型例子来说明该模型的特征。

2. 两个不同时开始但同时结束的子过程

根据之前定义，相变过程具有一个特征时间点，转变可被分为两个阶段。在第一阶段，转变仅来自子过程 1(其动力学参数为 n_1、Q_1 和 K_{01})的贡献。该阶段没有已停止的子过程，因此可用经典 KJMA 速率方程来描述，或者将 $i=0$、$j=1$ 和 $C=0$ 代入当前模型。

对于等温相变：

$$\frac{df}{dt} = \frac{n_1}{t}(1-f)\left[-\ln(1-f)\right] \tag{5-43a}$$

对于等时相变：

$$\frac{df}{dT} = \left[\frac{n_1 Q_1}{RT^2} + \frac{2n_1}{T}\right](1-f)\left[-\ln(1-f)\right] \tag{5-43b}$$

在第二个阶段，子过程 1 和 2(其动力学参数为 n_2、Q_2 和 K_{02}，且始于 t_c/T_c)同时对总的转变有贡献，且在该阶段也没有已停止的子过程。因此，将 $i=0$、$j=2$ 和 $C=0$ 代入当前模型。

对于等温相变：

$$\frac{df}{dt} = \left[\frac{n_1}{1+r_{3,4}} + \frac{n_2}{1+r_{3,4}^{-1}}\frac{t}{t-t_c}\right]\frac{1}{t}(1-f)\left[-\ln(1-f)\right] \tag{5-44a}$$

对于等时相变：

$$\frac{df}{dT} = \left\{\left[\frac{n_1 Q_1/(1-r_1')}{1+r_{3,4}} + \frac{n_2 Q_2/(1-r_2')}{1+r_{3,4}^{-1}}\right]\frac{1}{RT^2} + \left[\frac{n_1/(1-r_1')}{1+r_{3,4}} + \frac{n_2/(1-r_2')}{1+r_{3,4}^{-1}}\right]\frac{2}{T}\right\}(1-f)\left[-\ln(1-f)\right]$$

$$\tag{5-44b}$$

假定一个相变过程：关于位置饱和形核的子过程从转变开始阶段就对新相分数有贡献，而关于连续形核的子过程从 t_c=800s 处才开始发生。结合这一物理图像及表 5-3 中的参数，数值计算可以给出一个相变过程，如图 5-4(a)所示。同时，应用 Avrami 方法可以得到该转变的 Avrami 指数的演化关系，n 也可由当前模型计算给出，见图 5-4(a)。

表 5-3 非同步转变模型的数值计算参数

参数	N^*/m^{-3}	N_0 /(m$^3 \cdot$ s)$^{-1}$	v_0 /(m/s)	Q_N /(kJ/mol)	Q_G /(kJ/mol)	g	d/m
位置饱和形核和三维界面控制生长	1×10^{18}	—	1×10^6	—	200	1	3
连续形核和三维界面控制生长	—	1×10^{40}	1×10^6	280	200	1	3

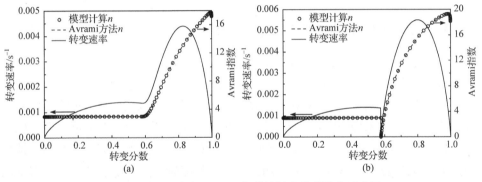

图 5-4 转变速率与 Avrami 指数随转变分数演化示意图
(a) 两个子过程不同时开始，但同时结束；(b) 两个子过程顺序发生

该转变动力学过程明显地表现为两个峰，见图 5-4(a)。采用类似逻辑，如果多个相变机制在不同时刻开始而同时结束，转变曲线就可以表现为多个峰，这里不一一列举。因此，当前模型是描述多峰转变动力学的有效工具。

3. 两个顺序发生的子过程

在特征时间点，一个子过程停止，另一个子过程开始。在第一个阶段，相变过程的动力学方程仍符合式(5-43)。但在第二个过程中，第一个子过程已经停止，因此将 $i=1$、$j=1$ 和 $C=C_1$ 代入当前模型。

对于等温相变：

$$\frac{df}{dt} = \left[\frac{n_2}{1+r_{3,4}^{-1}} \frac{t}{t-t_c} \right] \frac{1}{t}(1-f)\left[-\ln(1-f)\right] \qquad (5\text{-}45a)$$

对于等时相变：

$$\frac{df}{dT} = \left[\frac{n_2 Q_2/(1-r_2')}{1+r_{3,4}^{-1}}\frac{1}{RT^2} + \frac{n_2/(1-r_2')}{1+r_{3,4}^{-1}}\frac{2}{T}\right](1-f)[-\ln(1-f)] \tag{5-45b}$$

假定一相变过程：关于位置饱和形核的子过程在 $t=0$ 时刻开始到 $t_c=800s$ 处停止，而关于连续形核的子过程从 $t_c=800s$ 处开始发生直到转变结束。结合这一物理图像及表 5-3 中的参数可数值计算得到一个相变过程，如图 5-4(b)所示。同时，应用式(4-40)可以得到该转变的 Avrami 指数的演化，n 也可根据当前模型计算给出，见图 5-4(b)。

在上述的两个例子中，由于特征时间的影响，第二个阶段的 Avrami 指数异常大，见图 5-4。与同步转变相比，非同步转变的 Avrami 指数已无法反映真实的相变机制。因此，将其定义为表观 Avrami 指数。这一点可以用来解释在实际相变中观测到的异常生长现象，详见下文。

4. 连续形核与位置饱和形核的等效互换

前文描述了非同步转变最简单的两种情形。本部分将展示非同步转变的一种极限情况：无限多个子过程不同时开始但同时结束。假设一个等温相变过程的形核机制为连续形核，其形核率可以表示为 $\dot{N}$。若生长机制为三维界面控制生长，通常认为该相变过程仅包含一个 $n=4$ 的子过程。假定另一个非同步发生的转变：在任一时刻 τ，其转变的时间区间 $0\sim\tau$ 可被均分为 P 份，这一过程的特征时间点为 $t_z^*=(\tau/P)(z-1)$，$(z=1,2,3,\cdots,P)$；在每一特征时间点，都会有一个位置饱和形核同三维界面控制生长组合的子过程出现($n_z=3$)，其晶核数目为 $\dot{N}\tau/P$。若 $P\to\infty$，且每一个子过程的生长速率都和连续形核的生长速率相同，那么上述假设的两个物理过程是一致的。也就是说，连续形核过程可以被看作是无限多个不同时开始的位置饱和形核子过程集成的效果。

根据当前理论模型，可以对上述的结论进行数学证明。若 P 个关于位置饱和的子过程具有相同的速率常数，任一子过程在 τ 时刻的扩展转变分数可以表示为 $x_{ez}=\left[K\left(\tau-t_z^*\right)\right]^3$。因此，$\tau$ 时刻的 Avrami 指数可由式(5-38)给出。根据其物理图像得 $i=0$ 和 $j=P$，同时将 x_{ez} 和 t_z^* 代入式(5-38)，其扩展转变分数之比为

$$r_{2k-1,2k} = \frac{(P-k)^3}{\sum_{z=1}^{j}\left[P-(z-1)\right]^3}, \ k=1,2,\cdots,P-1 \tag{5-46}$$

总的 Avrami 指数为

$$n^*(P) = \frac{n_{P-1}^*}{1 + 1 \Big/ \sum_{z=1}^{P-1}\big[P-(z-1)\big]^3} + \frac{3}{1 + \sum_{z=1}^{P-1}\big[P-(z-1)\big]^3} \frac{1}{1 - \dfrac{P-1}{P}} \quad (5\text{-}47)$$

式中，

$$n_k^* = \frac{n_{k-1}^*}{1 + \big[P-(k-1)\big]^3 \Big/ \sum_{z=1}^{k-1}\big[P-(z-1)\big]^3} + \frac{3}{1 + \sum_{z=1}^{k-1}\big[P-(z-1)\big]^3 \Big/ \big[P-(k-1)\big]^3} \frac{1}{1 - \dfrac{k-1}{P}},$$
$$k = 2, 3, \cdots, P-1$$

(5-48a)

且

$$n_1^* = 3 \quad (5\text{-}48b)$$

若 $P \to \infty$，根据式(5-48a)可得

$$n(\tau) = \lim_{P \to \infty} n^*(P) = 4 \quad (5\text{-}49)$$

对于非同步转变，在任意时刻其总的有效 Avrami 指数为 4，即恒等于同步相变过程机制单一的连续形核情形。因此，当前模型在此处的应用从侧面反映了它是一个具有明确物理意义的模型。

5. 异常快速转变

如果一类相变包含两个阶段：第一阶段存在一个对转变没有贡献的子过程，其主要贡献发生在第二阶段。根据这一物理图像，该类相变同经历一个孕育期(或弛豫过程)的非晶晶化极其相似。可以理解，孕育期这一阶段不可或缺，但对转变分数无贡献。

假设子过程动力学参数为 $n=4$、$Q=200\text{kJ/mol}$ 和 $K_0=1\times10^{16}\text{s}^{-1}$，那么包含孕育期的转变速率可用数值计算模拟给出，图 5-5(a)和(b)分别展示了等温相变和等时相变。为了对比，在图 5-5 中同时给出了与之对应的无孕育期的转变速率。针对上述转变，用式(4-40)计算得到 Avrami 指数的演化也展示在图 5-5 中。对于等温相变，孕育期仅导致相变时间延迟发生，因此可直接从转变曲线上减去这一阶段，得到与无孕育期转变相同的情形，如图 5-5(a)所示。对于等时相变，孕育期会使得相变在更高温度范围发生，由于热激活过程的速率常数对温度非常敏感，此时孕育期的效应不能简单地将其减掉。这里给出一个不严格的定义：正常的非晶等时晶化所需温度范围为几十摄氏度，所谓异常转变是指晶化在几摄氏度的温度范围内迅速完成，具有尖锐的晶化峰。在实际实验观测

中，这种异常转变往往伴随着异常的 Avrami 指数，即 Avrami 指数远大于正常的范围(0.5~4)，见图 5-5(b)。对于该现象的传统解释如下：非晶晶化过程的形核率或生长速率随相变进行急剧增大，从而导致 Avrami 指数异常大，产生异常迅速的相变过程，即异常转变源自异常的 Avrami 指数。这一结论在 Fe-Ni-P-B 非晶合金等时晶化过程中已得到了验证[24]。

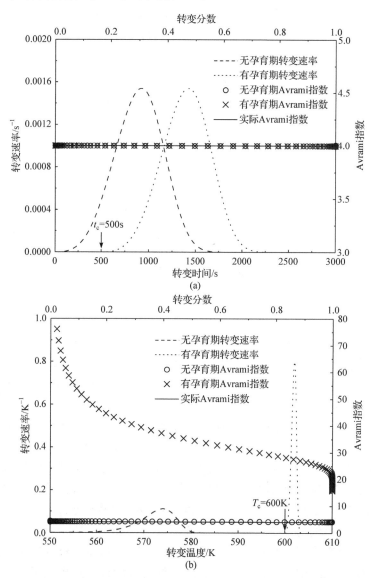

图 5-5 有孕育期和无孕育期的转变速率与 Avrami 指数随转变分数的演化
(a) 等温相变；(b) 等时相变

5.2.4 模型应用

1. Mg-Cu-Y 非晶合金等温晶化

由甩带法获得名义成分为 $Mg_{65}Cu_{25}Y_{10}$ 的非晶条带，采用 DSC 实验测量该合金在不同等温温度下的晶化动力学曲线。样品的制备过程和 DSC 实验后续分析过程参见文献[31]。根据文献中测得的晶化放热速率 $d\Delta H/dt$ 得到晶化过程的转变速率曲线 $df/dt = (1/\Delta H_{tot})(d\Delta H/dt)$，式中，$\Delta H_{tot}$ 是晶化过程总焓变。对于不同等温温度(T 为 453K、443K 和 433K)，其转变速率随时间的演化关系如图 5-6(a)所示。图 5-6(a)中数据已剔除孕育期，该合金的晶化曲线为两阶段晶化，根据 X 射线衍射(XRD)分析结果可知，这两个阶段分别对应于形成 Mg_2Y 相和 Mg_2Cu 相，进一步得到转变分数演化曲线，如图 5-6(b)所示。

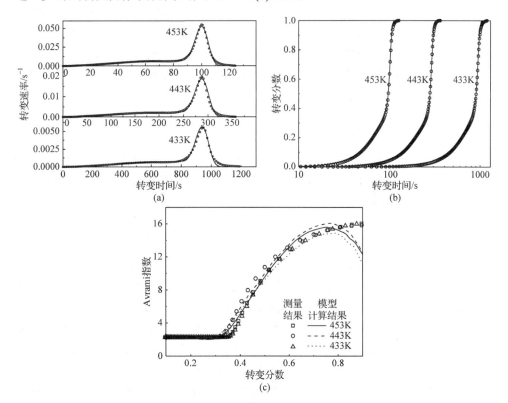

图 5-6 $Mg_{65}Cu_{25}Y_{10}$ 块体非晶合金等温晶化过程
(a) 转变速率随转变时间的演化；(b) 转变分数随转变时间的演化；(c) Avrami 指数随转变分数的演化

根据文献分析可知，该合金的晶化过程包含两个不同时开始但同时结束的子过程：形成 Mg_2Y 相的子过程始于 $t=0$ 时刻，而形成 Mg_2Cu 相的子过程始于 $t=t_c$ 时刻。因此，可采用式(5-43a)和式(5-44a)对实验结果进行描述。在不同温度下，特征时间点为速率曲线上的拐点，即 t_c 为 85s、243s 和 807s 分别对应于 T 为 453K、443K 和 433K。以 n_z、Q_z 和 K_{0z} 为拟合参数，用式(5-43a)和式(5-44a)同时拟合三个温度下的转变曲线。以最小残差平方和为判断标准，采用简单的下山法来拟合实验结果，其拟合结果见图5-6(a)和(b)。拟合结果为 n_1=2.29、Q_1=182.1kJ/mol、K_{01}=8.07×10^{18}s^{-1}，n_2=3.92、Q_2=179.7kJ/mol、K_{02}=3.14×10^{19}s^{-1}。结合拟合参数数值，由模型可得 Avrami 指数演化曲线。通过与 Avrami 方法获得的 Avrami 指数对比可验证模型拟合结果的准确性，如图 5-6(c)所示。

通常，在 $Mg_{65}Cu_{25}Y_{10}$ 非晶合金中，Mg_2Y 相的形成依赖于原子的长程扩散。因此，第一阶段的晶化属于扩散控制生长。当剩余非晶成分适合于形成 Mg_2Cu 相时，开始出现第二阶段转变，对应于界面控制生长[32]。文献[31]指出，$Mg_{65}Cu_{25}Y_{10}$ 块体非晶和非晶条带的相变动力学行为几乎保持不变，即晶化过程不受制备条件的影响。这就意味着该非晶晶化的形核模型不可能是位置饱和形核。因此，拟合得到的动力学参数也符合实际的晶化机制：n_1=2.29 对应于第一阶段形成 Mg_2Y 相，是连续形核和三维扩散控制生长；n_2=3.92 对应于第二阶段形成 Mg_2Cu 相，是连续形核和三维界面控制生长。

晶化激活能取决于跃迁原子同周围原子结合力的大小[33]，它反映了扩散的难易程度[34]，文献中关于激活能的确定有大量的研究成果。在文献[32]中，利用经典的 Kissinger 方法求得了关于 $Mg_{65}Cu_{25}Y_{10}$ 非晶晶化的激活能：Q_1=139kJ/mol 和 Q_2=193kJ/mol。本小节得到的激活能与该数值略有差别，这一差别可能是因为不同相变条件下相变机制不同。

2. Zr-Cu-Al 非晶合金等时晶化

对喷铸所得 $Zr_{46}Cu_{46}Al_8$ 棒材进行 XRD 分析，其结果见图 5-7(a)。在 XRD 图谱中无尖锐的晶体相峰，仅存在一个平缓的非晶胞。这说明喷铸所得材料为块体非晶材料。用 Perkin Elmer DSC 8500 研究了 $Zr_{46}Cu_{46}Al_8$ 块体非晶的等时晶化动力学：DSC 测量在高纯氮的保护气氛下进行；用纯金属 In、Pb 和 Zn 的熔点来校准仪器测量的温度和放热准确度；采用文献[35]中提供的方法进行基线校准；对同一个样品，DSC 程序测量两次，在第二次测量时试样已为晶体状态，可作为首次测量的原位基线，将首次测量的 DSC 曲线减去第二次测量的曲线，便获得试样实际的DSC 曲线。图 5-7(b)是一条基线校准后的 DSC 曲线。根据 DSC 测量的放热曲线得到不同加热速率下(Φ 为 2.5K/min、5K/min 和 10K/min)转变速率随温度的演化曲线，见图 5-7(c)。部分晶化试样的扫描电子显微镜(SEM)照片见图 5-7(d)。

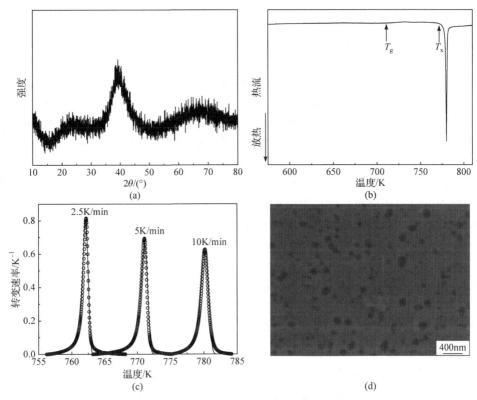

图 5-7 铜模吸铸制备的 $Zr_{46}Cu_{46}Al_8$ 块体材料

(a) XRD 图谱；(b) 以 10K/min 加热速率的等时晶化过程中 DSC 测量晶化放热图；(c) 不同加热速率下转变速率随温度的演化，其中符号表示实验测量值，曲线表示模型拟合结果；(d) 试样在 10K/min 的加热速率下部分晶化后的 SEM 照片

T_g-玻璃转变温度；T_x-晶化开始温度

从图 5-7(b)中的实验结果可知，该相变过程的 DSC 峰非常尖锐，表现为异常转变。在 DSC 曲线上还可以观测到一个微弱的、慢速的阶段出现在主晶化峰之前。结构弛豫会对 DSC 测量的焓变曲线造成一定影响，一般认为该微弱阶段对应于 Zr 基非晶的结构弛豫过程。因此，必须要将弛豫过程的影响考虑到相变曲线中。通常认为弛豫过程符合阿伦尼乌斯关系，本书认为它是一个对相变有微弱贡献的子过程。晶化往往在结构弛豫进行到一定阶段后才出现，因此整个晶化过程可被分为两个阶段：在特征时间点之前仅有结构弛豫；在特征时间点之后结构弛豫和晶化同时存在。因此，可采用式(5-43b)和式(5-44b)对实验结果进行拟合。转变特征时间点对应于 DSC 峰值分析给出的转变开始温度。对不同的加热速率(Φ 为 2.5K/min、5K/min 和 10K/min)，转变的初始温度 T_c 分别为 760.2K、768.8K 和 777.6K。将子过程的动力学参数 n_z、Q_z 和 K_{0z} 设为拟合参数，用式(5-43b)和式(5-44b)同时拟合三个加热速率下的转变曲线。以最小残差平方和为判断标

准，采用简单的下山法来拟合实验结果。拟合结果见图 5-7(c)。其拟合结果如下：n_1=3.11、Q_1=421.1kJ/mol、K_{01}=1.07×10^{21}s^{-1}、n_2=4.23、Q_2=298.5kJ/mol、K_{02}=7.30×10^{18}s^{-1}。下面针对第二个子过程的拟合结果展开讨论。

当前合金成分接近于 Zr-Cu-Al 三元系的共晶点成分 $Zr_{45}Cu_{49}Al_6$ [36]。因此，可认为该合金系的晶化机制符合共晶晶化，即三维界面控制生长，与文献[37]保持一致。然而，在文献[38]中采用经典的 KJMA 模型分析此类合金的晶化往往得到异常的 Avrami 指数。在本小节中，同样也观测到了异常的 Avrami 指数，例如，由等时 Avrami 方法得到的 Avrami 指数约为 20。那么根据 5.2.3 小节中的分析，此时的表观 Avrami 指数已无法反映真实的相变机制，根据子过程的 Avrami 指数则可以对相变机制进行准确判断。由于 n_2=4.23，可近似认为该转变的形核机制为连续形核。此外，通过观察部分晶化后的显微组织(图 5-7(d))可推测出，相变完成后晶粒尺寸数量级为几百纳米，它与一般非晶化组织的晶粒尺寸大致相同。若发生加速形核，最终的晶粒尺寸会明显减小。实验结果中正常的晶粒尺寸说明连续形核机制更合理。

由于 Zr 基非晶具有高的非晶形成能力及良好的热稳定性，文献中有大量关于 Zr 基非晶的动力学分析结果。例如，不同成分的块体非晶晶化激活能：对于 $Zr_{43}Cu_{43}Al_7Be_7$，Q=239kJ/mol[36]；对于 $Zr_{47.5}Cu_{47.5}Al_5$，Q=285kJ/mol[37]；对于 $Zr_{45}Cu_{45}Al_{10}$，Q=331kJ/mol[38]；对于 $Zr_{45}Cu_{46}Al_7Y_2$，Q=361kJ/mol[39]；对于 $Zr_{45}Cu_{49}Al_6$，Q=368kJ/mol[36]等。通过对比可知本小节针对合金成分为 $Zr_{46}Cu_{46}Al_8$ 的分析结果(Q=298.5kJ/mol)处于合理的范围。

5.3 精确处理温度积分及初始温度的相变模型

解析模型在其数学推导过程中采用了一些假设，从而使其应用范围受到一定的限制。主要有如下两个假设：对温度积分处理采用粗糙近似，导致解析模型仅能适用于激活能较大的过程；忽略转变初始温度对相变行为的影响，导致解析模型仅对初始温度较低的相变过程有效。事实上，激活能较小及初始温度较高的相变过程时有发生[9,10]。因此，对上述假设的松弛非常必要，可扩展解析模型的适用范围。

5.3.1 基本模型

本节以混合形核、一维界面控制生长、晶核随机分布且各向同性生长碰撞模型为例，给出考虑温度积分和初始温度的相变动力学模型推导过程。针对其他形核、生长及碰撞机制，采用类似方法均可获得解析形式。

由式(2-38)、式(2-42)、式(2-53)和式(2-61)可得等时过程的扩展转变分数：

$$x_\mathrm{e} = \int_{T_\mathrm{s}}^{T}\left[N^*\delta\left(\frac{T(\tau)-T_0}{\varPhi}\right) + N_0 \exp\left(-\frac{Q_\mathrm{N}}{RT(\tau)}\right)\right] g\left[\int_{T(\tau)}^{T} v_0 \exp\left(-\frac{Q_\mathrm{G}}{RT(t)}\right)\mathrm{d}\frac{T(t)}{\varPhi}\right]\mathrm{d}\frac{T(\tau)}{\varPhi}$$

(5-50)

式中，$\mathrm{d}T/\varPhi$ 为式(2-53)中的 $\mathrm{d}t$；T_s 为初始温度。

进一步推导式(5-50)，需要处理温度积分，即

$$\int_0^T \exp\left(-\frac{Q'}{RT'}\right)\mathrm{d}T' \approx \frac{RT^2 \exp\left(-\dfrac{Q'}{RT}\right)}{Q'} q(x) \tag{5-51}$$

式中，$x = Q'/(RT)$；$q(x)$ 为 x 的有理函数。

式(5-51)为温度积分近似式的一般形式。不同研究者[10,40-45]给出的温度积分近似表达式不同，它们之间的区别仅在于 $q(x)$ 的表达式不同，如表 5-4 所示。在不同条件下(x 大小不同)，表中近似式的精确度不同[10]。

表 5-4 式(5-51)温度积分涉及的 $q(x)$ 表达式

文献来源	$q(x)$
Balarin[40]	$\sqrt{\dfrac{x}{x+4}}$
Cai 等[41]	$\dfrac{x+0.66691}{x+2.64943}$
Urbanovici 和 Segal[42]	$\dfrac{x^2+3.5x}{x^2+5.5x+5}$
Chen 和 Liu[43]	$\dfrac{x^2+\dfrac{16}{3}x+\dfrac{4}{3}}{x^2+\dfrac{22}{3}x+10}$
Senum 和 Yang[44]	$\dfrac{x^3+10x^2+18x}{x^3+12x^2+36x+24}$
Zsakó[45]	$\dfrac{x^4-4x^3+84x^2}{x^4-2x^3+76x^2+152x-32}$
Senum 和 Yang[44]	$\dfrac{x^4+18x^3+86x^2+96x}{x^4+20x^3+120x^2+240x+120}$
Órfão[10]	$\dfrac{0.9999936x^4+7.5739391x^3+12.4648922x^2+3.6907232x}{x^4+9.5733223x^3+25.6329561x^2+21.0996531x+3.9584969}$

在原解析模型[6]中，为了得到简洁的表达式，采用的温度积分形式较为粗糙，即 $q(x)=1$。本小节针对该问题，使用一般温度积分形式(式(5-51))而非某一特定近似。因此，由式(5-50)和式(5-51)得

$$x_e = \frac{gv_0 N^*}{\Phi}\left[\exp\left(-\frac{Q_G}{RT}\right)\frac{RT^2}{Q_G}q(x_G(T)) - \exp\left(-\frac{Q_G}{RT_0}\right)\frac{RT_s^2}{Q_G}q(x_G(T_s))\right]$$

$$+ \frac{gv_0 N_0}{\Phi^2}\exp\left(-\frac{Q_G}{RT}\right)\frac{RT^2}{Q_G}q(x_G(T))\int_{T_s}^{T}\exp\left(-\frac{Q_N}{RT(\tau)}\right)\mathrm{d}T(\tau)$$

$$- \frac{gv_0 N_0}{\Phi^2}\int_{T_s}^{T}\exp\left(-\frac{Q_N + Q_G}{RT(\tau)}\right)\frac{RT(\tau)^2}{Q_G}q(x_G(T(\tau)))\mathrm{d}T(\tau) \quad (5\text{-}52)$$

式中，$x_G(T)=Q_G/(RT)$；$x_G(T_s)=Q_G/(RT_s)$。

式(5-52)等号右边第三项中的广义温度积分为

$$\int_0^T T'^M \exp\left(-\frac{Q'}{RT'}\right)\mathrm{d}T' \approx \frac{RT^{M+2}\exp(-Q'/RT)}{Q'}p_M(x) \quad (5\text{-}53)$$

式中，M 为正整数。

原解析模型为简便起见，采用 $p_M(x)=1$ 的近似，这一近似处理较为粗糙。在文献中已提出了很多更为精确的近似形式[41,46-51]，见表5-5。

表5-5 式(5-53)温度积分涉及的 $p_M(x)$ 表达式

文献来源	$p_M(x)$
Wan 等[46]	$\dfrac{x}{x+(M+2)(0.00099441x+0.93695599)}$
Cai 和 Liu[47]	$\dfrac{x-0.054182M+0.65061}{x+0.93544M+2.62993}$
Cai 和 Liu[48]	$\dfrac{0.99954x+(0.044967M+0.58058)}{x+(0.94057M+2.5400)}$
Cai 等[41]	$\dfrac{1.0002486x+0.2228027\ln x-0.05241956M+0.2975711}{x+0.2333376\ln x+0.9496628M+2.2781591}$
Chen 和 Liu[49]	$\left(1+\dfrac{M+2}{x}\right)\bigg/\left[1+2\dfrac{M+2}{x}+\dfrac{(M+1)(M+2)}{x^2}\right]$
Chen 和 Liu[50]	$\dfrac{x}{(1.00141+0.00060M)x+(1.89376+0.95276M)}$
Chen 和 Liu[50]	$\dfrac{x+(0.74981-0.0639M)}{(1.00017+0.00013M)x+(2.73166+0.92246M)}$
Capela 等[51]	$0.7110930099291700\left(\dfrac{x}{x+0.41577455678348}\right)^{M+2}$ $+0.2785177335692400\left(\dfrac{x}{x+2.294280360279042}\right)^{M+2}$ $+0.010389256501586\left(\dfrac{x}{x+6.289945082937479}\right)^{M+2}$

同理，根据广义积分的一般形式，可以将式(5-52)重写为

$$x_e = gv_0 N^* \exp\left(-\frac{Q_G}{RT}\right)\frac{RT^2}{\Phi}\frac{1}{Q_G} \times \left\{q(x_G(T)) - \frac{T_s^2 q(x_G(T_s))}{T^2}\exp\left[-\frac{Q_G}{R}\left(\frac{1}{T_s}-\frac{1}{T}\right)\right]\right\}$$

$$+ gv_0 N_0 \exp\left(-\frac{Q_N+Q_G}{RT}\right)\left(\frac{RT^2}{\Phi}\right)^2 \frac{q(x_G)}{Q_G Q_N} \times \left\{q(x_N(T)) - \frac{T_s^2 q(x_N(T_s))}{T^2}\exp\left[-\frac{Q_N}{R}\left(\frac{1}{T_s}-\frac{1}{T}\right)\right]\right\}$$

$$- gv_0 N_0 \exp\left(-\frac{Q_N+Q_G}{RT}\right)\left(\frac{RT^2}{\Phi}\right)^2 \frac{q(x_G)}{Q_G(Q_N+Q_G)}$$

$$\times \left\{p_2(x_{N+G}(T)) - \frac{T_s^4 p_2(x_{N+G}(T_s))}{T^4}\exp\left[-\frac{Q_N+Q_G}{R}\left(\frac{1}{T_s}-\frac{1}{T}\right)\right]\right\}$$

(5-54)

在原解析模型中，为方便处理，所有包含 T_s 的项都被忽略[6]。这里仍保留这些包含 T_s 的项，整理式(5-54)并代入式(2-63)，得

$$f = 1 - \exp\left[-K_0^n \left(\frac{RT^2}{\Phi}\right)^n \exp\left(-\frac{nQ}{RT}\right)\right] \tag{5-55}$$

式中，n 为动力学参数；Q 和 K_0 的具体表达式见表 5-6。此时便得到包含有一般温度积分形式和初始温度的相变动力学修正解析模型。它与原解析模型具有相同的形式，不同之处在于参数 C_s 和 C_c 的表达式。若在当前模型的最终形式中忽略含有 T_s 的项，并令 $q(x)=1$ 和 $p_M(x)=1$，当前模型可退化为原解析模型。也就是说，原解析模型是当前模型的一种特殊情形。

表 5-6 式(5-55)中动力学模型参数具体表达式

参数	混合形核
n	$\dfrac{d}{m}+\dfrac{1}{1+(r_2/r_1)^{-1}}$
Q	$[(d/m)Q_G+(n-d/m)Q_N]/n$
K_0^n	$\dfrac{gv_0^{\frac{d}{m}}}{(d/m+1)^{\frac{1}{1+(r_2/r_1)^{-1}}}}\left(\left[C_s N^*(1+r_2/r_1)\right]^{\frac{1}{1+r_2/r_1}}\left\{C_c N_0\left[1+(r_2/r_1)^{-1}\right]\right\}^{\frac{1}{1+(r_2/r_1)^{-1}}}\right)$
$\dfrac{r_2}{r_1}$	$\dfrac{C_c N_0 \exp(-Q_N/RT)}{[(d/m)+1]C_s N^*}\dfrac{RT^2}{\Phi}$
$C_c(d/m=1)$	$\dfrac{2q(x_G(T))}{Q_G}\left(\left\{q(x_N(T))-q(x_N(T_s))\left(\dfrac{T_s}{T}\right)^2 \exp\left[-\dfrac{Q_N}{R}\left(\dfrac{1}{T_s}-\dfrac{1}{T}\right)\right]\right\}\bigg/Q_N\right.$ $\left.-\left\{p_2(x_{N+G}(T))-p_2(x_{N+G}(T_s))\left(\dfrac{T_s}{T}\right)^4 \exp\left[-\dfrac{Q_N+Q_G}{R}\left(\dfrac{1}{T_s}-\dfrac{1}{T}\right)\right]\right\}\bigg/(Q_N+Q_G)\right)$
$C_s(d/m=1)$	$\left\{q(x_G(T))-q(x_G(T_s))\left(\dfrac{T_s}{T}\right)^2 \exp\left[-\dfrac{Q_G}{R}\left(\dfrac{1}{T_s}-\dfrac{1}{T}\right)\right]\right\}\bigg/Q_G$

5.3.2 模型误差评估

由于温度积分无解析解，一旦使用近似解必然会引入误差，该误差最终会传递到模型计算出的转变分数中。从上述推导过程可发现，新模型虽然也有误差，但要比原解析模型更精确。此外，当前模型的精确性是以复杂程度为代价的。本小节将定量分析不同模型在不同情形下引入的误差。

1. 温度积分的影响

由文献[10]可知，表 5-4 和表 5-5 中不同的温度积分和广义温度积分的精确性是随着 x 的变化而变化的。也就是说，对于特定的 x，总存在一个最优的温度积分和广义温度积分形式。对于给定的相变过程，其转变激活能和相变温度都是确定的，即 x 一定，必然存在一个最优的温度积分和广义温度积分的组合使得计算出的转变分数误差最小。下面将通过数值计算来定量评估不同 x 对应的最优温度积分组合。

假定某一转变的机制为混合形核，三维界面控制生长、晶核随机分布且各向同性生长碰撞模型，通过调节模型参数使得 x 在 5~50 变化(绝大多数非晶合金晶化过程的 x 在该范围内)。由前述数值方法可以给出该转变的转变分数随温度的演化。

由于数值方法足够精确，可利用该数值方法给出的实际转变 f_n 来评估不同解析解 f_a 的误差 ε_r ($\varepsilon_r=100(f_a/f_n-1)$)，具体结果见表 5-7。当前模型的精确性虽与温度积分的精确性有一定关系，但并非直接取决于此。例如，Órfão[10]给出的最精确温度积分并不对应于本文计算出的最优情形。由表 5-7 可知，无论 x 的大小，原解析模型都无法获得足够精确的结果。当前模型可根据不同的温度积分组合给出不同的结果；在不同的 x 条件下均可得到最优组合，进而给出关于转变分数极为精确的解析解，即误差小于 0.001%。例如，当 x 较小时，温度积分采用 Chen 和 Liu[43]的近似形式，广义温度积分采用 Cai 和 Liu[47]的近似形式；当 x 值较大时，温度积分采用 Senum 和 Yang[44]的近似形式，广义温度积分采用 Chen 和 Liu[50]的近似形式。总而言之，当前模型可保证不同情形下解析解的精确性。

表 5-7 不同温度积分组合计算出的转变分数误差

$p_M(x)$	$q(x)$	$\varepsilon_r/\%$							
		$x=5$	$x=7.5$	$x=10$	$x=15$	$x=20$	$x=30$	$x=40$	$x=50$
1	1	*	*	*	*	*	*	4.3	6.6×10^{-1}
Wan 等[46]	Balarin[40]	*	3.3	1.7	6.0×10^{-1}	2.7×10^{-1}	1.5×10^{-1}	1.7×10^{-1}	2.2×10^{-1}
	Cai 等[41]	4.7	1.6	6.1×10^{-1}	1.1×10^{-1}	5.1×10^{-2}	1.2×10^{-1}	2.0×10^{-1}	2.7×10^{-1}

续表

$p_M(x)$	$q(x)$	ε_r /%							
		$x=5$	$x=7.5$	$x=10$	$x=15$	$x=20$	$x=30$	$x=40$	$x=50$
Wan 等[46]	Urbanovici 和 Segal[42]	3.5	1.7	8.9×10^{-1}	3.0×10^{-1}	1.4×10^{-1}	1.0×10^{-1}	1.5×10^{-1}	2.1×10^{-1}
	Chen 和 Liu[43]	3.8	1.7	8.2×10^{-1}	2.6×10^{-1}	1.1×10^{-1}	9.2×10^{-2}	1.4×10^{-1}	2.0×10^{-1}
	Senum 和 Yang[44] I	3.6	1.7	8.3×10^{-1}	2.6×10^{-1}	1.1×10^{-1}	9.3×10^{-2}	1.5×10^{-1}	2.0×10^{-1}
	Zsakó[45]	4.7	1.8	2.8×10^{-1}	-7.5×10^{-1}	-8.2×10^{-1}	-5.4×10^{-1}	-2.9×10^{-1}	-1.1×10^{-1}
	Senum 和 Yang[44] II	3.7	1.7	8.4×10^{-1}	2.6×10^{-1}	1.1×10^{-1}	9.3×10^{-2}	1.5×10^{-1}	2.0×10^{-1}
Cai 和 Liu[47] I	Balarin[40]	*	3.1	1.8	8.1×10^{-1}	4.3×10^{-1}	1.6×10^{-1}	6.7×10^{-2}	3.0×10^{-2}
	Cai 等[41]	3.3	1.4	7.3×10^{-1}	3.3×10^{-1}	2.1×10^{-1}	1.3×10^{-1}	9.7×10^{-2}	8.3×10^{-2}
	Urbanovici 和 Segal[42]	2.2	1.5	1.0	5.1×10^{-1}	2.9×10^{-1}	1.1×10^{-1}	4.6×10^{-2}	1.9×10^{-2}
	Chen 和 Liu[43]	2.4	1.5	9.4×10^{-1}	4.7×10^{-1}	2.6×10^{-1}	1.0×10^{-1}	4.1×10^{-2}	1.6×10^{-2}
	Senum 和 Yang[44] I	2.2	1.4	9.5×10^{-1}	4.8×10^{-1}	2.7×10^{-1}	1.0×10^{-1}	4.2×10^{-2}	1.6×10^{-2}
	Zsakó[45]	3.3	1.6	3.9×10^{-1}	-5.3×10^{-1}	-6.7×10^{-1}	-5.4×10^{-1}	-3.9×10^{-1}	-3.0×10^{-1}
	Senum 和 Yang[44] II	2.3	1.5	9.6×10^{-1}	4.8×10^{-1}	2.7×10^{-1}	1.0×10^{-1}	4.2×10^{-2}	1.6×10^{-2}
Cai 和 Liu[48] II	Balarin[40]	3.8	1.4	4.7×10^{-1}	-1.3×10^{-1}	-2.8×10^{-1}	-3.1×10^{-1}	-2.7×10^{-1}	-2.2×10^{-1}
	Cai 等[41]	8.5×10^{-1}	-3.9×10^{-1}	-6.3×10^{-1}	-6.1×10^{-1}	-5.0×10^{-1}	-3.4×10^{-1}	-2.4×10^{-1}	-1.7×10^{-1}
	Urbanovici 和 Segal[42]	2.7×10^{-1}	-2.6×10^{-1}	-3.5×10^{-1}	-4.3×10^{-1}	-4.2×10^{-1}	-3.5×10^{-1}	-2.9×10^{-1}	-2.4×10^{-1}
	Chen 和 Liu[43]	-2.9×10^{-3}	-3.0×10^{-1}	-4.2×10^{-1}	-4.7×10^{-1}	-4.4×10^{-1}	-3.6×10^{-1}	-2.9×10^{-1}	-2.4×10^{-1}
	Senum 和 Yang[44] I	-1.8×10^{-1}	-3.1×10^{-1}	-4.1×10^{-1}	-4.6×10^{-1}	-4.4×10^{-1}	-3.6×10^{-1}	-2.9×10^{-1}	-2.4×10^{-1}
	Zsakó[45]	9.2×10^{-1}	-1.6×10^{-1}	-9.7×10^{-1}	-1.5	-1.4	-1.0	-7.3×10^{-1}	-5.5×10^{-1}
	Senum 和 Yang[44] II	-7.7×10^{-2}	-2.9×10^{-1}	-4.0×10^{-1}	-4.6×10^{-1}	-4.4×10^{-1}	-3.6×10^{-1}	-2.9×10^{-1}	-2.4×10^{-1}
Cai 等[41] III	Balarin[40]	*	2.9	1.7	7.8×10^{-1}	4.4×10^{-1}	2.0×10^{-1}	1.2×10^{-1}	7.7×10^{-2}
	Cai 等[41]	3.1	1.2	6.0×10^{-1}	3.0×10^{-1}	2.2×10^{-1}	1.7×10^{-1}	1.5×10^{-1}	1.3×10^{-1}
	Urbanovici 和 Segal[42]	2.0	1.3	8.8×10^{-1}	4.8×10^{-1}	3.0×10^{-1}	1.5×10^{-1}	9.6×10^{-2}	6.5×10^{-2}
	Chen 和 Liu[43]	2.3	1.3	8.1×10^{-1}	4.4×10^{-1}	2.8×10^{-1}	1.4×10^{-1}	9.0×10^{-2}	6.2×10^{-2}
	Senum 和 Yang[44] I	2.1	1.3	8.2×10^{-1}	4.4×10^{-1}	2.8×10^{-1}	1.5×10^{-1}	9.1×10^{-2}	6.3×10^{-2}
	Zsakó[45]	3.2	1.4	2.7×10^{-1}	-5.6×10^{-1}	-6.6×10^{-1}	-4.9×10^{-1}	-3.4×10^{-1}	-2.5×10^{-1}
	Senum 和 Yang[44] II	2.2	1.3	8.3×10^{-1}	4.4×10^{-1}	2.8×10^{-1}	1.5×10^{-1}	9.1×10^{-2}	6.3×10^{-2}

续表

$p_M(x)$	$q(x)$	ε_r/%							
		$x=5$	$x=7.5$	$x=10$	$x=15$	$x=20$	$x=30$	$x=40$	$x=50$
Chen 和 Liu[49] I	Balarin[40]	*	2.7	1.6	7.4×10⁻¹	4.2×10⁻¹	1.9×10⁻¹	1.1×10⁻¹	7.9×10⁻²
	Cai 等[41]	2.6	9.5×10⁻¹	4.9×10⁻¹	2.6×10⁻¹	2.0×10⁻¹	1.6×10⁻¹	1.4×10⁻¹	1.3×10⁻¹
	Urbanovici 和 Segal[42]	1.5	1.1	7.7×10⁻¹	4.4×10⁻¹	2.8×10⁻¹	1.5×10⁻¹	9.4×10⁻²	6.7×10⁻²
	Chen 和 Liu[43]	1.8	1.0	7.0×10⁻¹	4.0×10⁻¹	2.6×10⁻¹	1.4×10⁻¹	8.8×10⁻²	6.4×10⁻²
	Senum 和 Yang[44] I	1.6	1.0	7.1×10⁻¹	4.0×10⁻¹	2.6×10⁻¹	1.4×10⁻¹	8.9×10⁻²	6.4×10⁻²
	Zsakó[45]	2.7	1.2	1.6×10⁻¹	−6.0×10⁻¹	−6.7×10⁻¹	−5.0×10⁻¹	−3.5×10⁻¹	−2.5×10⁻¹
	Senum 和 Yang[44] II	1.7	1.1	7.2×10⁻¹	4.1×10⁻¹	2.6×10⁻¹	1.4×10⁻¹	8.9×10⁻²	6.4×10⁻²
Chen 和 Liu[50] II	Balarin[40]	*	3.7	2.0	7.4×10⁻¹	3.5×10⁻¹	1.4×10⁻¹	1.2×10⁻¹	1.4×10⁻¹
	Cai 等[41]	*	2.0	8.9×10⁻¹	2.6×10⁻¹	1.2×10⁻¹	1.1×10⁻¹	1.5×10⁻¹	1.9×10⁻¹
	Urbanovici 和 Segal[42]	4.1	2.1	1.2	4.4×10⁻¹	2.1×10⁻¹	9.4×10⁻²	9.8×10⁻²	1.3×10⁻¹
	Chen 和 Liu[43]	4.4	2.0	1.1	4.0×10⁻¹	1.8×10⁻¹	8.4×10⁻²	9.3×10⁻²	1.2×10⁻¹
	Senum 和 Yang[44] I	4.2	2.0	1.1	4.1×10⁻¹	1.8×10⁻¹	8.5×10⁻²	9.4×10⁻²	1.2×10⁻¹
	Zsakó[45]	*	2.2	5.5×10⁻¹	−6.0×10⁻¹	−7.5×10⁻¹	−5.5×10⁻¹	−3.4×10⁻¹	−1.9×10⁻¹
	Senum 和 Yang[44] II	4.3	2.1	1.1	4.1×10⁻¹	1.9×10⁻¹	8.5×10⁻²	9.3×10⁻²	1.2×10⁻¹
Chen 和 Liu[50] III	Balarin[40]	*	2.9	1.7	7.6×10⁻¹	4.2×10⁻¹	1.8×10⁻¹	1.0×10⁻¹	7.3×10⁻²
	Cai 等[41]	2.7	1.1	5.8×10⁻¹	2.8×10⁻¹	1.9×10⁻¹	1.5×10⁻¹	1.3×10⁻¹	1.3×10⁻¹
	Urbanovici 和 Segal[42]	1.6	1.2	8.6×10⁻¹	4.6×10⁻¹	2.8×10⁻¹	1.3×10⁻¹	8.2×10⁻²	6.2×10⁻²
	Chen 和 Liu[43]	1.9	1.2	7.9×10⁻¹	4.2×10⁻¹	2.5×10⁻¹	1.2×10⁻¹	7.7×10⁻²	5.9×10⁻²
	Senum 和 Yang[44] I	1.7	1.2	8.0×10⁻¹	4.3×10⁻¹	2.6×10⁻¹	1.2×10⁻¹	7.7×10⁻²	5.9×10⁻²
	Zsakó[45]	2.8	1.3	2.4×10⁻¹	−5.8×10⁻¹	−6.8×10⁻¹	−5.1×10⁻¹	−3.6×10⁻¹	−2.5×10⁻¹
	Senum 和 Yang[44] II	1.8	1.2	8.1×10⁻¹	4.3×10⁻¹	2.6×10⁻¹	1.2×10⁻¹	7.7×10⁻²	5.9×10⁻²

注：*表示相对误差大于5%，Ⅰ~Ⅲ表示数值处理方法类型。

2. 初始温度的影响

前文的结果表明，不同温度积分近似得到转变分数的精确程度是不同的。本部分将通过固定温度积分和广义温度积分的形式，来研究初始温度对模型精确性的影响。根据表5-8中模型参数，利用数值方法模拟和解析模型均可给出一个相变过程中转变分数随温度的演化关系。解析结果以两种形式给出：一是考虑了初始温度 T_s，二是忽略 T_s。对应于不同的 T_s，解析方法和数值方法的计算结果如

图 5-8 所示。由图 5-8 可知，忽略 T_s 的模型预测结果同数值计算结果有较大的偏离，且随着 T_s 的增大预测结果偏离越明显。相比之下，尽管在 T_s 很大的情况下，当前模型仍可给出很好描述。根据图 5-8 可进一步得出，对于同一 T_s，随着加热速率增大，忽略 T_s 的模型给出的预测结果逐渐接近数值计算结果。这说明随加热速率增大，T_s 的效应越来越弱。

表 5-8 考虑初始温度影响的数值计算模型参数

d/m	N^*/m^{-3}	$N_0/(m^3 \cdot s)^{-1}$	$Q_N/(kJ/mol)$	$Q_G/(kJ/mol)$	$v_0/(m/s)$	$\Phi/(K/min)$
3	1×10^{12}	1×10^{20}	200	300	1×10^8	5、10、20、40

解析模型的优点在于明确给出了相变动力学参数随转变分数的演化过程。针对图 5-8(c)中的转变，根据不同的模型都可获得这些参数，图 5-9 为 Avrami 指数和总有效激活能随转变分数的演化。由图 5-9 可知，忽略 T_s 的模型和当前

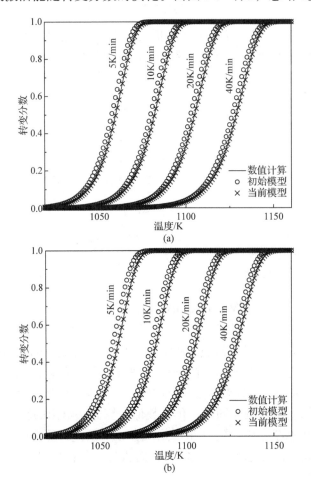

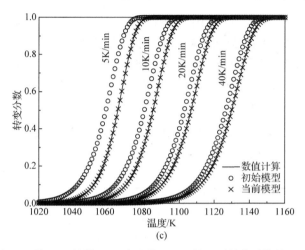

图 5-8 忽略 T_s 的模型(初始模型)和当前模型预测结果同数值计算结果(实线)的对比

(a) T_s=900K；(b) T_s=950K；(c) T_s=1000K

模型给出的动力学参数有较大差异。解析模型的结果是根据动力学参数数值获得的，只有温度积分足够精确才能得到精确的模型预测结果。因此，根据图 5-8 可以判断在图 5-9 中当前模型给出的动力学参数更为可靠。

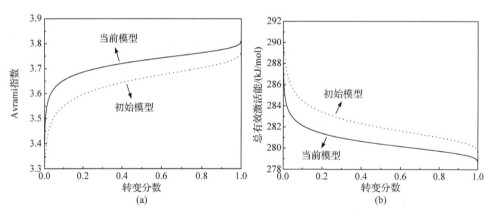

图 5-9 忽略 T_s 的模型和当前模型计算结果的比较

(a) Avrami 指数；(b) 总有效激活能

可见，当 T_s 的效应越来越弱，忽略 T_s 对模型预测结果的影响也越来越小，当这一影响小到足以忽略时，可优先使用形式更为简单的初始模型来描述相变过程。接下来，仍采用数值计算方法来评估形式较为复杂的当前模型和形式较为简洁的初始模型的适用范围。同理，仍将数值计算方法给出的转变分数作为精确值，不同模型预测的误差 ε_r 随 T_s 的变化可如前文所述计算得到。经数值计算可知，当前模型引入的误差总是小于 0.5%，而忽略 T_s 的模型引入的误差则随 T_x-T_s

增大而降低(T_x 表示转变开始温度, 设为 f=0.01 对应的温度)。本小节提出如下判据:当忽略 T_s 的模型引入的误差足够小时(小于 0.5%), 当前模型和忽略 T_s 的模型给出的解析结果差别不大, 因此优先采用简单的初始模型; 当忽略 T_s 的模型引入的误差大于 0.5%时, 为了精确描述相变过程, 需采用当前模型。按照上述逻辑, 对一系列具有不同 T_x 和 Q 的转变进行了评估, 其结果如图 5-10 所示。由图可知, 减小 Q 和增大 T_x 都会增大 T_x-T_s 的最小值。也就是说, 在转变开始温度较高, 转变激活能较小的情形下, T_s 效应变得越来越强烈而不能忽略。图 5-10 可以为模型选择提供指导: 若 T_x-T_s 足够大(在图中实线上方), 可采用忽略 T_s 的初始模型; 若 T_x-T_s 落在图中实线下方, 则必须采用当前模型。

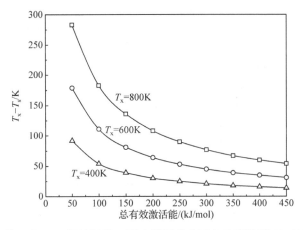

图 5-10 当 T_x 和 Q 一定时忽略 T_s 引入的误差小于 0.5%所容许 T_x-T_s 的最小值

5.3.3 模型应用于 Ti$_{50}$Cu$_{42}$Ni$_8$ 非晶合金的晶化

针对某一相变过程, 要先确定 T_s 的大小。如前文所述, 针对单峰转变, T_s 就是实验设定的加热起始温度, 一般为室温。对于多峰转变, 则需要对不同情形加以区别, T_s 的选择取决于各个峰对应的转变属于并行反应还是串行反应。并行反应是指多峰对应的母相是同一相, 此时不同峰的 T_s 都等于加热起始温度; 串行反应是指后续峰对应的母相是前一个峰的产物, 此时后续峰的 T_s 就等于前一个峰的结束温度[52]。

若两个峰对应的转变之间关系不明确, 可通过如下方法来获得 T_s:①假定二者是串行发生的相变。②将第二个转变的 T_s 作为拟合参数, 并将第一个转变结束温度作为初值赋予 T_s。③拟合结果给出一个新的 T_s, 若它远小于 T_s 的初值, 则说明第 1 步中的假设错误, 二者是并行反应, T_s 等于第一个峰的初始温度; 若它接近第一个峰的结束温度, 则可认为第 1 步中的假设正确, 二者是串行反应。

下面以 Ti$_{50}$Cu$_{42}$Ni$_8$ 非晶合金的晶化过程为例来说明当前模型的实际应用。关

于 $Ti_{50}Cu_{42}Ni_8$ 非晶条带的制备过程、DSC 实验及后续处理，在文献[53]中已经详细给出，此处不再赘述。分别在 2.5K/min、5K/min、10K/min、20K/min 和 40K/min 的速率下用 DSC 对该合金的等时晶化动力学进行研究。一般情况下，Ti 基非晶合金的晶化过程都属于串行多峰转变，具有两个或三个峰[54-56]。从图 5-11 中可看出，该合金的晶化过程具有两个完全分开的晶化峰，可以认为第二个转变的初始温度为第一个转变的结束温度。计算发现，对于第二个转变，$T_x-T_s<10K$[53]，该反应的激活能大约在 280kJ/mol。对照图 5-10 可知，在描述第二个峰的相变动力学时，初始温度不可忽略，故需用当前模型来描述相变。

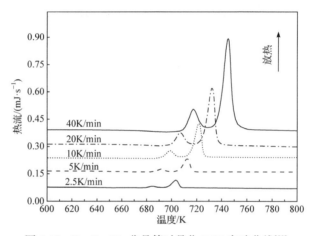

图 5-11　$Ti_{50}Cu_{42}Ni_8$ 非晶等时晶化 DSC 实验曲线[53]

按照文献[53]的方法可确定 $Ti_{50}Cu_{42}Ni_8$ 非晶合金等时晶化的转变速率和转变分数曲线，如图 5-12 所示[53]。根据 4.7 节中的转变速率最大值分析方法，可以初

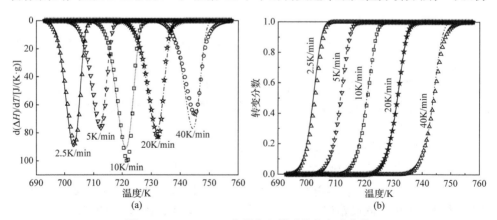

图 5-12　$Ti_{50}Cu_{42}Ni_8$ 非晶合金等时晶化实验曲线
(a) 热焓改变率随温度的演化关系；(b) 转变分数随温度的演化关系
符号为测量结果，曲线为模型预测结果

步判断该相变的碰撞模型为晶核随机分布且各向同性生长。据此，可用当前模型对图 5-12 中的五条实验曲线同时进行拟合，得到最优的拟合参数见表 5-9。最优的拟合参数同样在图 5-12 中给出，可见，模型预测的转变速率同实验测量吻合得非常好。此外，根据表 5-9 可知，拟合给出的 T_s 同第一个峰的结束温度非常接近。这也说明这两个峰对应的相变确实为串行反应。

表 5-9 采用新模型拟合 $Ti_{50}Cu_{42}Ni_8$ 第二个晶化峰所得拟合参数

d/m	N^*/m^{-3}	$N_0/(m^3 \cdot s)^{-1}$	Q_N/(kJ/mol)	Q_G/(kJ/mol)	v_0/(m/s)	Φ/(K/min)	T_s/K
3	6.19×10^{18}	9.04×10^{34}	223	288	2.45×10^{14}	2.5	693.5
						5	701.5
						10	709.3
						20	719.6
						40	734.3

如果用 KJMA 模型对每一个速率下的 DSC 曲线分别进行拟合，可以得到每条曲线所对应的动力学参数。分析发现，在加热速率较低时(如 Φ=2.5～20K/min)，转变的形核机制可认为是连续形核(n≈4)，当加热速率较高时(如 Φ=40K/min)，转变的形核机制可认为是位置饱和形核(n≈3)。上述现象表明，对于相同初始状态的非晶合金，仅仅通过改变加热速率就会改变其形核机制。事实上，形核机制取决于试样初始状态而与加热速率无关。因此，用 KJMA 模型描述这一过程是不合理的。将表 5-9 中的拟合参数同表 5-6 中 n 和 Q 的表达式结合，便可得到 n 和 Q 随转变分数的演化关系，如图 5-13 所示。由图 5-13(a)可知，n 随转变进行而逐渐增大说明形核机制为混合形核，n 的变化范围说明相变的生长机制为界面控制生长。由图 5-13(b)可知，Q 随转变分数的变化不是很明显。Q 的变化幅度取决于形核激活能和生长激活能的相对贡献，可见，该相变的形核激活能和生长激活能差别比较小(表 5-9)，因此 Q 的变化也很小。

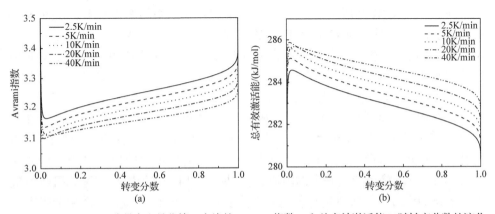

图 5-13 $Ti_{50}Cu_{42}Ni_8$ 非晶合金晶化第二个峰的 Avrami 指数(a)和总有效激活能(b)随转变分数的演化

文献中关于 Ti 基非晶晶化的 DSC 曲线一般可分为两类：一是主峰之后存在 1~2 个弱的晶化峰；二是在主峰之前有一个弱峰。对于第一种情形，主峰对应于共析反应，随后的弱峰对应于分解反应或多晶型转变[56,57]；对于第二种情形，第一个峰对应于先共晶反应的析出，随后的主峰对应于共晶反应[56]。根据 DSC 曲线可知，$Ti_{50}Cu_{42}Ni_8$ 非晶的晶化机制属于第二种情形，即第一个峰对应于扩散控制的先共晶析出，第二个峰是界面控制的共晶晶化。这一结果同文献[53]和本小节得出的 Avrami 指数吻合较好。由于形核和生长过程都受原子扩散制约，形核和生长激活能同原子的扩散激活能应该相差不大。与纯金属中自扩散激活能相比（β-Ti 自扩散激活能为 251kJ/mol，Cu 自扩散激活能为 200kJ/mol，Ni 自扩散激活能为 280kJ/mol[58]），本小节得到的形核激活能和生长激活能(表 5-9)在合理范围内。同文献对比可知，本小节得到的其他模型参数也都在合理范围内[8,24,25,59-62]。

5.4　各向异性效应下的固态相变模型

尽管借助碰撞因子 ξ 和 ε，模块化解析模型能够利用 2.7.3 小节所述的碰撞模型来描述真实转变分数 f 和扩展转变分数 x_e 的关系，以求更好地吻合实际过程，其具体物理本质不甚清晰。本节考虑随机取向各向异性颗粒生长过程中遭受的阻碍效应，立足于经典 KJMA 模型对形核和生长过程的统计学处理，旨在构建一个简便又不失物理意义的、各向异性效应下的固态相变动力学解析模型[63]。

5.4.1　随机取向各向异性颗粒的阻碍效应

随机取向各向异性生长情形下的固态相变动力学理论描述要远比各向同性生长情形下的复杂。正如 2.7.1 小节所述，KJMA 模型的原始推导依赖于计算空间中任意一点 O(作为原点)在给定时间 t 时刻内仍未被转变的概率。如图 5-14 所示，假设在 τ 时刻与 O 点相距 r 的 A 点处形成了一个晶核，并以恒定速率 v(假设为界面控制生长)朝着 O 点的方向生长。对于各向同性生长来讲，τ 时刻之后的某个时刻 $t(t > \tau)$，如果 $(t-\tau)v > r$，那么原点 O 一定已经被转变。然而，对于随机取向各向异性生长来讲，即使满足 $(t-\tau)v > r$，原点 O 在此时刻也有可能尚未被转变。这是因为与 A 点相邻近的某点处可能还存在另一个各向异性颗粒(称为"阻拦者(blocker)")，它长大到 O 点的时刻要大于 A 点处的颗粒(称为"侵略者(aggressor)")，由于阻拦者沿某个位向的生长比较快，可能对侵略者长大到 O 点的路径产生一定的阻碍，参见图 5-14。这个影响被称为阻碍效应(blocking effect)[64]，将对构建各向异性生长情形下的转变动力学模型带来巨大挑战。

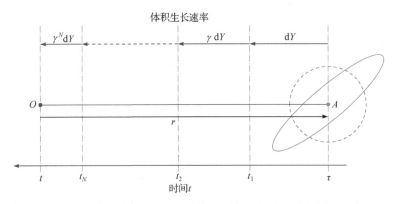

图 5-14 颗粒各向异性生长转化为各向同性生长遭遇多级阻碍示意图

针对上述阻碍效应的处理方法主要有如下两种思路。一种正如本章所提及的，通过引入一个或多个新的参量对 KJMA 模型进行唯象扩展，这些参量可以提供额外的自由度来改善理论模型同实际过程的偏离，解析模型就是其中的一个典型例子。这种处理仅仅改变 f 和 x_e 的关系，而不改变 x_e 本身。x_e 的计算过程仍遵循经典各向同性生长的处理方法。Starink[65]和 Kooi[12]分别对解析模型用到的唯象扩展和计算机模拟进行了比较，发现在转变前期唯象模型非常有效，然而在相变后期产生了严重的偏离。可见，这种处理方法并不是总能给出合理真实的描述。另一种处理方法则是从阻碍效应的物理本质出发，致力于推导包含真实物理参量(如生长速率各向异性度 g_r 和位向 ϕ 等)的解析动力学描述。例如，Weinberg 和 Birnie III [64,66-74]发展了恒定生长速率条件下椭圆形颗粒各向异性生长的概率解析模型，不过模型相当复杂且仅局限在一维情况和二维位置饱和情况。其他相关的研究几乎全部集中在几何或蒙特卡罗等计算机模拟手段[12,13,25,75,76]。

类似于 KJMA 模型的推导，考虑极端形核方式(位置饱和形核与连续形核)、随机分布、随机取向各向异性颗粒及恒定生长速率，Weinberg 和 Birnie III [66]得到了忽略上述阻碍效应条件下的转变动力学模型。该模型将 KJMA 模型推广到了针对任意形状的新相颗粒，并且通过严密证明，在忽略阻碍效应的情形下，颗粒的位向分布不会影响其转变动力学，即转变分数仅同新相各向异性颗粒的体积有关，而与它的位向无关。因此，此种情形下，在 τ 时刻形核的一个随机取向各向异性颗粒在 t 时刻将要转变 O 点的概率仍可基于式(2-61)写成如下形式：

$$dx_e = \dot{N}(\tau)d\tau Y(\tau,t) \tag{5-56}$$

式中，$Y(\tau,t)$ 为 τ 时刻形核的各向异性颗粒在 t 时刻的体积。

为考虑上述阻碍效应，引入一个未阻碍概率 P_{NB}[67-74]。因此，τ 时刻形核的一个侵略者初始未被其他颗粒干扰且随后能够长大到 O 点的概率(定义为新扩展转变分数 x_{en} 的增量 dx_{en})可以表示为这两个概率 dx_e 和 P_{NB} 的乘积[69]：

$$dx_{en} = P_{NB}dx_e \tag{5-57a}$$

类似于原点 O 未被转变的概率，P_{NB} 的推导依赖于某个阻拦者干扰这个侵略者生长的概率。考虑到阻拦者的形核时刻、位置、取向及是否对侵略者产生阻碍(是否会有其他阻拦者干扰这个阻拦者)，P_{NB} 将会是一个非常复杂的函数[67-74]。为简化，引入一个仅同时间相关的函数 $S(t)$ 来近似合理地取代 P_{NB}。于是，式(5-57a)变为[63]

$$dx_{en} = S(t)dx_e(t) \tag{5-57b}$$

式中，$S(t)$ 为所有未阻碍概率因素在取向、时间和位置上的平均效应。

当 $t=0$ 时，$S(t)=1$。颗粒各向异性生长产生的阻碍效应往往会导致相变过程的迟滞，$S(t)$ 应该是时间 t 的衰减函数。本节相关研究的目的就是推导得到 $S(t)$ 的解析表达式。

5.4.2 各向异性的统计学原理

正如 5.4.1 小节所讲，对于随机取向各向异性颗粒，如果忽略颗粒间的阻碍效应，KJMA 模型仍然成立，其转变分数仅取决于颗粒的体积，与颗粒的生长取向无关。因此，如果没有遭受其他颗粒的干扰，一个正在生长的各向异性颗粒可以被等效为具有相同体积的各向同性颗粒。其中，各向同性生长的速率方程 $v=v_0\exp[-Q_G/(RT)]$ 仅表示各向异性生长在所有位向上的平均速率。上述等效处理的优势在于可以规避生长速率各向异性和随机位向给建模过程带来的复杂性。因此，研究颗粒各向异性生长的问题就转化为研究各向同性颗粒遭遇一次或多次阻碍的问题。

基于上述原则，颗粒各向异性生长引起阻碍效应的统计学分析可以描述如下。如图 5-14 所示，一个在 τ 时刻形核并以 dY 体积增量向母相中任一点(O 点)生长的各向异性颗粒(侵略者)，被等效为同体积的各向同性颗粒。随相变进行，该颗粒将逐次在 t_1 时刻遭遇到第 1 次阻碍，在 t_2 时刻遭遇到第 2 次阻碍，直到在 t_N 时刻遭受第 N 次阻碍之后，在 t 时刻成功到达 O 点，其中 $\tau<t_1<t_2<\cdots<t_N<t$。在每次遭受阻碍后，等效各向同性颗粒的体积增量减小为上次阻碍后体积增量的 γ 倍(γ 被定义为未阻碍因子)。例如，在第 1 次阻碍发生之后其体积增量变为 γdY，第 2 次之后变为 $\gamma^2 dY$，以及第 N 次之后变为 $\gamma^N dY$。其中，为简便起见，γ 被假设为常数($0<\gamma<1$)，即假设每一次阻碍对平均体积增量的影响是相同的。

将一个颗粒仅遭遇 N 次阻碍的概率函数定义为 $p_N(t)$。特殊地，$p_0(t)$ 指该颗粒未遭受阻碍的概率。该颗粒在到达 O 点之前遭遇阻碍效应的总概率应该为其遭遇 1 次、2 次、$\cdots$、N 次阻碍的概率之和，即 $p_1(t)+p_2(t)+\cdots+p_N(t)$(假设没有发生大于 N 次的阻碍)。因此，一个颗粒在长大到 O 点的过程中遭遇阻碍和未被阻碍这两个事件为互补概率事件，其概率函数应该满足：

$$p_1(t) + p_2(t) + \cdots + p_N(t) = 1 - p_0(t) \tag{5-58}$$

接着，在 τ 时刻形核的一个颗粒，在经历 N 次阻碍(没有更高次的阻碍)后恰好在 t 时刻长大到 O 点的概率可以表示为

$$\mathrm{d}x_{\mathrm{en}} = p_0(t)\mathrm{d}x_{\mathrm{e}} + p_1(t)\gamma\mathrm{d}x_{\mathrm{e}} + p_2(t)\gamma^2\mathrm{d}x_{\mathrm{e}} + \cdots + p_N(t)\gamma^N\mathrm{d}x_{\mathrm{e}} \tag{5-59}$$

需要指出的是，式(5-59)表示不同程度的各向异性阻碍效应对扩展转变分数增量的贡献，暗示着相变过程中的各向异性效应不仅取决于未阻碍因子 γ，还取决于颗粒转变 O 点之前遭遇的阻碍次数。比较式(5-59)和式(5-57)可以得到一个同时间相关的未阻碍概率函数 $S(t)$：

$$S(t) = \sum_{i=0}^{N} \gamma^i p_i(t) \tag{5-60}$$

根据 KJMA 模型的统计学推导，即式(2-57)和式(2-58)，原点 O 在 t 时刻内仍未被转变的概率为

$$q(t) = \exp\left(-\int_0^t S(t')\mathrm{d}x_{\mathrm{e}}(t')\right) \tag{5-61}$$

式中，$x_{\mathrm{e}}(t')$ 为忽略阻碍效应后，等效各向同性颗粒的 KJMA 类扩展转变分数。

根据式(5-61)，转变分数 f 等于 $1-q(t)$。值得注意的是，上述模型推导过程，同 KJMA 模型的推导过程一样，暗含如下假设：晶核在无限母相内是随机分布的。在 5.4.3～5.4.5 小节中，针对颗粒在转变 O 点之前经历无穷多次阻碍、1 次阻碍、k 次阻碍，依次推导上述概率函数 $p_N(t)$ 和 $S(t)$ 的解析表达式。

5.4.3 无穷多次阻碍下的模型推导

1. 概率函数 $p_N(t)$ 的推导

就颗粒遭遇无穷多次阻碍而言，阻碍次数 N 趋近于无穷大。正如 5.4.1 小节所述，各向异性颗粒被等效为各向同性颗粒，研究各向异性生长的问题就是研究等效各向同性颗粒遭遇多次阻碍的问题，而阻碍效应仅作用在等效各向同性颗粒的扩展转变分数 x_{e} 之上。因此，$S(t)$ 可以写作 $S(x_{\mathrm{e}}(t))$，即未阻碍概率因素 S 仅是 x_{e} 的函数。一个各向异性颗粒(侵略者)在 t 时刻转变 O 点的概率可以重新写作：

$$\mathrm{d}x_{\mathrm{en}} = S(x_{\mathrm{e}}(t'))\mathrm{d}x_{\mathrm{e}}(t') \tag{5-62}$$

如果任意一个阻拦者在 t 时刻能够阻碍这个侵略者的概率与上述概率完全相同(同样可以用式(5-62)来表示)，那么一个颗粒直到 t 时刻都未受阻碍的概率 $p_0(t)$ 可以表示为

$$p_0(t) = \exp\left(-\int_0^{x_e} S(x'_e) dx'_e\right) \tag{5-63}$$

按照颗粒逐次遭遇阻碍的基本统计处理原则，如图 5-14 所示，假设在时间区间$[\tau, \tau+d\tau]$形核的任意一个侵略者，在$\tau \sim t_1$时没有遭受阻碍，而恰在$[t_1, t_1+dt_1]$极短时间遭遇 1 次阻碍，随后没有遭遇其他多次阻碍，直到 t 时刻长大到 O 点。从时间尺度上来看，这一事件事实上在颗粒形核之后包含 3 个分步事件，即$[\tau, t_1]$未受阻碍、$[t_1, t_1+dt_1]$遭遇 1 次阻碍，以及$[t_1, t]$未遭遇阻碍直接长大到 O 点。因此，假设过程的总概率可以描述为上述 3 个分步事件概率的乘积，如下所示：

$$p_1(t)dt_1 = \exp\left(-\int_0^{t_1} S(t')dx_e(t')\right) S(t_1)dx_e(t_1) \times \exp\left(-\int_{t_1}^t S(t')dx_e(t')\right) \tag{5-64}$$

对式(5-64)进行积分，可以直接求得侵略者在 t 时刻转变 O 点之前仅遭遇 1 次阻碍的概率 $p_1(t)$，其结果为

$$p_1(t) = \int_0^t \left\{ \exp\left[-\int_0^{t_1} S(t')dx_e(t')\right] S(t_1)dx_e(t_1) \times \exp\left[-\int_{t_1}^t S(t')dx_e(t')\right] \right\} \tag{5-65}$$

对式(5-65)进行整理并简化可得

$$p_1(t) = \left(\int_0^{x_e} S(x'_e)dx'_e\right) \exp\left(-\int_0^{x_e} S(x'_e)dx'_e\right) \tag{5-66}$$

同理可得，侵略者在 t 时刻转变 O 点之前仅遭遇 2 次阻碍的概率 $p_2(t)$为

$$p_2(t) = \int_0^t \left[\left(\int_0^{t_2} S(t')dx_e(t')\right) \exp\left(-\int_0^{t_2} S(t')dx_e(t')\right)\right.$$
$$\left. \cdot S(t_2)dx_e(t_2) \exp\left(-\int_{t_2}^t S(t')dx_e(t')\right)\right] \tag{5-67}$$

对式(5-67)进行整理并简化可得

$$p_2(t) = \frac{1}{2}\left(\int_0^{x_e} S(x'_e)dx'_e\right)^2 \exp\left(-\int_0^{x_e} S(x'_e)dx'_e\right) \tag{5-68}$$

按照上述推导逻辑，侵略者在 t 时刻转变 O 点之前遭遇 N 次阻碍的概率 $p_N(t)$可以表示为

$$p_N(t) = \frac{1}{N!}\left(\int_0^{x_e} S(x'_e)dx'_e\right)^N \exp\left(-\int_0^{x_e} S(x'_e)dx'_e\right) \tag{5-69}$$

从式(5-69)可以明显看出，概率函数 $p_N(t)$服从泊松分布。如果 N 趋近于无穷大，那么上述所有遭遇阻碍的事件总概率满足：

$$\sum_{N=0}^{\infty} P_N(t) = 1 \tag{5-70}$$

2. 未阻碍概率函数 $S(t)$ 和转变分数 f 的推导

将式(5-69)代入式(5-60)，根据 N 趋近于无穷大，可得

$$\begin{aligned} S(x_e(t)) &= \sum_{N=0}^{\infty} \gamma^N p_N(t) \\ &= \sum_{N=0}^{\infty} \frac{1}{N!} \left(\gamma \int_0^t S(x_e(\tau)) \mathrm{d} x_e(\tau) \right)^N \exp\left(-\int_0^t S(x_e(\tau)) \mathrm{d} x_e(\tau) \right) \end{aligned} \tag{5-71}$$

注意式(5-71)中的加和项为指数函数的泰勒级数展开，形式如下：

$$\sum_{N=0}^{\infty} \frac{1}{N!} (\lambda t)^N = \exp(\lambda t) \tag{5-72}$$

因此，式(5-71)可以重新写作：

$$S(x_e(t)) = \exp\left[-\int_0^1 (1-\gamma) S(x_e(\tau)) \mathrm{d} x_e(\tau) \right] \tag{5-73}$$

将式(5-62)代入式(5-73)，整理可得一个关于 x_{en} 和 x_e 的常微分方程：

$$\frac{\mathrm{d} x_{en}}{\mathrm{d} x_e} = \exp\left[-(1-\gamma) x_{en} \right] \tag{5-74}$$

首先，对上述常微分方程进行求解，可得

$$x_{en} = \frac{1}{1-\gamma} \ln\left[1 + (1-\gamma) x_e \right] \tag{5-75}$$

其次，对式(5-75)求导，可以得到 $S(x_e)$ 的表达式如下所示：

$$S(x_e) = \frac{1}{1 + (1-\gamma) x_e} \tag{5-76}$$

最后，根据式(5-61)，针对一个各向异性颗粒转变 O 点过程中遭遇无穷多次阻碍的情形，其真实转变分数 f 可以描述为[63]

$$f = 1 - \exp(-x_{en}) = 1 - \left[1 + (1-\gamma) x_e \right]^{\frac{1}{1-\gamma}} \tag{5-77}$$

值得注意的是，式(5-77)与固态相变动力学解析模型中各向异性生长引起的唯象碰撞方程 $f = 1 - \left[1 + (\xi-1) x_e \right]^{-1/(\xi-1)}$ （见 2.7.3 小节）完全一致，只不过碰撞因子 $\xi = 2 - \gamma$ $(0 < \gamma < 1)$。然而，γ 在本节中有明确的物理意义，表示每一次阻碍效应后颗粒平均体积增量中未被阻碍的那一部分，称之为未阻碍因子，见 5.4.1

小节。这强烈暗示着解析模型中对各向异性生长碰撞的唯象处理仅对应于各向异性颗粒遭遇无穷多次阻碍这一极端情况。

5.4.4　1 次阻碍下的模型推导

如果一个各向异性颗粒仅仅遭遇 1 次阻碍,而没有任何其他高次阻碍,那么根据式(5-58),该颗粒长大到 O 点过程中未遭遇阻碍和仅遭遇 1 次阻碍是两个互补事件,其概率 $p_0(t)$ 和 $p_1(t)$ 应该满足:

$$p_0(t) + p_1(t) = 1 \tag{5-78}$$

根据式(5-59),一个颗粒在 t 时刻转变 O 点的概率则为

$$\mathrm{d}x_{\mathrm{en}} = S(x_{\mathrm{e}})\mathrm{d}x_{\mathrm{e}} = p_0(t)\mathrm{d}x_{\mathrm{e}} + p_1(t)\gamma\mathrm{d}x_{\mathrm{e}} \tag{5-79}$$

式中,概率函数 $p_0(t)$ 仍由式(5-63)确定,将其代入式(5-78)可得 $p_1(t)$:

$$p_1(t) = 1 - p_0(t) = 1 - \exp\left(-\int_0^{x_{\mathrm{e}}} S(x'_{\mathrm{e}})\mathrm{d}x'_{\mathrm{e}}\right)$$

得到 $p_0(t)$ 和 $p_1(t)$ 后,根据式(5-79),可以得到未阻碍概率函数 $S(x_{\mathrm{e}})$:

$$S(x_{\mathrm{e}}) = \exp\left(-\int_0^{x_{\mathrm{e}}} S(x'_{\mathrm{e}})\mathrm{d}x'_{\mathrm{e}}\right) + \gamma\left[1 - \exp\left(-\int_0^{x_{\mathrm{e}}} S(x'_{\mathrm{e}})\mathrm{d}x'_{\mathrm{e}}\right)\right] \tag{5-80}$$

由于 $S(x_{\mathrm{e}}) = \mathrm{d}x_{\mathrm{en}}/\mathrm{d}x_{\mathrm{e}}$,$x_{\mathrm{en}} = \int_0^{x_{\mathrm{e}}} S(x'_{\mathrm{e}})\mathrm{d}x'_{\mathrm{e}}$,式(5-80)仍然是关于 x_{en} 和 x_{e} 的一个常微分方程,其解析解可以表示为

$$x_{\mathrm{en}} = \ln\frac{\gamma - 1 + \exp(\gamma x_{\mathrm{e}})}{\gamma} \tag{5-81}$$

与此同时,对式(5-81)求导便可得到 $S(x_{\mathrm{e}})$ 的解析表达式:

$$S(x_{\mathrm{e}}) = \frac{\gamma\exp(\gamma x_{\mathrm{e}})}{\gamma - 1 + \exp(\gamma x_{\mathrm{e}})} \tag{5-82}$$

根据式(5-61),针对一个各向异性颗粒转变 O 点过程中仅仅遭遇 1 次阻碍的情形,其真实转变分数 f 可以描述为[63]

$$f = 1 - \exp(-x_{\mathrm{en}}) = 1 - \frac{\gamma}{\gamma - 1 + \exp(\gamma x_{\mathrm{e}})} \tag{5-83}$$

5.4.5　k 次阻碍下的模型推导

同理,如果一个各向异性颗粒仅遭遇 k 次阻碍,而没有任何其他高次阻碍,那么根据式(5-58),该颗粒长大到 O 点过程中未遭遇阻碍这一事件,同遭遇 1 次阻碍、2 次阻碍、$\cdots$、k 次阻碍这 k 个事件为互补事件,其概率 $p_0(t)$,$p_1(t)$,

$p_2(t),\cdots,p_k(t)$ 应该满足：

$$\sum_{i=0}^{k} p_i(t) = 1 \tag{5-84}$$

其中，前 $k-1$ 次阻碍的概率均满足：

$$p_i(t) = \frac{1}{i!}\left(\int_0^{x_e} S(x'_e)\mathrm{d}x'_e\right)^i \exp\left(-\int_0^{x_e} S(x'_e)\mathrm{d}x'_e\right), \quad i=0,1,\cdots,k-1 \tag{5-85}$$

第 k 次阻碍的概率应该根据式(5-84)和式(5-85)计算得

$$p_k(t) = 1 - \sum_{i=0}^{k-1} \frac{1}{i!}\left(\int_0^{x_e} S(x'_e)\mathrm{d}x'_e\right)^i \exp\left(-\int_0^{x_e} S(x'_e)\mathrm{d}x'_e\right) \tag{5-86}$$

根据式(5-60)、式(5-85)和式(5-86)，结合 $S(x_e) = \mathrm{d}x_{en}/\mathrm{d}x_e$、$x_{en} = \int_0^{x_e} S(x'_e)\mathrm{d}x'_e$，可以得到一个如下关于 x_{en} 和 x_e 的常微分方程：

$$\frac{\mathrm{d}x_{en}}{\mathrm{d}x_e} = \gamma^k + \sum_{i=0}^{k-1} \frac{1}{i!}(x_{en})^i \exp(-x_{en})\left(\gamma^i - \gamma^k\right) \tag{5-87}$$

由于式(5-87)为非线性常微分方程，不存在解析解，其求解需要借助数值分析的方法。将式(5-87)转化为自变量为 t 的常微分方程，如下所示：

$$\frac{\mathrm{d}x_{en}}{\mathrm{d}t} = \frac{\mathrm{d}x_{en}}{\mathrm{d}x_e}\frac{\mathrm{d}x_e}{\mathrm{d}t} = \left[\gamma^k + \sum_{i=0}^{k-1} \frac{1}{i!}(x_{en})^i \exp(-x_{en})\left(\gamma^i - \gamma^k\right)\right]\frac{\mathrm{d}x_e}{\mathrm{d}t} \tag{5-88}$$

式中，等效各向同性颗粒的扩展转变分数对时间的导数 $\mathrm{d}x_e/\mathrm{d}t$，可以根据相关的动力学解析模型求解得到。针对等温相变，其结果如下[63]。

对于位置饱和形核：

$$\frac{\mathrm{d}x_e}{\mathrm{d}t} = \frac{d}{m}gN^*\left[v_0 \exp\left(-\frac{Q_G}{RT}\right)\right]^{d/m} t^{\frac{d}{m}-1} \tag{5-89}$$

对于连续形核：

$$\frac{\mathrm{d}x_e}{\mathrm{d}t} = gN_0 \exp\left(-\frac{Q_N}{RT}\right)\left[v_0 \exp\left(-\frac{Q_G}{RT}\right)\right]^{d/m} t^{\frac{d}{m}} \tag{5-90}$$

由于混合形核是位置饱和形核和连续形核的叠加，其 $\mathrm{d}x_e/\mathrm{d}t$ 可以直接由式(5-89)和式(5-90)的线性加和计算得到。式(5-88)的数值求解使用经典的四阶龙格-库塔方法及 MATLAB 中的内嵌函数 ODE45，其初值调节为当 $t=0$ 时，$x_{en}=0$。针对一个各向异性颗粒转变 O 点过程中仅仅遭遇 k 次阻碍的情形，其真实转变分数 f 可以将上述数值计算得到的 $x_{en}(t)$ 代入 $f=1-\exp(-x_{en}(t))$ 中得到。

5.4.6 模型展示

如 5.4.2 小节所述，当前模型对随机取向各向异性颗粒生长过程中遭遇的阻碍效应进行的统计学分析和推导仅依赖于新扩展转变分数 x_{en} 和 KJMA 类扩展转变分数 x_e 之间关系的确定，而与相变过程中的形核和生长模式及转变路径(等温或非等温过程)无关。因此，当前模型，即各向异性效应下固态相变动力学模型[73]，可以联合 4.2 节有关解析模型中 x_e 的解析表达式 $x_e = K_0^n \alpha^n \exp[-nQ/(RT)]$，为实际相变过程提供一个更加符合物理意义的精确描述。

本小节针对过程较为简单的等温相变，首先，经过对当前模型的分析，得到了各向异性效应下同时间 t 相关的 Avrami 指数和总有效激活能；其次，通过数值计算讨论了未阻碍因子 γ 和阻碍次数 k 对各向异性效应的贡献；最后，给出了当前模型的一个具体应用实例。

1. Avrami 指数和总有效激活能

固态相变动力学分析中，Avrami 指数 n 和总有效激活能 Q 是非常关键的两个参数。从 n 随转变分数 f、n 随等温温度 T、Q 随 f 的演化规律中，可以直接确定固态相变过程中形核和生长的模式。然而，各向异性颗粒在生长过程中将会遭遇邻近颗粒的阻碍效应，该效应将导致整个转变的延迟。因此，各向异性生长效应将对 Avrami 指数的演化规律造成巨大的影响。由于总有效激活能 Q 的推导过程不依赖任何动力学模型，各向异性生长效应对 Q 没有影响。

如 3.4 节所述，对于等温相变，Avrami 指数的获取通常是通过绘制 $\ln[-\ln(1-f)]$ 对 $\ln t$ 的曲线，然后计算该曲线的斜率，该方法往往针对单条等温相变曲线。总有效激活能的获取通常是通过绘制 $\ln t_f$ 对 $1/T$ 的曲线，然后对该曲线进行线性拟合，其斜率即为 Q 在给定 f 处所有计算温度下的平均值，该方法针对同一转变分数选择不同温度下的多条转变曲线。根据各向异性效应下的固态相变动力学模型，$f = 1 - \exp(-x_{en}(x_e))$，包含阻碍效应的 Avrami 指数可表示为[63]

$$n_{new} = \frac{d\ln[-\ln(1-f)]}{d\ln t} = \frac{d\ln x_{en}}{d\ln x_e} \frac{d\ln x_e}{d\ln t} = \frac{x_e}{x_{en}} S(x_e) n \tag{5-91}$$

式中，n 为忽略各向异性效应后等效各向同性颗粒的 Avrami 指数，事实上就是对应各向同性生长情形下解析模型中的 Avrami 指数。

类似地，随机取向各向异性生长情形下的固态相变过程的总有效激活能可以表示为[63]

$$Q_{new} = \frac{d\ln t}{d\left(\frac{1}{T}\right)} R = \frac{d\ln[-\ln(1-f)]\big/d\left(\frac{1}{T}\right)}{d\ln[-\ln(1-f)]/d\ln t} R = \frac{d\ln x_e\big/d\left(\frac{1}{T}\right)}{d\ln x_e/d\ln t} R = Q \tag{5-92}$$

式中，Q 为各向同性生长解析模型中的总有效激活能，$Q=[d/mQ_G+(n-d/m)Q_N]/n$，Q_N 和 Q_G 分别为形核激活能和生长激活能。总有效激活能的推导过程不依赖于任何动力学模型，式(5-92)强烈暗示着颗粒各向异性生长过程中的阻碍效应对总有效激活能没有影响。结合 Q 的表达式，Q_{new} 和 n_{new} 的关系也可以写为[63]

$$Q_{new} = \left[\frac{d}{m} \frac{x_e}{x_{en}} S(x_e) \cdot Q_G + \left(n_{new} - \frac{d}{m} \frac{x_e}{x_{en}} S(x_e) \right) Q_N \right] \Big/ n_{new} \quad (5\text{-}93)$$

式中，m 为界面控制生长和扩散控制生长模式参数，不受各向异性的影响；Q_N 和 Q_G 为模型固有参量，也不受各向异性的影响。因此，阻碍效应 $\frac{x_e}{x_{en}} S(x_e)$ 只可能直接作用在颗粒生长的维度上，这显然可以理解为各向异性颗粒在遭遇阻碍后形态发生了变化。

2. 各向异性效应：未阻碍因子 γ 和阻碍次数 k

对于连续形核和三维界面控制生长模式控制的等温相变，采用表 5-10 提供的模型参数，借助 4.2 节解析模型中扩展转变分数的解析表达式和本章耦合阻碍效应的动力学解析模型，计算得到了如下两种情形下转变分数 f 随时间 t 的演化曲线和 Avrami 指数 n_{new} 随 f 的演化曲线：①颗粒遭遇相同多次阻碍，但具有不同的未阻碍因子 γ(如颗粒仅遭遇 1 次阻碍，而 γ 为 0.2、0.4、0.6、0.8，见图 5-15)；②颗粒遭遇不同多次阻碍，但具有相同的 γ(如颗粒遭遇 k 次阻碍，其中 $k = 0, 1, 2, 3$，而 $\gamma = 0.4$，$k = 0$ 意味着无阻碍效应，见图 5-16)。

表 5-10 各向异性效应模型计算用到的参数

形核模式	d/m	N^*/m^{-3}	N_0 /$(\text{m}^3 \cdot \text{s})^{-1}$	Q_N /(kJ/mol)	Q_G /(kJ/mol)	v_0 /(m/s)	T/K
连续形核	3	—	1×10^{28}	200	300	1×10^{10}	800
混合形核	3	1×10^{10}	5×10^{15}	100	200	1×10^{9}	680

对于混合形核和三维界面控制生长模式控制的等温相变，采用表 5-10 提供模型参数，借助 4.2 节解析模型中扩展转变分数的解析表达式和本章耦合阻碍效应的动力学解析模型，计算得到了 Avrami 指数 n_{new} 随转变分数 f 的演化曲线，针对相同 k 但不同 γ(如 $k=1$，$\gamma = 0.2, 0.6, 0.8$)以及相同 γ 和不同 k(如 $\gamma=0.4$，$k = 0, 1, 2, 3$)两种情况；将相应的演化曲线绘制在一张图上来比较这两种情况的区别，如图 5-17 所示。

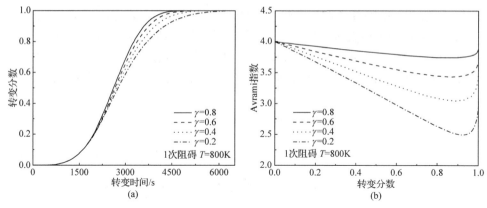

图 5-15 颗粒遭遇相同多次阻碍，但具有不同的未阻碍因子 γ
(a) 转变分数 f 随转变时间 t 的演化；(b) Avrami 指数 n_{new} 随 f 的演化

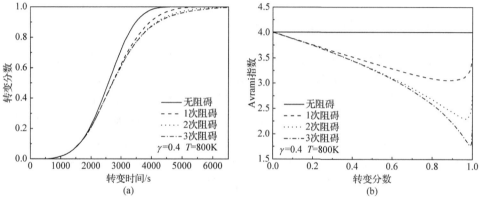

图 5-16 颗粒遭遇不同多次阻碍，但具有相同的未阻碍因子 γ
(a) 转变分数 f 随转变时间 t 的演化；(b) Avrami 指数 n_{new} 随 f 的演化

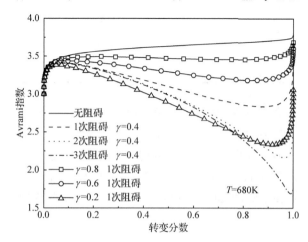

图 5-17 相同 k 不同 γ 及相同 γ 不同 k 两种情形下 Avrami 指数 n_{new} 随 f 的演化

图 5-15、图 5-16 以及图 5-17 中不同情况下曲线的不同演化清晰地表明，颗粒各向异性生长引起的阻碍效应对转变动力学的影响不仅取决于未阻碍因子 γ，还取决于所遭遇阻碍次数 k。从式(5-91)可以看出，各向同性生长情形与各向异性生长情形下的扩展转变分数之比 x_e/x_{en} 和未阻碍概率函数 $S(t)$ 是评价各向异性效应对 Avrami 指数影响的两个关键参数。利用图 5-15 和图 5-16 用到的模型参数，可以计算得到 x_e/x_{en} 和 $S(t)$ 随转变分数 f 的演化，以及 n 和 n_{new} 随 f 的演化，如 $\gamma=0.4$ 和 $k=1$，如图 5-18 所示。明显地，如前文所述，$S(t)$ 是 t 的衰减函数，因而 $S(t)$ 随 f 单调递减，而 x_e/x_{en} 随 f 单调递增。两者的竞争描绘了阻碍效应对 Avrami 指数的影响。阻碍效应对转变的影响在不同转变阶段体现不同的程度。在相变初期，x_e/x_{en} 和 $S(t)$ 都趋近于 1，每一个等效的各向同性颗粒近乎彼此独立生长，因此阻碍效应较弱；在相变中期，严重的阻碍效应将会出现，在某一转变时间，n_{new} 确实呈现了一个最大减小量，如图 5-18 中 n_{new} 曲线的最低点；在相变后期，母相空间消耗殆尽，新相颗粒相互接触，阻碍效应得到缓解，体现在图 5-18 中，即 n_{new} 在相变后期逐渐增大，逐渐趋于未发生阻碍效应下得到的 n。

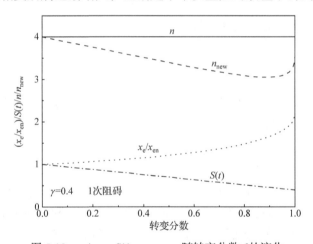

图 5-18　x_e/x_{en}、$S(t)$、n、n_{new} 随转变分数 f 的演化

5.5　考虑热力学驱动力的模块化解析相变模型

钢铁材料普遍应用于各种工程领域，热处理技术作为调节其性能的主要手段被广泛关注；由高温奥氏体相(γ)向低温铁素体相(α)的转变是热处理过程中发生的典型固态相变，为了得到描述 $\gamma \to \alpha$ 全转变动力学的解析表达式，文献中往往使用位置饱和形核假设[77,78]。很多实验现象表明，形核过程是 $\gamma \to \alpha$ 转变的决定性过程，简单地将其处理为位置饱和形核并不合理。有研究提出了一些基于连续形核的数值模型[79]，虽具有明确的物理内涵，但其数值过程不便于实际应用。

过去几十年中，对该相变的形核[80-83]和生长[77,78,84-89]过程有了明确认识，但其全转变动力学研究仍不完善。$\gamma \to \alpha$ 全转变动力学过程受热力学因素影响，形核率和生长速率都不再单纯符合阿伦尼乌斯关系。因此，这种受热力学影响的动力学过程无法由纯动力学特征的经典 KJMA 模型[1-3,90,91]和模块化解析模型[6,7]精准描述。

传统理论将热力学驱动力作为常数处理，这在极端非平衡条件下是合理的；近平衡条件下，热力学驱动力的相对变化足以影响整个动力学过程[87]，因此基于阿伦尼乌斯关系的传统动力学理论失效。本节先在动力学模型中考虑化学驱动力 ΔG_c 的影响，经理论推导获得解析模型，并将其应用于描述近平衡相变过程；然后，综合考虑多种热力学驱动力对相变动力学过程的影响，进而描述近平衡条件下发生的相变动力学现象，如不完全等温相变[92]、等温迟缓阶段[93,94]和非等温异常转变[88]。

5.5.1 考虑化学驱动力的模块化解析相变模型

1. 形核和生长模型

经典形核率公式中的临界形核功通常可写为[58]

$$\Delta G^* = \frac{B}{\Delta G^2} \tag{5-94}$$

式中，B 为与界面能和晶核几何形状相关的参数；ΔG 为体系的相变前后体积自由能之差。经修正的 ΔG 可表达为

$$\Delta G = \frac{\Delta H_e \Delta T}{T_e} p(T) \tag{5-95}$$

式中，ΔH_e 为相变过程的焓变；T_e 为平衡温度，即新相与母相自由能相等时的温度；$p(T)$ 为与温度相关的函数。Hoffman[95]、Thompson 和 Spaepen[96]、Singh 和 Holz[97]认为 $p(T)$ 可分别表述为 T/T_e、$2T/(T_e+T)$、$7T/(T_e+6T)$。

将式(5-95)代入式(5-94)可得

$$\Delta G^* = \frac{B T_e^2 / \Delta H_e^2}{\left(\Delta T p(T)\right)^2} = \frac{A}{\left(\Delta T p(T)\right)^2} \tag{5-96}$$

式中，A 为常数。

进一步可得形核率的一般表达式为

$$\dot{N}(T(t)) = N_0 \exp\left[-\frac{A}{\left(\Delta T p(T)\right)^2 RT}\right] \exp\left(-\frac{Q_N}{RT}\right) \tag{5-97}$$

如 2.3.1 小节所述，固态相变过程涉及至少三种驱动力：化学自由能ΔG_c，相界引入的界面能A_γ，新旧两相间体积不匹配产生的弹性应变能ΔG_s[98-101]。本小节假设后两项驱动力用阿伦尼乌斯关系中减小的常数 M_0 来等效取代(式(5-99))。由于块状转变无成分变化，ΔG_c 仅取决于温度；通常体系的化学自由能为温度的复杂函数，但在相变温度区间内，可用一个二阶多项式来描述：

$$\Delta G = \Delta G_c = aT^2 + bT + c \tag{5-98}$$

式中，a、b 和 c 为常数参数。

当过冷度/过热度(ΔT_e 为过冷度/过热度($\Delta T_e=|T_e-T|$))足够大时，$a=b=0$ 和 $c=-v_0/M_0$；当过冷度/过热度较小时，利用二阶多项式对相图计算结果拟合便会给出常数 a、b 和 c。此时，界面迁移速率可重写为

$$v(T(t)) = M_0 \exp\left(-\frac{Q_G}{RT}\right)\left[-\left(aT^2 + bT + c\right)\right] \tag{5-99}$$

若该转变涉及长程扩散，新相/母相成分发生变化，驱动力同时是温度和转变分数的函数，式(5-99)便不再适用。

2. 转变模型推导

为了得到转变分数和转变速率的解析表达式，本节同时考虑连续加热和连续冷却过程，在经典 KJMA 模型框架下，连续形核和三维界面控制生长导致的扩展转变分数可表示为[102]

$$\begin{aligned}
x_e = \int_{T_s}^{T(t)} &\left(N_0 \exp\left\{-\frac{A}{\left[(T_e - T(\tau))p(T(\tau))\right]^2 RT(\tau)}\right\} \exp\left(-\frac{Q_N}{RT(\tau)}\right)\right. \\
&\left.\times g\left[\int_{T(\tau)}^{T(t)} (-aT^2 - bT - c)M_0 \exp\left(-\frac{Q_G}{RT}\right)\frac{dT}{\Phi}\right]^d\right)\frac{dT(\tau)}{\Phi}
\end{aligned} \tag{5-100}$$

经整理可得到扩展转变分数的半解析表达式：

$$x_e = K_0^{d+1} \exp\left(-\frac{Q_N + dQ_G}{RT(t)}\right)\left(\frac{RT(t)^2}{\Phi}\right)^{d+1} \tag{5-101}$$

式中，K_0 包含了热力学项，为温度的函数，具体表达见表 5-11。

表 5-11 扩展解析模型中动力学参数的表达式

参数	位置饱和形核	连续形核
n	d	$d+1$
Q	Q_G	$\dfrac{Q_N + dQ_G}{d+1}$

续表

参数	位置饱和形核	连续形核
K_0^n	$\dfrac{N^* g M_0^d r(d)}{Q_G^d}$	$\dfrac{N_0 g M_0^d r(d)}{RT(t)^2 Q_G^d}$
$r(d)$	$\left\{F_1(T(t)) - F_2(T(t), T_s) \exp\left[\dfrac{Q_G(T_s - T(t))}{RT(t)^2}\right]\right\}^d$	$\sum_{i=1}^{m} \exp\left\{-\dfrac{A}{[(T_e - T_i)p(T_i)]^2 RT_i}\right\} \exp\left[-\dfrac{Q_N(T_i - T(t))}{RT(t)^2}\right]$ $\times \left\{F_1(T(t)) - F_2(T(t), T_i) \exp\left[\dfrac{Q_G(T_i - T(t))}{RT(t)^2}\right]\right\}^d (T_i - T_{i-1})$
$F_1(T(t))$	$-(aT(t)^2 + bT(t) + c) + (2aT(t) + b)\dfrac{RT(t)^2}{Q_G} - 2a\left(\dfrac{RT(t)^2}{Q_G}\right)^2$	
$F_2(T(t), T(\tau))$	$-(aT(\tau)^2 + bT(\tau) + c) + (2aT(\tau) + b)\dfrac{RT(t)^2}{Q_G} - 2a\left(\dfrac{RT(t)^2}{Q_G}\right)^2$	

对于位置饱和形核与界面控制生长控制的过程，可获得解析表达式：

$$x_e = \int_{T_s}^{T(t)} N^* \delta\left(\dfrac{T(\tau) - T_0}{\Phi}\right) g\left[\int_{T(\tau)}^{T(t)} (-aT^2 - bT - c) M_0 \exp\left(-\dfrac{Q_G}{RT}\right)\dfrac{\mathrm{d}T}{\Phi}\right]^d \dfrac{\mathrm{d}T(\tau)}{\Phi} \tag{5-102}$$

采用类似理论推导并整理得[102]

$$x_e = K_0^d \exp\left(-\dfrac{dQ_G}{RT(t)}\right)\left(\dfrac{RT(t)^2}{\Phi}\right)^d \tag{5-103}$$

式中，K_0 的具体表达式见表 5-11。

为了同经典 KJMA 模型对比，式(5-101)和式(5-103)可以写为如下统一形式：

$$x_e = K_0^n \exp\left(-\dfrac{nQ}{RT(t)}\right)\left(\dfrac{RT(t)^2}{\Phi}\right)^n \tag{5-104}$$

式中，动力学参数 n 和 Q 具有与经典 KJMA 模型相同的物理意义，且其数学表达式同经典 KJMA 模型一致。此时，动力学参数 K_0 与经典 KJMA 模型中的速率常数不同，见表 5-11。

当前模型与经典 KJMA 模型具有相同的扩展转变分数解析形式，不同之处是经典 KJMA 模型中 K_0 为常数，当前模型考虑了热力学效应，因此 K_0 为温度的函数。当前模型推导过程采用改良的温度积分，无须假设相变温度同初始温度的关系。因此，当前模型可用于连续加热和连续冷却转变。与经典 KJMA 模型仅考虑动力学项不同，当前模型成功地将热力学驱动力项的影响考虑到相变动力学中，可清楚分辨热力学对相变动力学的影响，即 Avrami 指数和激活能部分体现动力学作用，而速率常数则体现热力学综合作用。

5.5.2 考虑化学驱动力的模块化解析相变模型应用

1. 实验方法

将纯金属 Fe(纯度为 99.9%，此后未特别说明，纯度均默认为质量分数)和 Mn(纯度为 99.5%)按照名义成分为 Fe-3%Mn 配比，在高纯氩气气氛下经感应熔炼制备母合金，铸态合金直径为 60mm，经自由锻得到尺寸为 27mm×27mm 的棒材。将锻后试样封装于真空石英管中，真空度为 10^{-3}Pa，然后在 1200℃进行 100h 的均匀化退火热处理，最后机械加工成一批热膨胀(DIL)标准试样，试样尺寸为 $\varPhi$6mm×25mm。采用电感耦合等离子体光谱(ICP)方法测得试样中 Mn 的原子分数为 3.28%。使用 Netzsch DIL 402C 热膨胀仪测量并记录试样长度随温度的变化。为保证实验的可重复性与不同冷却速率下的可比性，每次测量都采用新试样，即保证试样初始状态一致。为防止试样氧化，DIL 实验在高纯氩气气氛下进行。DIL 实验温度程序如下：将试样以 15K/min 的加热速率从室温加热到 1200K，并在该温度下保温 30min，然后将试样分别以 2.5K/min、5K/min、10K/min 和 20K/min 的冷却速率冷却至室温。用光学显微镜观察经 DIL 实验后试样的微观组织。根据标准规定的直线截距法[103]分析铁素体平均晶粒尺寸。由于该方法低估了实际晶粒尺寸，将该法测量的晶粒尺寸乘以 1.5 得到真实的晶粒尺寸[87]。借助 Image-Pro Plus 软件，可统计出铁素体的晶粒尺寸分布。

2. 分析讨论

在模型拟合前，对已有实验结果进行分析来预判实际相变过程的形核、生长及碰撞模型。图 5-19(a)为 Fe-3.28%Mn 合金试样经历一个连续加热、保温和连续冷却完整循环的 DIL 实验曲线。其中，BC 段和 EF 段分别表示铁素体向奥氏体转变和奥氏体向铁素体转变；AB 段和 CD 段分别表示连续加热过程中铁素体和奥氏体的线性膨胀阶段；DE 段和 FG 段分别表示连续冷却过程中奥氏体和铁素体的线性收缩阶段。根据 DIL 实验曲线计算出连续冷却过程中铁素体相分数f_α随温度的演化关系，图 5-19(b)为不同的冷却速率下得到的 f_α 与温度的关系。将转变分数进行一阶微分得到铁素体转变速率，如图 5-19(c)所示。由于相变后期比较迟缓，假设转变碰撞模型为各向异性生长。经过一个连续加热、保温和连续冷却的完整循环后铁素体的晶粒形貌如图 5-20 所示。铁素体为非规则等轴晶，它是典型的块状转变形貌,因此可以认为其生长模型为三维界面控制生长。

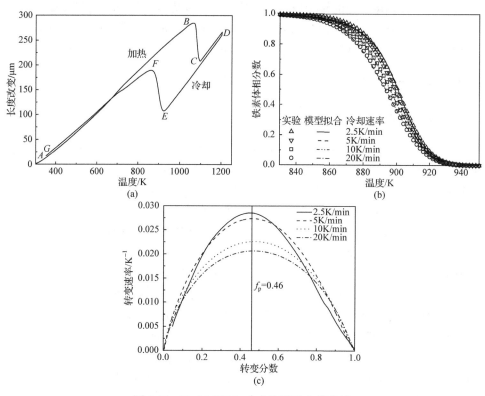

图 5-19 Fe-3.28%Mn 合金实验动力学曲线
(a) 试样 DIL 热膨胀曲线;(b) 不同冷却速率下铁素体相分数随温度的演化;(c) 不同冷却速率下转变速率随转变分数的演化

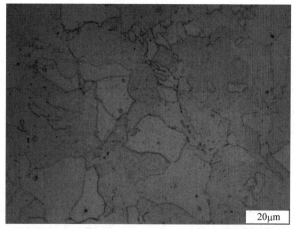

图 5-20 Fe-3.28%Mn 合金试样在经历完整 DIL 实验温度程序后铁素体的晶粒形貌

通过测量发现，随冷却速率增大，铁素体平均晶粒尺寸逐渐减小：在 2.5K/min、5K/min、10K/min 和 20K/min 冷却速率下，晶粒尺寸分别为 23.3μm、20.3μm、18.9μm 和 16.9μm。不同冷却速率下铁素体晶粒尺寸分布如图 5-21 所示。若符合位置饱和形核，其晶粒尺寸将服从特定分布，且该分布不随相变条件变化。如图 5-21 所示，晶粒尺寸分布明显偏离位置饱和形核描述的情形[104,105]。若假定形核服从连续形核机制，在某一温度必然会出现一个极大值。随冷却速率增大，相变温度逐渐向低温段偏离。因此，对于低冷却速率，形核率最大值对应的铁素体相分数较大，晶核生长时间相对较短，此时晶粒尺寸分布的峰值出现在较小的晶粒尺寸位置。当冷却速率逐渐增大，峰值位置逐渐向更高的晶粒尺寸位置偏移。在实际测量的晶粒尺寸分布图中发现了与上述推测一致的趋势。因此，该相变的形核可被认为遵循连续形核机制。

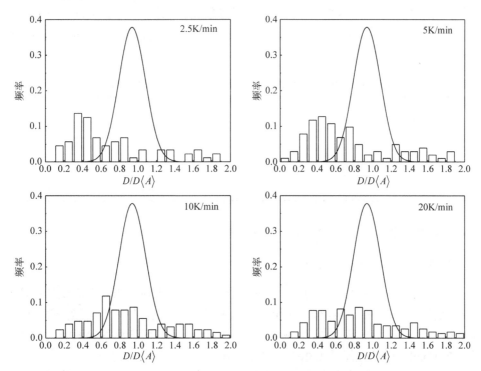

图 5-21　Fe-3.28%Mn 合金试样在不同冷却速率下铁素体晶粒尺寸分布示意图

$D/D\langle A \rangle$-归一化的晶粒尺寸；实线表示位置饱和形核条件下的分布情况；柱状图表示实测分布情况

结合对形核、生长和碰撞机制的预判，可用扩展解析模型描述该相变过程。根据相图计算[106,107]得到生长过程的驱动力 ΔG ($\Delta G = \Delta G_c$)，采用二阶多项式拟合得到该转变的热力学项参数 $a = -8.117 \times 10^{-3}$、$b = 18.78$ 和 $c = -1.070 \times 10^4$；界面迁移移动性选择：$M_0 = 2.4\,\text{m·mol}/(J \cdot s)$ 和 $Q_G = 140\,\text{kJ/mol}$[96]。经分析得到该合金中 $Q_N = 287.7\,\text{kJ/mol}$，这

与 Fe 原子在奥氏体中的扩散激活能非常接近(Q_D=284.1kJ/mol)[58]。如图 5-19(b)所示，扩展解析模型可很好地描述该相变过程。

利用该模型得到的拟合参数见表 5-12。拟合结果表明，随冷却速率增大。N_0 逐渐增加。Fe 基合金奥氏体/铁素体相界前沿存在应变能和缺陷，因此更有利于形核。这一现象也在实验中观测到：铁素体晶粒不仅在 γ/γ 晶界处形核，而且在 α/γ 相界处形核[108]。因此，铁素体晶粒尺寸越小，在相变过程中 α/γ 相界越多，形核位置就越多，对应于随冷却速率增大平均晶粒尺寸减小，从而 N_0 增加。另外，拟合参数 B(或 A)是一个不确定的量，它在较宽的范围内变化。例如，Offerman 等[80]通过对同步辐射原位观测实验结果拟合得到 B=1.5×10^{6}J^3/mol^3 ($B = A\Delta H_e^2 / T_e^2$)；Clemm 和 Fisher[109]及 Lange 等[82]通过理论计算给出的 B 分别为 9.7×10^{10}J^3/mol^3 和 6.2×10^{7}J^3/mol^3。该合金的平衡温度 T_e=1018K，相变焓近似等于纯铁的相变焓：$\Delta H_e \approx -3000$J/mol[110]。根据拟合出来的 A 可求得 B=2.1×10^{9}J^3/mol^3。该参数的拟合值处于合理范围之内，说明该合金 $\gamma \rightarrow \alpha$ 相变的形核过程确实符合经典形核理论。

表 5-12 扩展解析模型拟合 $\gamma \rightarrow \alpha$ 转变实验曲线所得拟合参数

合金	A/(J·K^2/mol)	ξ	N_0/(m^3·s)$^{-1}$	Φ/(K/min)
Fe-3.28%Mn	2.48×10^8	1.45	2.89×10^{21}	−2.5
			4.08×10^{22}	−5
			5.29×10^{23}	−10
			6.96×10^{24}	−20

5.5.3 考虑多种热力学驱动力的模块化解析相变模型

1. 驱动力和能量耗散分析

体系相变界面能的大小同两个因素相关：单位体积内的相界面面积和单位面积界面能。针对 Fe 基合金 γ/α 相界，文献中给出单位面积界面能介于 0.2～0.8J/m^2[82,111,112]。Liu 等[108]定量评估了 Fe 基合金 γ/α 界面迁移的界面能最大值约为 0.22J/mol。同其他能量项相比，界面能在该相变过程中可忽略。

材料学者普遍认为应变能的大小同转变分数 f 相关，它们之间呈非线性关系(二次或更高次方程)[101]：

$$\Delta G_s = \sum_{i=1}^{j} d_i f^i \tag{5-105}$$

式中，j 为多项式阶数，由于无相变时应变能为零，剔除 0 阶项；d_i 为多项式常数系数。

ΔG_c 驱动相变(为负值，采用 5.5.1 小节相同处理)，而 ΔG_s 通常阻碍相变(为正值)，因此相变过程总驱动力为

$$\Delta G = \Delta G_c + \Delta G_s = \sum_{i=0}^{2} c_i T^i + \sum_{i=1}^{j} d_i f^i \tag{5-106}$$

在界面迁移过程中，相变驱动力可通过两种方式进行耗散：溶质扩散耗散 ΔG^{diff} 和界面摩擦耗散 ΔG^{fri} [113]。基于溶质拖曳理论可知，溶质原子在界面内部和界面前沿的扩散会消耗系统能量，该部分所消耗的能量为[114]

$$\Delta G^{\text{diff}} = \frac{V_{\text{m}}}{\nu} \int_{-\infty}^{+\infty} J_k \frac{\mathrm{d}\psi_k}{\mathrm{d}y} \mathrm{d}y \tag{5-107}$$

式中，V_{m} 为摩尔体积；ν 为界面迁移速率；J_k 为原子 k 的扩散通量；ψ_k 为原子 k 的扩散势能；y 为同界面位置之间的距离。

经典理论中界面摩擦耗散为

$$\Delta G^{\text{fri}} = \frac{\nu}{M} \tag{5-108}$$

式中，M 为本征界面移动性[115]。

式(5-107)和式(5-108)显示，溶质扩散耗散 ΔG^{diff} 和界面摩擦耗散 ΔG^{fri} 均与界面迁移速率 ν 相关。ΔG^{fri} 与 ν 的关系可由界面移动性 M 直接确定，但 ΔG^{diff} 与 ν 的关系涉及溶质扩散场的求解，因此没有明确的解析形式。然而，大部分文献[98,113]计算表明，当 ν 很小时，扩散可以充分进行，ΔG^{diff} 同温度和两相平衡浓度相关，其值趋近于常数；当 ν 很大时，扩散来不及发生，ΔG^{diff} 趋近于 0。本小节主要描述 $\gamma \rightarrow \alpha$ 块状转变，不涉及长程扩散，假定 ΔG^{diff} 为一较小的常数。

在界面迁移过程中，总耗散必须等于总驱动力：

$$\Delta G^{\text{diff}} + \Delta G^{\text{fri}} = -\Delta G \tag{5-109}$$

根据经典长大速率公式可得[116]

$$\nu = \Delta G^{\text{fri}} M = \left[-\left(\sum_{i=0}^{2} c_i T^i + \sum_{i=1}^{j} d_i f^i \right) - \Delta G^{\text{diff}} \right] M_0 \exp\left(-\frac{Q_G}{RT} \right) \tag{5-110}$$

2. 等温相变的热力学和动力学条件

若退火温度 T_{iso} 选取不合理，等温 $\gamma \rightarrow \alpha$ 转变不能完全发生，先评价等温相变的热力学和动力学条件。在等温 $\gamma \rightarrow \alpha$ 转变中，一方面，若 T_{iso} 太靠近 T_0 线(具有相同成分的铁素体和奥氏体自由能相等的温度-成分曲线)，尽管保温时间足够长，相变可能仍无法完全发生；另一方面，试样在达到 T_{iso} 之前必须经历非等温的加热/冷却阶段，若 T_{iso} 太偏离 T_0 线，在非等温阶段可能会有部分相变已经发生。若要保证转变完全在等温阶段发生，必须选择合适的 T_{iso}。

由式(5-109)可知，当驱动力不足以平衡能量耗散时，相变停滞。因此，相变需满足以下热力学条件：

$$\Delta G^{fri} = -\Delta G_c - \Delta G_s - \Delta G^{diff} > 0 \qquad (5\text{-}111)$$

式中，应变能最大值$(\Delta G_s)_{max}$和溶质扩散耗散ΔG^{diff}为常数；ΔG_c随温度单调变化。因此，必然存在着一个临界温度T_c使得式(5-112)成立：

$$-\Delta G_c(T_c) = (\Delta G_s)_{max} + \Delta G^{diff} \qquad (5\text{-}112)$$

式(5-112)可定义完全等温相变的热力学条件；当连续加热过程中$T_{iso}>T_c$和连续冷却过程中$T_{iso}<T_c$时，等温相变才有可能完全进行。

同热力学条件相比较，动力学条件则避免在等温阶段前的非等温阶段发生转变。假定存在一个临界转变分数f_c，若非等温阶段的转变分数小于f_c，动力学条件便得到满足。由式(5-104)得到动力学条件方程：

$$f \approx x_e = K_0^n(T)\exp\left(-\frac{nQ}{RT}\right)\left(\frac{RT^2}{\Phi}\right)^n \leqslant f_c \qquad (5\text{-}113)$$

由于f_c很小，应变能的影响可被忽略，对于固定的加热或冷却速率，转变分数随温度演化是单调的，必然存在一个极限温度T_m使得

$$K_0^n(T_m)\exp\left(-\frac{nQ}{RT_m}\right)\left(\frac{RT_m^2}{\Phi}\right)^n = f_c \qquad (5\text{-}114)$$

据此，当连续加热过程中$T_{iso}<T_m$和连续冷却过程中$T_{iso}>T_m$时，等温相变才有可能完全进行。

在高于(或低于)T_0温度下发生的相变，当$T_c \leqslant T_m$(或$T_c \geqslant T_m$)，若等温温度的选取介于$T_c \sim T_m$，热力学和动力学条件同时满足，可实现完全等温相变。当$T_c>T_m$(或$T_c<T_m$)，完全等温相变无法实现。

3. 热-动力学模型

根据 KJMA 模型推导得到的速率方程[117]，如 4.7 节所述，若同时考虑随温度变化的化学驱动力和随转变分数变化的应变能，该推导逻辑已不适用。下文采用一种新的处理方法推导模型。

将形核和生长的热力学项合并到指前因子中。根据式(5-97)和式(5-99)分别可得

$$N_0 = N_0'\exp\left[-\frac{A}{(\Delta T p(T))^2 RT}\right] \qquad (5\text{-}115a)$$

$$v_0 = M_0\left[-\left(\sum_{i=0}^{2} c_i T^i + \sum_{i=1}^{j} d_i f^i\right) - \Delta G^{diff}\right] \qquad (5\text{-}115b)$$

极端非平衡条件下，N_0 和 v_0 为常数，可以通过经典 KJMA 模型或模块化解析模型得到速率常数指前因子的具体表达式，参见表 5-13。

表 5-13　不同模型中关于速率常数指前因子的具体表达式

模型	位置饱和形核	连续形核
JMA 模型	$\left(gN^*v_0^d\right)^{1/n}$	$\left(\dfrac{gN_0v_0^d}{n}\right)^{1/n}$
类 JMA 模型	$\left(gN^*v_0^d\right)^{1/n}$	$\left[\dfrac{gN_0v_0^d}{n}\dfrac{n!}{\prod_{i=0}^{n-1}(Q_\mathrm{N}+iQ_\mathrm{G})}\right]^{1/n}$
解析模型		$\left\{\dfrac{gv_0^d}{(d+1)^{1/[1+(r_2/r_1)^{-1}]}}F(N^*,N_0,r_2/r_1)\right\}^{1/n}$
扩展解析模型	$\left(\dfrac{gN^*M_0^d r(d)}{Q_\mathrm{G}^d}\right)^{1/n}$	$\left(\dfrac{gN_0'M_0^d r(d)}{RT(t)^2 Q_\mathrm{G}^d}\right)^{1/n}$

注：r_2/r_1 和 $F(N^*,N_0,r_2/r_1)$ 表达式，参见文献[7]；$r(d)$ 表达式，参见表 5-11。

近平衡条件下，N_0 和 v_0 随转变的进行而变化。若假定速率常数指前因子表达式保持不变，将式(5-115)代入表 5-13 中的表达式可得以下公式[116]。

位置饱和形核：

$$K_0 = \left\{gN^*M_0^d\left[-\left(\sum_{i=0}^{2}c_iT^i+\sum_{i=1}^{j}d_if^i\right)-\Delta G^{\mathrm{diff}}\right]^d\right\}^{1/n} \tag{5-116}$$

等温连续形核：

$$K_0 = \left\{gN_0'\exp\left[-\dfrac{A}{(\Delta Tp(T))^2 RT}\right]M_0^d\left[-\left(\sum_{i=0}^{2}c_iT^i+\sum_{i=1}^{n}d_if^i\right)-\Delta G^{\mathrm{diff}}\right]^d\Big/n\right\}^{1/n} \tag{5-117a}$$

等时连续形核：

$$K_0 = \left\{gN_0'\exp\left[-\dfrac{A}{(\Delta Tp(T))^2 RT}\right]M_0^d \right.$$

$$\left. \times\left[-\left(\sum_{i=0}^{2}c_iT^i+\sum_{i=1}^{n}d_if^i\right)-\Delta G^{\mathrm{diff}}\right]^d\dfrac{n!}{\prod_{i=0}^{n-1}(Q_\mathrm{N}+iQ_\mathrm{G})}\Big/n\right\}^{1/n} \tag{5-117b}$$

假设在近平衡条件下，式(5-118)仍然成立：

$$\frac{\mathrm{d}f}{\mathrm{d}t} = nQHK_0 \exp\left(-\frac{Q}{RT}\right) I(x_e)^{1-1/n} \tag{5-118}$$

将式(5-116)和式(5-117)直接代入式(5-118)，可得到综合考虑化学驱动力和应变能的速率方程。此时，可通过如下的递归方法由转变速率表达式计算出转变分数。假定两个连续的转变分数 f_{i+1} 和 f_i，其对应的时间分别为 t_{i+1} 和 t_i，对应的温度为 T_{i+1} 和 T_i，若两者间隔足够小，则有以下规律。

等温相变：

$$f_{i+1} = f_i + (t_{i+1} - t_i)\left(\frac{\mathrm{d}f}{\mathrm{d}t}\right)_{f=f_i} \tag{5-119a}$$

等时相变：

$$f_{i+1} = f_i + (T_{i+1} - T_i)\left(\frac{1}{\Phi}\frac{\mathrm{d}f}{\mathrm{d}t}\right)_{f=f_i} \tag{5-119b}$$

当初始条件(t_1=0 或 T_1=T_0，f_1=1×10^{-5})给定，对应于 t_2 或 T_2 可由式(5-119b)计算出 f_2。重复上述递推公式可得转变分数的演化。

5.5.4 考虑多种热力学驱动力的模块化解析相变模型应用

采用考虑化学驱动力的扩展解析模型，5.5.1 节已对 Fe-3.28%Mn 合金等时 $\gamma\rightarrow\alpha$ 转变进行了初步研究，并得到了合理的结果。这里将利用考虑多种热力学驱动力的热-动力学模型，重新研究该合金的 $\gamma\rightarrow\alpha$ 转变及 $\alpha\rightarrow\gamma$ 转变[116]。

1. 实验方法

对于等温 $\alpha\rightarrow\gamma$ 转变，以 15K/min 的加热速率将试样从室温加热到某一高于 T_0 的温度(该合金成分的 T_0 为 1018K)，即 T_{iso} 为 1066K、1068K 和 1071K。在 T_{iso} 保温 80min，随后将试样继续以 15K/min 的加热速率加热至 1200K。对于等温 $\gamma\rightarrow\alpha$ 转变，以 15K/min 的加热速率将试样从室温加热至 1200K，并在该温度保温 30min，随后以 20K/min 的冷却速率将试样冷却至某一低于 T_0 的温度，即 T_{iso} 为 893K、903K、913K、923K 和 933K；在 T_{iso} 保温 15min，随后将试样继续以 20K/min 的速率冷却至室温。对于等时 $\gamma\rightarrow\alpha$ 转变，以 15K/min 的加热速率将试样从室温加热至 1223K，并在该温度保温 30min，随后分别以 2.5K/min、5K/min、10K/min 和 20K/min 的速率将其冷却至室温。

2. 实验结果

按照等温 $\gamma\rightarrow\alpha$ 转变和等温 $\alpha\rightarrow\gamma$ 转变的温度程序，DIL 实验可以得到两组典

型的热膨胀曲线,如图 5-22(a)和(b)所示。图 5-22 中实验曲线由三段组成:AB 段表示达到等温温度之前必经的非等温阶段,CD 段表示在等温阶段后检测相变是否完全发生的非等温阶段,BC 段表示等温阶段。在图 5-22(a)中,横坐标为时间,因此等温阶段的演化可以表示出来;在图 5-22(b)中,横坐标为温度,等温阶段仅以一条垂直的线来表示。如图 5-22(a)所示,当等温温度为 1068K 时,AB 段和 CD 段是线性膨胀阶段,说明在这两个阶段中均无相变发生,因此 BC 段试样长度的变化对应于完全的 $\alpha \rightarrow \gamma$ 转变。然而,在当前实验条件下,不存在完全等温 $\gamma \rightarrow \alpha$ 转变的温度区间,在等温阶段前后的非等温阶段总有明显的转变发生。如图 5-22(b)所示,等温温度为 893K 时,在 AB 段末端发生了 $\gamma \rightarrow \alpha$ 转变,使得曲线偏离线性关系,而 CD 段为锯齿形曲线,表明在后续冷却过程中,相变停滞阶段[115]、相变阶段和铁素体冷却阶段顺序发生。根据热膨胀曲线计算相变过程中的转变分数,完全等温 $\alpha \rightarrow \gamma$ 转变如图 5-23(a)所示,等时 $\gamma \rightarrow \alpha$ 转变如图 5-23(b)所示,即以另一种形式体现图 5-19 中得到的实验数据。

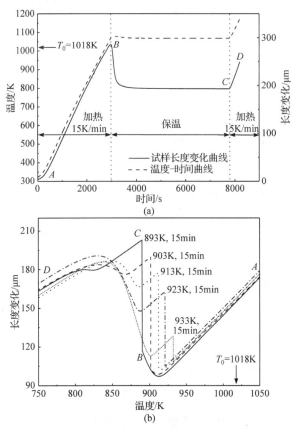

图 5-22 Fe-3.28%Mn 合金等温相变 DIL 实验
(a) 等温 $\alpha \rightarrow \gamma$ 转变;(b) 等温 $\gamma \rightarrow \alpha$ 转变

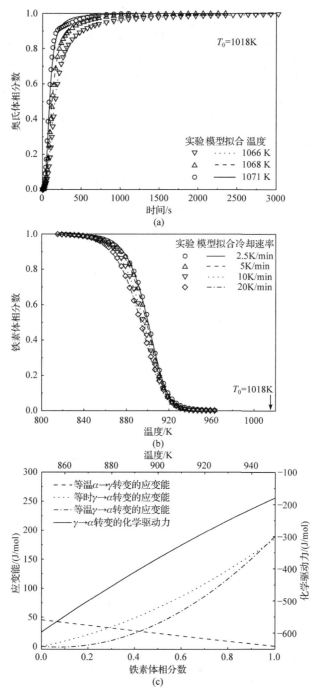

图 5-23 Fe-3.28%Mn 合金相变的动力学曲线以及相变驱动力

(a) 等温 $\alpha \to \gamma$ 转变中奥氏体相分数随时间的演化；(b) 等时 $\gamma \to \alpha$ 转变中铁素体相分数随温度的演化；(c) 不同相变过程中应变能和化学驱动力的演化

3. 热-动力学模型应用

假设等温$\alpha \rightarrow \gamma$转变中形核机制为连续形核，生长模式遵循三维界面控制各向异性生长，形核激活能等于Fe原子在铁素体中的扩散激活能，Q_N=239.7kJ/mol[58]；界面移动性为Fe基合金中常用数值，M_0=2.4m·mol/(J·s)，Q_G=140kJ/mol[77]。根据5.5.1小节相图计算结果得到该合金的化学驱动力，通过二项式拟合得到c_0=7.373×10^3、c_1=-12.722 和 c_2=5.381×10^{-3}。以 A、N_0'、d_i (i=1,2)、ΔG^{diff} 和 ξ 为拟合参数，利用本节提出的热-动力学模型对三个等温温度下的实验结果同时进行拟合，拟合参数见表5-14，拟合结果见图5-23(a)。

表5-14 热-动力学模型拟合Fe-3.28%Mn合金γ/α转变实验曲线所得拟合参数

参数	等温$\alpha \rightarrow \gamma$转变	等时$\gamma \rightarrow \alpha$转变
$N_0'/(\text{m}^3 \cdot \text{s})^{-1}$	4.3±2.3×10^{20}	—
$A/(\text{J} \cdot \text{K}^2/\text{mol})$	1.2±0.1×10^8	—
$\Delta G^{\text{diff}}/(\text{J/mol})$	25.3±15.6	51.1±1.3
d_1	43.2±17.3	79.2±23.8
d_2	2.4±1.3	106.5±32.0
ξ	2.10±0.07	1.01±0.02

根据5.5.1小节判断出的形核、生长和碰撞机制，用当前模型来重新研究等时$\gamma \rightarrow \alpha$转变动力学。模型参数与5.5.1小节保持一致。以 d_i (i=1,2)、ΔG^{diff} 和 ξ 为拟合参数，同时拟合不同速率下的实验结果。拟合参数数值见表5-14，拟合结果见图5-23(b)。

将当前拟合结果同5.5.1小节的结果对比可知，等温$\gamma \rightarrow \alpha$转变和等温$\alpha \rightarrow \gamma$转变中参数 A 的数值近似相等，这归因于等温$\gamma \rightarrow \alpha$转变和等温$\alpha \rightarrow \gamma$转变对应的平衡状态一致，见5.5.1小节中参数 A 的定义。由于Mn在奥氏体中的扩散激活能高于在铁素体中的数值[8]，且$\gamma \rightarrow \alpha$转变温度低于$\alpha \rightarrow \gamma$转变，导致Mn在$\gamma \rightarrow \alpha$转变中扩散更困难，需要耗散更多的能量，即$\Delta G^{\text{diff}}$更高。由拟合所得 d_i 可计算出应变能随转变进行的演化如图5-23(c)所示。等时$\gamma \rightarrow \alpha$转变中应变能较小，因此表现为正常相变，等温$\alpha \rightarrow \gamma$转变和等温$\gamma \rightarrow \alpha$转变中应变能逐渐累积，相变末期出现了迟缓的动力学行为。因此，本节给出该合金等时$\gamma \rightarrow \alpha$转变的碰撞模型是晶核随机分布的各向同性生长，可见考虑应变能的热-动力学模型更为可信。

此外，如图5-22(b)所示，在等温$\gamma \rightarrow \alpha$转变后总会出现锯齿形的冷却曲线。由此可推断，在每一个等温温度都达到了热力学上的能量平衡：

$$-\Delta G_c\left(T_{\text{iso}}\right) = \sum_{i=1}^{j} d_i f_{\max}^i \left(T_{\text{iso}}\right) + \Delta G^{\text{diff}} \tag{5-120}$$

式中，f_{max} 为等温相变能达到的最大转变分数。利用杠杆原理，根据图 5-22(b)计算出 f_{max}，利用热力学相图计算出 ΔG_c。对应于不同等温温度，这两个参数取值在表 5-15 中给出。假定式(5-120)中 $j=2$，对表 5-15 中数据拟合可得 $d_1=-33.1\pm22.9$、$d_2=223.0\pm20.6$、$\Delta G^{diff}=230.5\text{J/mol}\pm5.5\text{J/mol}$。根据拟合结果计算出该相变过程的 ΔG^{def}，见图 5-23(c)。

表 5-15　Fe-3.28%Mn 合金 $\gamma\rightarrow\alpha$ 转变在不同温度所能达到的最大转变分数与化学驱动力

T_{iso}/K	933	923	913	903	893
f_{max}	0.17	0.48	0.68	0.81	0.93
ΔG_c /(J/mol)	−230.7	−268.5	−308.3	−350.0	−393.4

注：f_{max} 为最大转变分数；ΔG_c 为化学驱动力。

相比等时 $\gamma\rightarrow\alpha$ 转变，等温相变得到的 ΔG^{diff} 更大，这是因为在应用式(5-120)时，界面迁移速度趋近于零，而在非等温相变时，界面迁移速度较大。如前文所述，随界面速度降低，ΔG^{diff} 逐渐增大。因此，本小节得到两个不同的 ΔG^{diff} 数值是合理的。

根据拟合结果计算出该合金的热力学条件为 $T_c=1063.7\text{K}$。若假定临界转变分数 $f_c=0.01$，在当前实验条件下($\Phi=20\text{K/min}$)，计算出该合金的动力学条件为 $T_m=1073.0\text{K}$。由于 $T_c<T_m$，在当前实验条件下不存在发生完全等温 $\gamma\rightarrow\alpha$ 转变的温度区域。根据本小节的参数，由式(5-120)计算出存在该温度区域的临界冷却速率约为 65K/min。

5.6　基于 VFT 关系的固态相变动力学模型

根据动力学传输性质(扩散、黏度、弛豫等)不同，过冷熔体可分为刚性熔体和脆性熔体[118-122]。刚性熔体动力学传输性质遵循经典阿伦尼乌斯关系[121]；脆性熔体符合 Vogel-Fulcher-Tammann(VFT)关系[123-126]。虽然 VFT 关系是实验观察导出的经验公式，但经过数十年的发展，其物理意义也逐渐明确：从构型熵[127-129]出发，VFT 关系实质上是包含液相热力学性质的动力学方程。

大量实验表明，脆性熔体中原子扩散的表观激活能随温度降低(趋近于玻璃转变温度 T_g)逐渐增大[39,130,131]。通过引入反映熔体脆性大小的温度 T_v，VFT 关系可准确描述此类动力学现象。当金属非晶被加热到玻璃转变温度 T_g 以上(过冷液相区)，将发生向晶体相的转变，即非晶晶化。晶体相的形核和生长过程都取决于原子扩散[132]，晶化过程应当同扩散具有相同的动力学方程，即遵循 VFT 关系。除了少许尝试[133-140]，当前用于描述晶化过程的模型大多基于阿伦尼乌斯关系，这些动力学模型虽然可较为准确地描述转变分数演化，但无法解释不同热历史下晶化表观激活能的差异(表 5-16)、晶化机制不变但动力学参数非单调变化等动力学现象。考虑 VFT 关系有望解决上述局限，但如何将 VFT 关系耦合到相变动力学模型中，目前尚未有结论。

表 5-16 不同非晶体系等温和等时晶化表观激活能

非晶体系	表观激活能/(kJ/mol)		参考文献
	等温相变	等时相变	
$Zr_{70}Cu_{20}Ni_{10}$	355	313	[141]
$Zr_{60}Al_{15}Ni_{20}$	597	402	[142]、[143]
$Zr_{55}Cu_{30}Al_{10}Ni_5$	245	230	[144]
$Zr_{62}A_{18}Ni_{13}Cu_{17}$	421 (预退火态) 243 (淬火态)	350 (预退火态) 287 (淬火态)	[145]
$Zr_{60}Al_{10}Ni_9Cu_{18}B_3$	206	300	[146]
$Zr_{65}Ni_{10}Cu_{7.5}Al_{7.5}Ag_{10}$	284	196	[147]
$Fe_{80}B_{20}$	257	224	[148]
$Fe_{60}Ni_{20}B_{20}$	284	256	[148]
$Fe_{40}Ni_{40}B_{20}$	372	323	[149]、[150]
$Fe_{75}Cr_5B_{20}$	215	191	[151]
$Fe_{40}Ni_{38}Mo_4B_{18}$	288 (峰 1) 451 (峰 2)	270 (峰 1) 375 (峰 2)	[152]
$Fe_{77}C_5B_4Al_2GaP_9Si_2$	511 (峰 1) 530 (峰 2)	501 (峰 1) 559 (峰 2)	[153]
$Al_{89}La_6Ni_5$	302 (峰 1) 300 (峰 2)	169 (峰 1) 200 (峰 2)	[154]
$Al_{89}Ni_6Sm_5$	296 (峰 2) 213 (峰 3)	305 (峰 2) 228 (峰 3)	[155]
$Al_{87.5}Ni_7Mm_5Fe_{0.5}$	292-324.6 (峰 2)	288 (峰 2)	[156]
$Al_{70}Y_{16}Ni_{10}Co_4$	278	281	[157]
$Ni_{68.5}Cr_{14.5}P_{17}$	315 (峰 1) 320 (峰 2)	404 (峰 1) 368 (峰 2)	[158]
$Ni_{58.5}Fe_{19.5}Si_{10}B_{12}$	462	311~475	[159]
$Ni_{45}Ti_{23}Zr_{15}Si_5Pd_{12}$	380~420	435	[160]
$Mg_{65}Cu_{25}Y_{10}$	156	160	[161]
$Mg_{65}Cu_{22}Y_{10}B_3$	200	165	[161]
$Ti_{49.3}Ni_{45.6}Al_{5.1}$	346	374	[162]
$Ti_{50}Ni_{25}Cu_{25}$	303~314	306~374	[163]
$Cu_{46}Zr_{45}Al_7Y_2$	484	361	[39]

5.6.1 转变分数演化模型

金属非晶相向晶体相的转变属于热激活过程，VFT 关系和阿伦尼乌斯关系都可以用来描述热激活过程的速率常数。这两个方程的不同之处是阿伦尼乌斯关系中激活能为常数，而 VFT 关系中激活能随温度变化。如前文所述，金属非晶相在过冷液相区中的晶化过程受原子扩散控制，这一过程的速率常数用 VFT 关系来表达更为合理。为了更加精确地描述晶化动力学过程，本小节用 VFT 关系来表达速率常数[123-125]：

$$K(T(t)) = A\exp\left(-\frac{B}{T(t)-T_v}\right) \quad (5\text{-}121)$$

式中，A 为指前因子，当 $T_v=0$ 时，$A=K_0$；B 为同激活能相关的常数，当 $T_v=0$ 时，$B=Q/R$；T_v 为熔体脆性。当 $T_v=0$，VFT 关系退化为阿伦尼乌斯关系(式(3-16))。由此可知，阿伦尼乌斯关系仅是 VFT 关系的一种特殊情形。

假定每个晶粒都在无限大母相中生长，不同晶粒之间没有相互作用，所有晶粒的体积总和构成扩展体积，其相应的扩展转变分数可由式(4-1)给出。那么真实的转变分数便可根据碰撞模型给出。由于碰撞问题属于空间几何问题，经典的碰撞模型在本节仍然适用。

对等温相变而言，在整个相变过程中速率常数保持不变，根据式(4-1)、式(3-16)和式(5-121)可直接得

$$x_e = \left[A\exp\left(-\frac{B}{T-T_v}\right)t\right]^n \quad (5\text{-}122)$$

对等时相变而言，速率常数随转变进行强烈变化。传统动力学理论推导中会出现温度积分问题，而工程应用中通常对其采用近似处理[10]。在本节中该问题也不可避免。对于某一过程，若加热速率恒定，则

$$T(t) = T_s + \varPhi t \quad (5\text{-}123)$$

式中，T_s 为实验开始时($t=0$)的温度。

式(5-121)积分可得

$$\beta = A\int_0^t \exp\left(-\frac{B}{T-T_v}\right)dt = A\int_{T_s}^{T(t)} \exp\left(-\frac{B}{T-T_v}\right)\frac{dT}{\varPhi} \quad (5\text{-}124)$$

当温度低于 T_v 时，VFT 关系是没有意义的。当出现 $T_s<T_v$ 的情形时，式(5-124)中的积分下限用 T_v 来替代。令 $T'=T-T_v$，则 $dT=dT'$，积分上下限化为 $T(t)-T_v$ 和 T_s-T_v，对式(5-124)进行变量代换，得

$$\beta = A\int_{T_s-T_v}^{T(t)-T_v} \exp\left(-\frac{B}{T'}\right)\frac{dT'}{\varPhi} \quad (5\text{-}125)$$

式(5-125)等号右端为温度积分,没有解析解。此处采用与 5.3 节类似的方法重写为

$$\beta = A\frac{T'^2}{B\Phi}\exp\left(-\frac{B}{T'}\right)q\left(\frac{B}{T'}\right)\Big|_{T_s-T_v}^{T(t)-T_v} \quad (5\text{-}126)$$

式中,$q(x)$ 为 B/T' 的函数,其具体表达式见表 5-4。

通常,相变温度远高于实验开始温度,$T(t) \gg T_s$(或 T_v)。式(5-126)中,积分下限与积分上限相比可忽略。将式(5-126)整理并代入式(5-122)得

$$x_e = \left[\frac{A}{B}q\left(\frac{B}{T(t)-T_v}\right)\exp\left(-\frac{B}{T(t)-T_v}\right)\frac{(T(t)-T_v)^2}{\Phi}\right]^n \quad (5\text{-}127)$$

当积分下限的数值大到足以影响相变过程时,需用 5.3 节中的方法进行处理。

根据碰撞模型,由式(5-127)可得转变分数的解析表达式。例如,在晶核随机分布的各向同性生长碰撞模型下,可得[163]

$$f = 1 - \exp\left\{-\left[K_0\exp\left(-\frac{B}{T-T_v}\right)\alpha\right]^n\right\} \quad (5\text{-}128)$$

式中,α 为 t(等温相变)或 $(T-T_v)^2/\Phi$(等时相变);K_0 为 A(等温相变)或 $Aq[B/(T-T_v)]/B$(等时相变)。

5.6.2 转变速率模型

针对形核—长大型相变,材料学者更倾向将形核率和生长速率以不同的速率常数给出,总的有效速率常数受两者的综合作用,这在经典 KJMA 模型、解析模型和扩展解析模型中均有所体现。对于 VFT 关系,同样可以进行相应处理。

假设形核和生长过程的动力学速率常数都遵循 VFT 关系:

$$\dot{N} = A_N\exp\left(-\frac{B_N}{T(\tau)-T_v}\right) \quad (5\text{-}129a)$$

$$v = A_G\exp\left(-\frac{B_G}{T(t)-T_v}\right) \quad (5\text{-}129b)$$

式中,A_N、B_N 为形核过程的模型参数;A_G、B_G 为生长过程的模型参数。

T_v 是表征脆性熔体的特征参数,同一合金的不同动力学过程具有相同的 T_v。因此,将式(5-129)代入式(4-1)得到扩展转变分数为[163]

$$x_e = \int_0^t A_N\exp\left(-\frac{B_N}{T(\tau)-T_v}\right)g\left[\int_\tau^t A_G\exp\left(-\frac{B_G}{T(t)-T_v}\right)dt\right]^{\frac{d}{m}}d\tau \quad (5\text{-}130)$$

假设生长过程由三维界面控制，即 $d/m=3$。对于等温过程，式(5-130)可写为

$$x_e = A_N g A_G^3 \exp\left(-\frac{B_N+3B_G}{T-T_v}\right)\int_0^t \left(\int_\tau^t \mathrm{d}t\right)^3 \mathrm{d}\tau \qquad (5\text{-}131)$$

整理可得

$$x_e = \frac{A_N g A_G^3}{4}\exp\left(-\frac{B_N+3B_G}{T-T_v}\right) t^4 \qquad (5\text{-}132)$$

对于等时过程，式(5-130)可写为

$$x_e = \int_{T_s}^T A_N \exp\left(-\frac{B_N}{T(\tau)-T_v}\right) g \left[\int_{T(\tau)}^T B_G \exp\left(-\frac{B_G}{T(t)-T_v}\right)\frac{\mathrm{d}T(t)}{\Phi}\right]^3 \frac{\mathrm{d}T(\tau)}{\Phi} \qquad (5\text{-}133)$$

类似地，令 $T'(t)=T(t)-T_v$，对式(5-133)进行变量代换得

$$x_e = \frac{A_N g A_G^3}{\Phi^4}\int_{T_s}^T \exp\left(-\frac{B_N}{T(\tau)-T_v}\right)\left[\int_{T(\tau)-T_v}^{T-T_v} \exp\left(-\frac{B_G}{T'(t)}\right)\mathrm{d}T'(t)\right]^3 \mathrm{d}T(\tau) \qquad (5\text{-}134)$$

同样，应用温度积分得

$$\begin{aligned}
x_e = \frac{A_N g A_G^3}{\Phi^4}\frac{1}{B_G^3}\Bigg[& q^3\left(\frac{B_G}{T(t)-T_v}\right)(T-T_v)^6 \exp\left(-\frac{3B_G}{T-T_v}\right)\int_{T_s}^T \exp\left(-\frac{B_N}{T(\tau)-T_v}\right)\mathrm{d}T(\tau) \\
& -3q^2\left(\frac{B_G}{T(t)-T_v}\right)(T-T_v)^4 \exp\left(-\frac{2B_G}{T-T_v}\right) \\
& \times \int_{T_s}^T q\left(\frac{B_G}{T(\tau)-T_v}\right)\exp\left(-\frac{B_N+B_G}{T(\tau)-T_v}\right)(T(\tau)-T_v)^2 \mathrm{d}T(\tau) \\
& +3q\left(\frac{B_G}{T(t)-T_v}\right)(T-T_v)^2 \exp\left(-\frac{B_G}{T-T_v}\right) \\
& \times \int_{T_s}^T q^2\left(\frac{B_G}{T(\tau)-T_v}\right)\exp\left(-\frac{B_N+2B_G}{T(\tau)-T_v}\right)(T(\tau)-T_v)^4 \mathrm{d}T(\tau) \\
& -\int_{T_s}^T q^3\left(\frac{B_G}{T(\tau)-T_v}\right)\exp\left(-\frac{B_N+3B_G}{T(\tau)-T_v}\right)(T(\tau)-T_v)^6 \mathrm{d}T(\tau)\Bigg]
\end{aligned}$$

$$(5\text{-}135)$$

令 $T'(\tau)=T(\tau)-T_v$，再次进行变量代换得

$$x_e = \frac{A_N g A_G^3}{\Phi^4} \frac{1}{B_G^3} \left[q^3 \left(\frac{B_G}{T(t)-T_v} \right) (T-T_v)^6 \exp\left(-\frac{3B_G}{T-T_v}\right) \int_{T_s-T(\tau)}^{T-T(\tau)} \exp\left(-\frac{B_N}{T'(\tau)}\right) dT(\tau) \right.$$

$$-3q^2 \left(\frac{B_G}{T(t)-T_v} \right) (T-T_v)^4 \exp\left(-\frac{2B_G}{T-T_v}\right)$$

$$\times \int_{T_s-T(\tau)}^{T-T(\tau)} q\left(\frac{B_G}{T'(\tau)}\right) \exp\left(-\frac{B_N+B_G}{T'(\tau)}\right) (T'(\tau))^2 \, dT(\tau)$$

$$+3q\left(\frac{B_G}{T(t)-T_v}\right)(T-T_v)^2 \exp\left(-\frac{B_G}{T-T_v}\right)$$

$$\times \int_{T_s-T(\tau)}^{T-T(\tau)} q^2 \left(\frac{B_G}{T'(\tau)}\right) \exp\left(-\frac{B_N+2B_G}{T'(\tau)}\right)(T'(\tau))^4 \, dT'(\tau)$$

$$\left. -\int_{T_s-T(\tau)}^{T-T(\tau)} q^3 \left(\frac{B_G}{T'(\tau)}\right) \exp\left(-\frac{B_N+3B_G}{T'(\tau)}\right)(T'(\tau))^6 \, dT'(\tau) \right]$$

(5-136)

根据 5.3 节中的广义温度积分：

$$\int_0^T T'^M \exp\left(-\frac{B}{T'}\right) dT' = \frac{T^{M+2}}{B} p_M\left(\frac{B}{T}\right) \exp\left(-\frac{B}{T}\right) \quad (5-137)$$

式中，$p_M(x)$ 为关于 B/T 的函数，具有不同的表达式，见表 5-5。

结合式(5-137)，对式(5-136)进行整理可得

$$x_e = \frac{A_N g A_G^3}{4} C_c \exp\left(-\frac{B_N+3B_G}{T-T_v}\right) \left[\frac{(T-T_v)^2}{\Phi}\right]^4 \quad (5-138)$$

式中，$C_c = \frac{4q^3}{B_G^3}\left(\frac{p_0}{B_N} - \frac{3p_2}{B_N+B_G} + \frac{3p_4}{B_N+2B_G} - \frac{p_6}{B_N+3B_G}\right)$，其中忽略 T_s 项。

将等温相变(式(5-132))和等时相变(式(5-138))写为统一形式：

$$x_e = \frac{A_N g A_G^{d/m}}{d/m+1} C_c \exp\left(-\frac{B_N+d/m B_G}{T-T_v}\right) \alpha^{\frac{d}{m}+1} \quad (5-139)$$

式中，对于等温相变，$C_c=1$。当式(5-139)中 $T_v=0$ 时，该模型退化为经典 KJMA 模型。

此外，根据 VFT 关系进一步推导可得速率方程表达式[163]。

对于等温相变：

$$\frac{df}{dt} = \frac{n}{t}(1-f)[-\ln(1-f)] \quad (5\text{-}140\text{a})$$

对于等时相变：

$$\frac{df}{dT} = \left[\frac{nB}{(T-T_v)^2} + \frac{2n}{T-T_v}\right](1-f)\left[-\ln(1-f)\right] \tag{5-140b}$$

等温速率方程表达式同经典 KJMA 模型表达式完全一致，见式(5-43a)。等时速率方程与经典理论略微不同，对比式(5-43b)可知，以$[B/(T-T_v)^2+2/(T-T_v)]$替换经典速率方程中的$[Q/(RT^2)+2/T]$可得式(5-140b)。

5.6.3 动力学分析方法

动力学分析可直接从实验数据中获取动力学信息。根据这些粗糙信息可对相变机制进行简单的预判，也可作为模型拟合的初值条件简化拟合过程。文献中有大量的动力学分析方法，详见 3.4.1 小节。但是这些动力学分析方法都是基于阿伦尼乌斯关系提出的。本小节根据 5.6.1 小节和 5.6.2 小节中的模型来检验动力学分析方法是否适用于符合 VFT 关系的相变过程。

1. 求解 Avrami 指数

对于等温过程，对式(5-122)两边求对数可得

$$\ln x_e = n\ln A - \frac{nB}{T-T_v} + n\ln t \tag{5-141}$$

式中，A、B、T 和 T_v 在等温条件下均为常数；Avrami 指数由单转变即可求出：

$$n = \frac{d\ln x_e}{d\ln t} \tag{5-142}$$

若碰撞模型为晶核随机分布和各向同性生长，则式(5-142)是经典的 Avrami 方法，见式(3-32)。

对于等时过程，对式(5-127)两边取对数可得

$$\ln x_e = n\ln\frac{A}{B}q\left(\frac{B}{T-T_v}\right) - \frac{nB}{T-T_v} + n\ln\frac{(T-T_v)^2}{\Phi} \tag{5-143}$$

同式(5-143)中其他项相比，q 随温度变化相对较小(见 5.3 节)，可将其近似看作常数。在不同加热速率下达到同一温度，体系的转变程度不同。这里用$(x_e)_T$表示不同加热速率达到同一温度所对应的扩展转变分数，根据式(5-143)可得

$$n = \frac{d\ln(x_e)_T}{d(-\ln\Phi)} \tag{5-144}$$

若碰撞模型为晶核随机分布，则式(5-144)为经典的 Ozawa 方法，见式(3-33)

相关描述。

可见，基于经典理论的 Avrami 指数求解方法在 VFT 关系下仍适用。当前理论和经典理论中的 Avrami 指数具有相同的物理意义，求解 Avrami 指数时利用的数据是基于同一温度的数据，因此它并不体现激活能随温度变化的影响。

2. 求解表观激活能

如前文所述，所有求解激活能的方法都是根据不同温度处的数据给出一个平均的常数激活能。对于 VFT 关系来说，Q 在不同温度处是变化的，求解出的平均值没有物理意义。本部分提出一种新方法。

阿伦尼乌斯关系中，Q 作为一个模型参数直接出现在方程中，而 VFT 关系中，Q 并不直接出现在模型中。首先，给出 VFT 关系中 Q 的解析表达式。根据阿伦尼乌斯关系(式(3-16))可得[163]

$$\frac{\mathrm{d}\ln K}{\mathrm{d}(-1/RT)} = Q \tag{5-145}$$

式(5-145)是求解激活能的一般方法：对速率常数取对数，则其与温度的倒数呈线性关系。激活能可由直线斜率得到。

从 VFT 关系(式(5-121))可知：

$$\frac{\mathrm{d}\ln K}{\mathrm{d}(-1/RT)} = \frac{RB}{\left(1-T_\mathrm{v}/T\right)^2} \tag{5-146}$$

若某一过程的速率常数符合阿伦尼乌斯关系，式(5-146)可以给出常数 Q。为使本研究同经典理论有可比性，定义式(5-146)的结果为表观激活能。这里仅将 VFT 关系中的表观激活能表示为[163]

$$Q = \frac{RB}{\left(1-T_\mathrm{v}/T\right)^2} \tag{5-147}$$

VFT 关系中，Q 取决于两个模型参数，B 和 T_v。因此，要得到 Q，首先应明确给出 B 和 T_v 的数值。

对于等温相变，不同温度下达到同一转变分数所需时间为 t_f，由式(5-141)可得[163]

$$\ln t_f = \frac{B}{T-T_\mathrm{v}} + C_1 \tag{5-148}$$

式中，C_1 为常数。

根据式(5-148)求解模型参数的基本逻辑如图 5-24 所示。首先，由于 T_v 为未知参数，假定其数值为 T_i。若假定数值小于其真值，以 $1/(T-T_i)$ 为横坐标，以 $\ln t_f$ 为纵坐标作图，数据点将会落到一条凹曲线上；若假定数值大于其真值，数据点则落到一条凸曲线上；当且仅当假定数值等于其真值，数据点落到一条直线上。因此，在不同 T_i 处，对数据点进行线性回归分析。相关系数 R^2 是表示线性度的一个参量，随着 T_i 逐渐靠近 T_v 真值，必然得到 R^2 的一个极大值。对应于最优线性度的数据点，其斜率就为 B 的值。根据 T_v 和 B，可由式(5-147)计算出 Q。

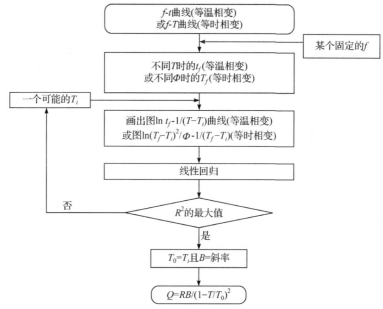

图 5-24 直接求解 VFT 关系模型参数及表观激活能的流程示意图

同理对于等时相变，在不同加热速率下达到同一转变分数的温度为 T_f。根据式(5-143)可得

$$\ln\frac{\left(T_f-T_v\right)^2}{\Phi}=\frac{B}{T_f-T_v}+C_2 \tag{5-149}$$

式中，C_2 为常数。采用与等温相变相类似的方法可得到 B 和 T_v。

求解激活能的传统方法和本节新方法都需要进行线性回归分析。传统方法中，回归分析结果直接得到且与线性度无关，而本节新方法根据最优的线性度得出结果，因此更为精确。对于同一种合金而言，T_v 是体系本征参量且不随转变程度而变化，因此可在不同转变分数处利用当前方法给出 T_v，从而检验该方法的可靠性。相比之下，传统方法无法找到一个不变的本征量，也就不具备这种自检能力。总之，新方法虽然步骤上相对繁琐，但其精确性和可靠性都是有保证的。

5.6.4 模型应用于 $Zr_{55}Cu_{30}Al_{10}Ni_5$ 的块体非晶晶化

相比传统低维非晶合金，块体非晶合金具有更高的热稳定性。因此，它具有更大的过冷液相区，晶化温度范围更宽。前人研究表明[130,136-140]，块体非晶在较宽的温度范围内晶化时会发生同阿伦尼乌斯关系的偏离。本小节将利用 VFT 关系研究四元 Zr 基块体非晶的晶化动力学。

在氩气保护下，通过铜模喷注法制备 $Zr_{55}Cu_{30}Al_{10}Ni_5$ 块体非晶，并采用 DSC 测量其在不同等温温度和不同加热速率下的晶化动力学曲线。样品制备和具体测量过程详见文献[130]。图 5-25(a)和(b)分别展示了 $Zr_{55}Cu_{30}Al_{10}Ni_5$ 块体非晶在不同等温温度和不同加热速率下由 DSC 测得的放热速率 $d\Delta H/dt$ 转化而来的转变速率曲线(图 5-25(a)已剔除孕育期)。如前文所述，新模型中 Avrami 指数和经典 KJMA 模型具有相同的物理意义，且经典求解 Avrami 指数的方法(见 3.4.1 小节)完全适用于符合VFT关系的相变过程。Liu 等[130]和 Wang 等[141]已经用经典KJMA模型对该块体非晶的晶化动力学做了初步分析：对于等温相变，经典 Avrami-Plot

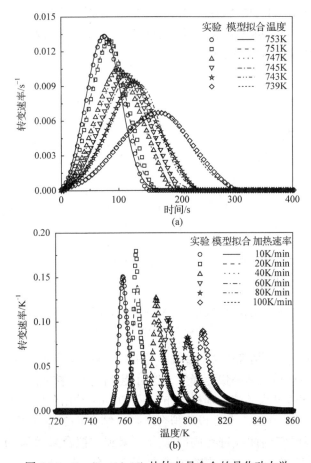

图 5-25 $Zr_{55}Cu_{30}Al_{10}Ni_5$ 块体非晶合金的晶化动力学
(a) 不同温度下(等温晶化)转变速率随时间的演化；(b) 不同加热速率下(等时晶化)转变速率随温度的演化

方法得到的 Avrami 指数 n 不随温度变化，其值约为 2.5，相变机制为连续形核和三维扩散控制生长，且在不同等温温度和不同加热速率下保持一致。结合这些已有动力学信息，本节将用新模型对其晶化动力学过程进行描述。

1. 等温晶化

Wang 等[141]采用经典求解激活能的方法(3.4.1 小节)，得出 $Zr_{55}Cu_{30}Al_{10}Ni_5$ 块体非晶在不同等温温度下晶化激活能的平均值：Q=245kJ/mol。图 5-26(a)重新绘制了该求解表观激活能的经典方法及相关数据。从图中可明显地观察到一种趋势：随温度升高，数据点斜率逐渐降低。这是遵循 VFT 关系的典型相变特征。因此，需用新模型来描述其晶化过程。将图 5-24 所示方法应用于图 5-25(a)中的数据，得到该相变过程的模型参数：当 f=1 时，对应于线性相关系数 R^2 最大值，T_v=459K±5K 和 B=4153K±143K；当 f=0.5 时，对应于线性相关系数 R^2 最大值，T_v=436K±5K 和 B=5189K±165K；当 f=0.632 时，对应于线性相关系数 R^2 最大值，T_v=462K±6K 和 B=4259K±121K。

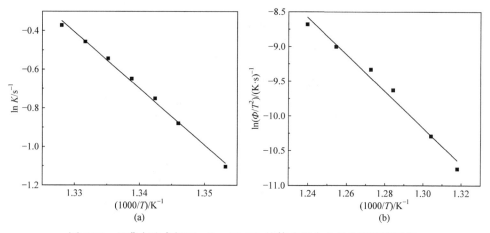

图 5-26 经典方法求解 $Zr_{55}Cu_{30}Al_{10}Ni_5$ 块体非晶合金晶化表观激活能
(a) 等温晶化[141]；(b) 等时晶化[130]

此外，为了得到更精确的模型参数，可用新模型来拟合实验曲线。从图 5-25(a)中可知，晶化后期转变速率快速降低，这可能是因为晶粒之间的碰撞程度较弱。假设晶化的碰撞模型为晶核非随机分布，用式(2-68)给出碰撞模型。除 Avrami 指数外(n=2.5)，将 A、B、T_v 和 ε 设为拟合参数，结合式(2-68)和式(5-122)，用当前模型对 6 条等温实验曲线进行同时拟合。得到的拟合参数为 A=2.05×10^{5}s^{-1}、B=5234K、T_v=441K 和 ε=2.2，拟合结果见图 5-25(a)。

2. 等时晶化

Liu 等[130]根据经典的 Kissinger 方法得到 $Zr_{55}Cu_{30}Al_{10}Ni_5$ 块体非晶在不同加热速率下的晶化激活能平均值: $Q=230kJ/mol$。该求解激活能的经典方法及相关数据重新绘制于图 5-26(b)，可以看出，随温度升高，数据点斜率逐渐降低，偏离图中直线，符合 VFT 关系的特征。因此，采用新模型来描述其晶化过程。将图 5-24 中所示的方法应用于图 5-25(b)中的数据，得到该相变过程的模型参数：当 $f=1$ 时，对应于线性相关系数 R^2 最大值，$T_v=461K\pm3K$ 和 $B=5370K\pm110K$；当 $f=0.3$ 时，对应于线性相关系数 R^2 最大值，$T_v=474K\pm4K$ 和 $B=5133K\pm147K$；当 $f=0.5$ 时，对应于线性相关系数 R^2 最大值，$T_v=471K\pm3K$ 和 $B=5145K\pm108K$。

为了进一步得到更精确的模型参数，采用新模型来拟合实验曲线。Zr 基非晶在晶化前有一个弛豫过程，其初始温度 T_s 大到足以影响相变过程。因此，在描述 $Zr_{55}Cu_{30}Al_{10}Ni_5$ 非晶合金等时晶化时，模型中需考虑其影响。与 5.3 节中处理类似，将初始温度项考虑到速率常数指前因子中：

$$K_0 = \frac{A}{B}\left[q(B/(T-T_v)) - q(B/(T_s-T_v))\exp\left(\frac{B}{T-T_v} - \frac{B}{T_s-T_v}\right)\frac{(T_s-T_v)^2}{(T-T_v)^2}\right] \quad (5\text{-}150)$$

式中，方括号中第二项为初始温度相关项。同等温晶化不同，等时晶化速率在相变后期降低很慢，见图 5-25(b)。这可能是因为晶粒之间存在较强的碰撞。因此，选取各向异性生长碰撞模型，即式(2-67)。模型参数中 $n=2.5$，不同的加热速率，即 Φ 为 10K/min、20K/min、40K/min、60K/min、80K/min 和 100K/min 下，初始温度分别为 754.6K、763.8K、775.0K、781.0K、792.3K 和 801.7K。其中，A、B、T_v 和 ξ 设为拟合参数。不同加热速率下其碰撞因子的大小不同，得到拟合参数为 $A=4.28\times10^6 s^{-1}$、$B=5791K$、$T_v=453K$ 和 ξ 为 1.5、1.2、2.0、2.3、3.5、3.9 分别对应于 Φ 为 10K/min、20K/min、40K/min、60K/min、80K/min、100K/min，拟合结果见图 5-25(b)。

根据当前模型分析结果，对于等温晶化和等时晶化过程，在不同转变分数均得到了近似相等的 T_v。这也说明 T_v 反映了合金系的本质属性。以往研究中已得到一些 Zr-Cu-Al-Ni 四元合金的 T_v：对于 $Zr_{64.13}Cu_{15.75}Ni_{10.12}Al_{10}$ 块体非晶合金 $T_v=410K$[164]；对于 $Zr_{65}Cu_{17.5}Ni_{10}Al_{7.5}$ 和 $Zr_{69.5}Cu_{12}Ni_{11}Al_{7.5}$ 块体非晶合金 $T_v=421K$[165]。与文献中结果相比，本节模型给出 $Zr_{55}Cu_{30}Al_{10}Ni_5$ 合金系的 T_v 非常合理。由此可见，该合金的脆性很大，需用本节新模型来描述该合金的晶化动力学。

参 考 文 献

[1] AVRAMI M. Kinetics of phase change. Ⅰ general theory[J]. The Journal of Chemical Physics, 1939, 7: 1103-1112.

[2] AVRAMI M. Kinetics of phase change. II transformation-time relations for random distribution of nuclei[J]. The Journal of Chemical Physics, 1940, 8: 212-224.

[3] AVRAMI M. Granulation, phase change, and microstructure kinetics of phase change[J]. The Journal of Chemical Physics, 1941, 9: 177-184.

[4] MITTEMEIJER E J. Analysis of the kinetics of phase transformations[J]. Journal of Materials Science, 1992, 27: 3977-3987.

[5] CHRISTIAN J W. The Theory of Transformations in Metals and Alloys, Part 1 Equilibrium and General Kinetics Theory[M]. Oxford: Pergamon Press, 2002.

[6] LIU F, SOMMER F, MITTEMEIJER E J. An analytical model for isothermal and isochronal transformation kinetics[J]. Journal of Materials Science, 2004, 39: 1621-1634.

[7] LIU F, SOMMER F, BOS C, et al. Analysis of solid state phase transformation kinetics: Models and recipes[J]. International Materials Reviews, 2007, 52: 193-212.

[8] LIU F, SOMMER F, MITTEMEIJER E J. Determination of nucleation and growth mechanisms of the crystallization of amorphous alloys; application to calorimetric data[J]. Acta Materialia, 2004, 52: 3207-3216.

[9] STARINK M J. Activation energy determination for linear heating experiments: Deviations due to neglecting the low temperature end of the temperature integral[J]. Journal of Materials Science, 2007, 42: 483-489.

[10] ÓRFÃO J J M. Review and evaluation of the approximations to the temperature integral[J]. AIChE Journal, 2007, 53: 2905-2915.

[11] CAI J, LIU R, WANG Y. Kinetic analysis of solid-state reactions: A new integral method for non-isothermal kinetics with the dependence of the pre-exponential factor on the temperature ($A = A_0 T^n$)[J]. Solid State Sciences, 2007, 9: 421-428.

[12] KOOI B J. Monte Carlo simulations of phase transformations caused by nucleation and subsequent anisotropic growth: Extension of the Johnson-Mehl-Avrami-Kolmogorov theory[J]. Physical Review B, 2004, 70: 224108.

[13] KOOI B J. Extension of the Johnson-Mehl-Avrami-Kolmogorov theory incorporating anisotropic growth studied by Monte Carlo simulations[J]. Physical Review B, 2006, 73: 054103.

[14] LIU F, YANG G. Effects of anisotropic growth on the deviations from Johnson-Mehl-Avrami kinetics[J]. Acta Materialia, 2007, 55: 1629-1639.

[15] MITTEMEIJER E J. Fundamentals of Materials Science: The Microstructure-Property Relationship Using Metals as Model Systems[M]. Heidelberg: Springer Verlag, 2010.

[16] ANDROSCH R, WUNDERLICH B, LUPKE T, et al. Influence of deformation on irreversible and reversible crystallization of poly(ethylene-co-1-octene)[J]. Journal of Polymer Science Part B-Polymer Physics, 2002, 40: 1223-1235.

[17] INOUE A, WANG X M. Bulk amorphous FC_{20}(Fe-C-Si) alloys with small amounts of B and their crystallized structure and mechanical properties[J]. Acta Materialia, 2000, 48: 1383-1395.

[18] BORREGO A, GONZALEZ-DOCEL G. Calorimetric study of 6061-Al-15 vol.% SiCwPM composites extruded at different temperatures[J]. Materials Science and Engineering A, 1998, 245: 10-18.

[19] BORREGO A, GONZALEZ-DOCEL G. Reply to comments on: "Calorimetric study of 6061-Al-15vol.% SiCwPM composites extruded at different temperatures"[J]. Materials Science and Engineering A, 2000, 276: 292-295.

[20] VARSCHAVSKY A, DONOSO E. Energetic and kinetic evaluations in a quasi-binary Cu-1 at.% Co_2Si alloy[J]. Materials Sciences, 2003, 57: 1266-1271.

[21] SONG K K, GARGARELLA P, PAULY S, et al. Correlation between glass-forming ability, thermal stability, and crystallization kinetics of Cu-Zr-Ag metallic glasses[J]. Journal of Applied Physics, 2012, 112: 063503.

[22] CHEN N, LOUZGUINE-LUZGIN D V, XIE G Q, et al. Influence of minor Si addition on the glass-forming ability and mechanical properties of $Pd_{40}Ni_{40}P_{20}$ alloy[J]. Acta Materialia, 2009, 57: 2775-2780.

[23] LOUZGUINE-LUZGIN D V, XIE G Q, LI S, et al. Glass-forming ability and differences in the crystallization behavior of ribbons and rods of $Cu_{36}Zr_{48}Al_8Ag_8$ bulk glass-forming alloy[J]. Journal of Materials Research, 2009, 24: 1886-1895.

[24] GU B, LIU F, CHEN Y Z, et al. Structural modification and phase transformation kinetics: Crystallization of amorphous $Fe_{40}Ni_{40}P_{14}B_6$ eutectic alloy[J]. Journal of Materials Science, 2014, 49: 842-857.

[25] PUSZTAI T, GRÁNÁSY L. Monte Carlo simulation of first-order phase transformations with mutual blocking of anisotropically growing particles up to all relevant orders[J]. Physical Review B, 1998, 57: 14110.

[26] SUN N X, ZHANG K, ZHANG X H, et al. Nanocrystallization of amorphous $Fe_{33}Zr_{67}$ alloy[J]. Nanostructured Materials, 1996, 7: 637-649.

[27] JIANG Y H, LIU F, SUN B, et al. Kinetic description for solid-state transformation using an approach of summation/product transition[J]. Journal of Materials Science, 2014, 49: 5119-5140.

[28] BRAUN R L, BURNHAM A K. Analysis of chemical reaction kinetics using a distribution of activation energies and simpler models[J]. Energy Fuels, 1987, 1: 153-161.

[29] SKRDLA P J, ROBERTSON R T. Semiempirical equations for modeling solid-state kinetics based on a maxwell-boltzmann distribution of activation energies: Applications to a polymorphic transformation under crystallization slurry conditions and to the thermal decomposition of $AgMnO_4$ crystals[J]. The Journal of Chemical Physics B, 2005, 109: 10611-10619.

[30] RIOS P R, VILLA E. Simultaneous and sequential transformations[J]. Acta Materialia, 2011, 59: 1632-1643.

[31] MEN H, KIM W T, KIM D H. Glass formation and crystallization behavior in $Mg_{65}Cu_{25}Y_{10-x}Gd_x$ (x=0, 5 and 10) alloys[J]. Journal of Non-Crystalline Solids, 2004, 337: 29-35.

[32] GUN B, LAWS K J, FERRY M. Static and dynamic crystallization in Mg-Cu-Y bulk metallic glass[J]. Journal of Non-Crystalline Solids, 2006, 352: 3887-3895.

[33] BOS C, SOMMER F, MITTEMEIJER E J. An atomistic analysis of the interface mobility in a massive transformation[J]. Acta Materialia, 2005, 53: 5333-5341.

[34] GRAYDON J W, THORPE S J, KIRK D W. Determination of the Avrami exponent for solid state transformations from non-isothermal differential scanning calorimetry[J]. Journal of Non-Crystalline Solids, 1994, 175: 31-43.

[35] KEMPEN A T W, SOMMER F, MITTEMEIJER E J. The isothermal and isochronal kinetics of the crystallization of bulk amorphous $Pd_{40}Cu_{30}P_{20}Ni_{10}$[J]. Acta Materialia, 2002, 50: 1319-1329.

[36] LEE K S, JO Y M, LEE Y S. Crystallization and high-temperature deformation behavior of $Cu_{49}Zr_{45}Al_6$ bulk metallic glass within supercooled liquid region[J]. Journal of Non-Crystalline Solids, 2013, 376: 145-151.

[37] HU C X, LI G L, SHI Y. Crystallization kinetics of the $Cu_{47.5}Zr_{47.5}Al_5$ bulk metallic glass under continuous and isothermal heating[J]. Applied Mechanics and Materials, 2011, 99-100: 1052-1058.

[38] FERNÁNDEZ R, CARRASCO W, ZÚÑIGA A. Structure and crystallization of amorphous Cu-Zr-Al powders[J]. Journal of Non-Crystalline Solids, 2010, 356: 1665-1669.

[39] QIAO J C, PELLETIER J M. Crystallization kinetics in $Cu_{46}Zr_{45}Al_7Y_2$ bulk metallic glass by differential scanning calorimetry (DSC)[J]. Journal of Non-Crystalline Solids, 2011, 357: 2590-2594.

[40] BALARIN M. Improved approximations of the exponential integral in tempering kinetics[J]. Journal of Thermal Analysis and Calorimetry, 1977, 12: 169-177.

[41] CAI J, YAO F, YI W, et al. New temperature integral approximation for non-isothermal kinetics[J]. Aiche Journal 2006, 52: 1554-1557.

[42] URBANOVICI E, SEGAL E. Some problems concerning the temperature integral in non-isothermal kinetics: Part 3. An approximation of the temperature integral through integration over small temperature intervals[J]. Thermochimica Acta, 1992, 203: 153-157.

[43] CHEN H, LIU N. New procedure for derivation of approximations for temperature integral[J]. AIChE Journal, 2006, 52: 4181-4185.

[44] SENUM G I, YANG R T. Rational approximations of the integral of the Arrhenius function[J]. Journal of Thermal Analysis and Calorimetry, 1977, 11: 445-447.

[45] ZSAKÓ J. Empirical formula for the exponential integral in non-isothermal kinetics[J]. Journal of Thermal Analysis and Calorimetry, 1975, 8: 593-596.

[46] WAN J T, YU W L, XI L Y, et al. Approximate formulae for calculation of the integral $\exp(-E/RT)dT$[J]. Journal of Thermal Analysis and Calorimetry, 2005, 81: 347-349.

[47] CAI J M, LIU R H. Dependence of the frequency factor on the temperature: A new integral method of nonisothermal kinetic analysis[J]. Journal of Mathematical Chemistry, 2008, 43: 637-646.

[48] CAI J M, LIU R H. New approximation for the general temperature integral[J]. Journal of Thermal Analysis and Calorimetry, 2007, 90: 469-474.

[49] CHEN H X, LIU N A. A procedure to approxim ate the generalized temperature integral[J]. Journal of Thermal Analysis and Calorimetry, 2007, 90: 449-452.

[50] CHEN H X, LIU N A. New approximate formulae for the generalized temperature integral[J]. Journal of Thermal Analysis and Calorimetry, 2009, 96: 175-178.

[51] CAPELA J M V, CAPELA M V, RIBEIRO C A. Approximations for the generalized temperature integral: A method based on quadrature rules[J]. Journal of Thermal Analysis and Calorimetry, 2009, 97: 521-524.

[52] VELISARIS C N, SEFERIS J C. Crystallization kinetics of polyetheretherketone (PEEK) matrices[J]. Polymer Engineering and Science, 1986, 26: 1574-1581.

[53] WANG J, KOU H C, LI J S, et al. An integral fitting method for analyzing the isochronal transformation kinetics: Application to the crystallization of a Ti-based amorphous alloy[J]. Journal of Physics and Chemistry of Solids, 2009, 70: 1448-1453.

[54] WANG Y L, XU J. Ti(Zr)-Cu-Ni bulk metallic glasses with optimal glass-forming ability and their compressive properties[J]. Metallurgical and Materials Transactions A, 2008, 39: 2990-2997.

[55] WU X F, SUO Z Y, SI Y, et al. Bulk metallic glass formation in a ternary Ti-Cu-Ni alloy system[J]. Journal of Alloys and Compounds, 2008, 452: 268-272.

[56] BUSCHOW K H J. Thermal stability of amorphous Ti-Cu alloys[J]. Acta Metallurgica, 1983, 31: 155-160.

[57] KIM Y C, KIM W T, KIM D H. Glass forming ability and crystallization behavior in amorphous $Ti_{50}Cu_{32-x}Ni_{15}Sn_3Be_x$ (x=0, 1, 3, 7) alloys[J]. Materials Transactions, 2002, 43: 1243-1247.

[58] PORTER D A, EASTERLING K E, SHERIF M Y. 金属及合金中的相变[M]. 3 版. 陈冷, 余永宁, 译. 北京: 高等教育出版社, 2011.

[59] LIU F, SOMMER F, MITTEMEIJER E J. Parameter determination of an analytical model for phase transformation kinetics: Application to crystallization of amorphous Mg-Ni alloys[J]. Journal of Materials Research, 2004, 19: 2586-2596.

[60] THOMPSON C V, GREER A L, SPAEPEN F. Crystal nucleation in $(Au_{100-y}Cu_y)_{77}Si_9Ge_{14}$ amorphous alloys[J]. Acta Metallurgica, 1983, 31: 1883-1894.

[61] GREER A L. Crystallization kinetics of $Fe_{80}B_{20}$ glass[J]. Acta Metallurgica, 1982, 30: 171-192.

[62] ALLEN D R, FOLEY J C, PEREPEZKO J H. Nanocrystal development during primary crystallization of amorphous alloys[J]. Acta Materialia, 1998, 42: 431-440.

[63] SONG S J, LIU F, JIANG Y H, et al. Kinetics of solid-state transformation subjected to anisotropic effect: Model and application[J]. Acta Materialia, 2011, 59: 3276-3286.

[64] BIRNIE III D P, WEINBERG M C. Kinetics of transformation for anisotropic particles including shielding effects[J]. Journal of Chemical Physics, 1995, 103: 374.

[65] STARINK M J. On the meaning of the impingement parameter in kinetic equations for nucleation and growth reactions[J]. Journal of Materials Science, 2001, 36: 4433-4441.

[66] WEINBERG M C, BIRNIE III D P. Transformation kinetics for randomly oriented anisotropic particles[J]. Journal of Non-Crystalline Solids, 1995, 189: 161-166.

[67] WEINBERG M C, BIRNIE III D P. Avrami exponents for transformations producing anisotropic particles[J]. Journal of Non-Crystalline Solids, 1996, 202: 290-296.

[68] WEINBERG M C, BIRNIE III D P. Transformation kinetics of anisotropic particles in thin films[J]. Journal of Non-Crystalline Solids, 1996, 196: 334-338.

[69] WEINBERG M C, BIRNIE III D P. Transformation kinetics in one-dimensional processes with continuous nucleation: The effect of shielding[J]. Journal of Chemical Physics, 1996, 105: 5138-5144.

[70] WEINBERG M C, BIRNIE III D P. Simulation of Anisotropic Particle Shape Development during 2D Transformation[J]. The Journal of Chemical Physics: B, 2002, 106: 8318-8325.

[71] BIRNIE III D P, WEINBERG M C. Transformation kinetics in 1-D processes with continuous nucleation comparison of shielding and phantom effects[J]. Physica A: Statistical Mechanics and Its Applications, 1996, 230: 484-498.

[72] BIRNIE III D P, WEINBERG M C. Orientational texture due to random anisotropic growth in one dimension[J]. Scripta Materialia, 1996, 35: 361-366.

[73] BIRNIE III D P, WEINBERG M C. Shielding effects in 1-D transformation kinetics[J]. Physica A: Statistical Mechanics and Its Applications, 1996, 223: 337-347.

[74] BIRNIE III D P, WEINBERG M C. Development of anisotropic particle morphology in an isotropically transforming matrix[J]. Physica A: Statistical Mechanics and Its Applications, 2000, 285: 279-294.

[75] LIU F, YANG G. Effects of anisotropic growth on the deviations from Johnson-Mehl-Avrami kinetics[J]. Acta Materialia, 2007, 55: 1629-1639.

[76] SHEPILOV M P, BAIK D S. Computer simulation of crystallization kinetics for the model with simultaneous nucleation of randomly-oriented ellipsoidal crystals[J]. Journal of Non-Crystalline Solids, 1994, 171: 141-156.

[77] KRIELAART G P, VAN DER ZWAAG S. Simulations of pro-eutectoid ferrite formation using a mixed control growth model[J]. Materials Science and Engineering A, 1998, 246: 104-116.

[78] WITS J J, KOP T A, LEEUWEN V Y, et al. A study on the austenite-to-ferrite phase transformation in binary substitutional iron alloys[J]. Materials Science and Engineering A, 2000, 283: 234-241.

[79] LEEUWEN V Y, ONINK M, SIETSMA J, et al. The γ-α transformation kinetics of low carbon steels under ultra-fast cooling conditions[J]. ISIJ International, 2001, 41: 1037-1048.

[80] OFFERMAN S E, VAN DIJK N H, SIETSMA J, et al. Grain nucleation and growth during phase transformations[J]. Science, 2002, 298: 1003-1005.

[81] PLICHTA M R, RIGSBEE J M, HALL M G, et al. Nucleation kinetics of the massive transformation in Cu-Zn in the presence and absence of special orientation relationships[J]. Scripta Metallurgica, 1976, 10: 1065-1070.

[82] LANGE III W F, ENOMOTO M, AARONSON H I. The kinetics of ferrite nucleation at austenite grain boundaries in Fe-C alloys[J]. Metallurgical and Materials Transactions A, 1988, 19: 427-440.

[83] BHATTACHARYYA S K, PEREPEZKO J H, MASSALSKI T B. Nucleation during continuous cooling: Application to massive transformations[J]. Acta Metallurgica, 1974, 22: 879-886.

[84] HILLERT M. Diffusion and interface control of reactions in alloys[J]. Metallurgical and Materials Transactions A, 1975, 6: 5-19.

[85] HILLERT M, HÖGLUND L. Mobility of α/γ phase interfaces in Fe alloys[J]. Scripta Materialia, 2006, 54: 1259-1263.

[86] VOOIJS S I, LEEUWEN V Y, SIETSMA J, et al. On the mobility of the austenite-ferrite interface in Fe-Co and Fe-Cu[J]. Metallurgical and Materials Transactions A, 2000, 31: 379-385.

[87] KEMPEN A T W, SOMMER F, MITTEMEIJER E J. The kinetics of the austenite-ferrite phase transformation of Fe-Mn: Differential thermal analysis during cooling[J]. Acta Materialia, 2002, 50: 3545-3555.

[88] LIU Y C, SOMMER F, MITTEMEIJER E J. Abnormal austenite-ferrite transformation behaviour in substitutional Fe-based alloys[J]. Acta Materialia, 2003, 51: 507-519.

[89] LIU Y C, SOMMER F, MITTEMEIJER E J. Abnormal austenite-ferrite transformation kinetics of ultra-low-nitrogen Fe-N alloy[J]. Metallurgical and Materials Transactions A, 2008, 39: 2306-2318.

[90] JOHNSON W A, MEHL R F. Reaction kinetics in processes of nucleation and growth[J]. Transactions of the American Institute of Mining, Metallurgical, and Petroleum Engineers, 1939, 135: 416-458.

[91] KRIELAARD A N, MOGOROV L M. On the statistical theory of metal crystallization[J]. Izvestiya Akademii Nauk SSSR, Seriya Matematicheskaya, 1937, 3: 355-359.

[92] CHEN H, BORGENSTAM A, ODQVIST J, et al. Application of interrupted cooling experiments to study the mechanism of bainitic ferrite formation in steels[J]. Acta Materialia, 2013, 61: 4512-4523.

[93] KOZESCHNIK E, GAMSJÄGER E. High-speed quenching dilatometer investigation of the austenite-to-ferrite transformation in a low to ultralow carbon steel[J]. Metallurgical and Materials Transactions A, 2006, 37: 1791-1797.

[94] LIU Y C, SOMMER F, MITTEMEIJER E J. The austenite-ferrite transformation of ultralow-carbon Fe-C alloy: Transition from diffusion-to interface-controlled growth[J]. Acta Materialia, 2006, 54: 3383-3393.

[95] HOFFMAN J D. Thermodynamic driving force in nucleation and growth processes[J]. Journal of Chemical Physics, 1958, 29: 1192-1193.

[96] THOMPSON C V, SPAEPEN F. On the approximation of the free energy change on crystallization[J]. Acta Metallurgica, 1979, 27: 1855-1859.

[97] SINGH H B, HOLZ A. Stability limit of supercooled liquids[J]. Solid State Communications, 1983, 45: 985-988.

[98] INOUE T, WANG Z G. Coupling between stress, temperature, and metallic structures during processes involving phase transformations[J]. Materials Science and Technology, 1985, 1: 845-850.

[99] DENIS S, GAUTIER E, SJÖSTRÖM S, et al. Influence of stresses on the kinetics of pearlitic transformation during continuous cooling[J]. Acta Metallurgica, 1987, 35: 1621-1632.

[100] SCHWARZ R B, KHACHATURYAN A G. Thermodynamics of open two-phase systems with coherent interfaces[J].

Physical Review Letters, 1995, 74: 2523-2526.

[101] KHACHATURYAN A G, SEMENOVSKAYA S, TSAKALAKOS T. Elastic strain energy of inhomogeneous solids[J]. Physical Review B, 1995, 52: 15909-15919.

[102] JIANG Y H, LIU F, SONG S J. An extended analytical model for solid-state phase transformation upon continuous heating and cooling processes: Application in γ/α transformation[J]. Acta Materialia, 2012, 60: 3815-3829.

[103] ASTM E. Standard test methods for determining average grain size: ASTM E112—96[S]. ASTM International: West Conshohocken, PA, USA, 2004.

[104] FARJAS J, ROURA P. Numerical model of solid phase transformations governed by nucleation and growth: Microstructure development during isothermal crystallization[J]. Physical Review B, 2007, 75: 184112.

[105] JAGLE E A, MITTEMEIJER E J. Predicting microstructures from phase transformation kinetics: The case of isochronal heating and cooling from a supersaturated matrix[J]. Modelling and Simulation in Materials Science and Engineering, 2010, 18: 065010.

[106] DINSDALE A T. SGTE data for pure elements[J]. Computer Coupling of Phase Diagrams and Thermochemistry, 1991, 15: 317-425.

[107] LEE B J, LEE D N. A Thermodynamic Study of the Mn-C and Fe-Mn Systems[J]. Computer Coupling of Phase Diagrams and Thermochemistry, 1989, 13: 345-354.

[108] LIU Y C, SOMMER F, MITTEMEIJER E J. Kinetics of the abnormal austenite-ferrite transformation behavior in substitutional Fe-based alloys[J]. Acta Materialia, 2004, 52: 2549-2560.

[109] CLEMM P J, FISHER J C. The influence of grain boundaries on the nucleation of secondary phases[J]. Acta Metallurgica, 1955, 3: 70-73.

[110] BENDICK W, PEPPERHOFF W. On the α/γ Phase Stability of Iron[J]. Acta Metallurgica, 1982, 30: 679-684.

[111] SHIMOTOMAI M, MARUTA K, MINE K, et al. Formation of aligned two-phase microstructures by applying a magnetic field during the austenite to ferrite transformation in steels[J]. Acta Materialia, 2003, 51: 2921-2932.

[112] TONG M M, LI D Z, LI Y Y. Modelling the austenite-ferrite diffusive transformation during continuous cooling on a mesoscale using Monte Carlo method[J]. Acta Materialia, 2004, 52: 1155-1162.

[113] ODQVIST J, SUNDMAN B, ÅGREN J. A general method for calculating deviation from local equilibrium at phase interfaces[J]. Acta Materialia, 2003, 51: 1035-1043.

[114] HILLERT M. Solute drag, solute trapping and diffusional dissipation of Gibbs energy[J]. Acta Materialia, 2000, 47: 4481-4505.

[115] CHEN H, VAN DER ZWAAG S. A general mixed-mode model for the austenite-to-ferrite transformation kinetics in Fe-C-M alloys[J]. Acta Materialia, 2014, 72: 1-12.

[116] JIANG Y H, LIU F, WANG J C, et al. Solid-state phase transformation kinetics in the near-equilibrium regime[J]. Journal of Materials Science, 2015, 50: 662-677.

[117] LIU F, SONG S J, SOMMER F, et al. Evaluation of the maximum transformation rate for analyzing solid-state phase transformation kinetics[J]. Acta Materialia, 2009, 57: 6176-6190.

[118] 汪卫华. 非晶态物质的本质和特性[J]. 物理学进展, 2013, 33: 177-351.

[119] ANGELL C A. Relaxation in liquids, polymers and plastic crystals - strong/fragile patterns and problems[J]. Journal of Non-Crystalline Solids, 1991, 131-133: 13-31.

[120] GREEN J L, ITO K, XU K, et al. Fragility in liquids and polymers: New, simple quantifications and interpretations[J].

Journal of Physical Chemistry B, 1999, 103: 3991-3996.

[121] DEBENEDETTI P G, STILLINGER F H. Supercooled liquids and the glass transition[J]. Nature, 2001, 410: 259-267.

[122] ANGELL C A, NGAI K L, MCKENNA G B, et al. Relaxation in glassforming liquids and amorphous solids[J]. Journal of Applied Physics, 2000, 88: 3113-3157.

[123] VOGEL H. Das temperature-abhängigkeitsgesetz der viskosität von flüssigkeiten[J]. Physikalische Zeitschrift, 1921, 22: 645-646.

[124] FULCHER G S. Analysis of recent measurements of the viscosity of glasses[J]. Journal of the American Ceramic Society, 1925, 8: 339-355.

[125] TAMMANN G, HESSE W. The dependence of viscosity upon the temperature of supercooled liquids[J]. Zeitschrift für Anorganische und Allgemeine Chemie, 1926, 156: 245-257.

[126] SCHOBER H R. Diffusion in a model metallic glass: Heterogeneity and ageing[J]. Physical Chemistry Chemical Physics, 2004, 6: 3654-3658.

[127] KAUZMANN W. The nature of the glassy state and the behavior of liquids at low temperatures[J]. Chemical Reviews, 1948, 43: 219-256.

[128] ADAM G, GIBBS J H. On the temperature dependence of cooperative relaxation properties in glass-forming liquids[J]. The Journal of Chemical Physics, 1965, 43: 139-146.

[129] RICHERT R, ANGELL C A. Dynamics of glassforming liquids. IV: On the link between molecular dynamics and configurational entropy[J]. The Journal of Chemical Physics, 1998, 108: 9016-9026.

[130] LIU L, WU Z F, ZHANG J. Crystallization kinetics of $Zr_{55}Cu_{30}Al_{10}Ni_5$ bulk amorphous alloy[J]. Journal of Alloys and Compounds, 2002, 339: 90-95.

[131] BRILLO J, POMMRICH A I, MEYER A. Relation between self-diffusion and viscosity in dense liquids: New experimental results from electrostatic levitation[J]. Physical Review Letters, 2011, 107: 165902.

[132] WANG X L, ALMER J, LIU C T, et al. In situ synchrotron study of phase transformation behaviors in bulk metallic glass by simultaneous diffraction and small angle scattering[J]. Physical Review Letters, 2003, 91: 265501.

[133] YINNON H, UHLMANN D R. Applications of thermoanalytical techniques to the study of crystallization kinetics in glass-forming liquids, part I: Theory[J]. Journal of Non-Crystalline Solids, 1983, 54: 253-275.

[134] KÖSTER U, MEINHARDT J. Crystallization of highly undercooled metallic melts and metallic glasses around the glass transition temperature[J]. Materials Science and Engineering A, 1994, 178: 271-278.

[135] LÖFFLER J F. Bulk metallic glasses[J]. Intermetallics, 2003, 11: 529-540.

[136] BRÜNING R, SAMWER K. Glass transition on long time scales[J]. Physical Review B, 1992, 46: 11318-11322.

[137] MITROVIC N, ROTH S, ECKERT J. Kinetics of the glass-transition and crystallization process of $Fe_{72-x}Nb_xA_{15}Ga_2P_{11}C_6B_4$ (x=0, 2) metallic glasses[J]. Applied Physics Letters, 1997, 78: 2145-2147.

[138] ZHAO Z F, ZHANG Z, WEN P, et al. A highly glass-forming alloy with low glass transition temperature[J]. Applied Physics Letters, 2003, 82: 4699-4701.

[139] SHADOWSPEAKER L, BUSCH R. On the fragility of Nb-Ni-based and Zr-based bulk metallic glasses[J]. Applied Physics Letters, 2004, 85: 2508-2510.

[140] XIA L, DING D, SHAN S T, et al. Evaluation of the thermal stability of $Nd_{60}Al_{20}Co_{20}$ bulk metallic glass[J]. Applied Physics Letters, 2007, 90: 111903.

[141] WANG H R, GAO Y L, YE Y F, et al. Crystallization kinetics of an amorphous Zr-Cu-Ni alloy: Calculation of the

activation energy[J]. Journal of Alloys and Compounds, 2003, 353: 200-206.

[142] YAN Z J, LI J R, HE S R, et al. Study of the crystallization kinetics of $Zr_{60}Al_{15}Ni_{25}$ bulk glassy alloy by differential scanning calorimetry[J]. Materials Transactions, 2003, 44: 709-712.

[143] YAN Z J, HE S R, LI J R, et al. On the crystallization kinetics of $Zr_{60}Al_{15}Ni_{25}$ amorphous alloy[J]. Journal of Alloys and Compounds, 2004, 368: 175-179.

[144] WANG X, LEE H, YI S. Crystallization behavior of preannealed bulk amorphous alloy $Zr_{62}Al_8Ni_{13}Cu_{17}$[J]. Materials Sciences, 2006, 60: 935-938.

[145] QI M, FECHT H J. On the thermodynamics and kinetics of crystallization of a Zr-Al-Ni-Cu-based bulk amorphous alloy[J]. Materials Characterization, 2001, 47: 215-218.

[146] LIU L, CHAN K C. Amorphous-to-quasicrystalline transformation in $Zr_{65}Ni_{10}Cu_{7.5}Al_{7.5}Ag_{10}$ bulk metallic glass[J]. Journal of Alloys and Compounds, 2004, 364: 146-155.

[147] VASCONCELLOS M A Z, LIVI R P, BAIBICH M N. Comparative study of isothermal and isochronal crystallization of metallic glasses[J]. Journal of Physics F-Metal Physics, 1988, 18: 1343-1349.

[148] RAJA V S, RANGANATHAN S. Microstructural and kinetic aspects of devitrification of $Fe_{40}Ni_{40}B_{20}$ metallic glass[J]. Journal of Materials Science, 1990, 25: 4667-4677.

[149] RHEINGANS B, MA Y, LIU F, et al. Crystallization kinetics of $Fe_{40}Ni_{40}B_{20}$ amorphous alloy[J]. Journal of Non-Crystalline Solids, 2013, 362: 222-230.

[150] MIHALCA I, ERCUTA A, ZAHARIE I, et al. Crystallization of $Fe_{75}Cr_5B_{20}$ amorphous alloy[J]. Journal of Optoelectronics and Advanced Materials, 2001, 3: 141-144.

[151] RAJA V S, RANGANATHAN S. Crystallization behaviour of Metglas 2826 MB ($Fe_{40}Ni_{38}Mo_4B_{18}$)[J]. Bulletin of Materials Science, 1987, 9: 207-217.

[152] RÉVÉSZ A. Crystallization kinetics and thermal stability of an amorphous $Fe_{77}C_5B_4Al_2GaP_9Si_2$ bulk metallic glass[J]. Journal of Thermal Analysis and Calorimetry, 2008, 91: 879-884.

[153] YE F, LU K. Crystallization kinetics of Al-La-Ni amorphous alloy[J]. Journal of Non-Crystalline Solids, 2000, 262: 228-235.

[154] ILLEKOVÁ E, DUHAJ P, MRAFKO P, et al. Influence of Pd on crystallization of Al-Ni-Sm-based ribbons[J]. Journal of Alloys and Compounds, 2009, 483: 20-23.

[155] SAHOO K L, RAO V, MITRA A. Crystallization kinetics in an amorphous Al-Ni-Mm-Fe alloy[J]. Materials Transactions, 2003, 44: 1075-1080.

[156] PRASHANTH K G, SCUDINO S, MURTY B S, et al. Crystallization kinetics and consolidation of mechanically alloyed $Al_{70}Y_{16}Ni_{10}Co_4$ glassy powders[J]. Journal of Alloys and Compounds, 2009, 477: 171-177.

[157] CONDE C F, MIRANDA H, CONDE A, et al. Non-isothermal crystallization and isothermal transformation kinetics of the $Ni_{68.5}Cr_{14.5}P_{17}$ metallic glass[J]. Journal of Materials Science, 1989, 24: 139-142.

[158] WEI H D, BAO Q H, WANG C X, et al. Crystallization kinetics of $(Ni_{0.75}Fe_{0.25})_{78}Si_{10}B_{12}$ amorphous alloy[J]. Journal of Non-Crystalline Solids, 2008, 354: 1876-1882.

[159] QIN F X, ZHANG H F, DING B Z, et al. Nanocrystallization kinetics of Ni-based bulk amorphous alloy[J]. Intermetallics, 2004, 12: 1197-1203.

[160] CHENG Y T, HUNG T H, HUANG J C, et al. Thermal stability and crystallization kinetics of Mg-Cu-Y-B quaternary alloys[J]. Materials Science and Engineering A, 2007, 449: 501-505.

[161] LIU K T, DUH J G. Isothermal and non-isothermal crystallization kinetics in amorphous $Ni_{45.6}Ti_{49.3}Al_{5.1}$ thin films[J]. Journal of Non-Crystalline Solids, 2008, 354: 3159-3165.

[162] CHANG S, WU S, KIMURA H. Crystallization kinetics of $Ti_{50}Ni_{25}Cu_{25}$ melt-spun amorphous ribbons[J]. Materials Transactions, 2006, 47: 2489-2492.

[163] JIANG Y H, LIU F, HUANG K, et al. Applying Vogel-Fulcher-Tammann relationship in crystallization kinetics of amorphous alloys[J]. Thermochimica Acta, 2015, 607: 9-18.

[164] SONG S X, NIEH T G. Flow serration and shear-band viscosity during inhomogeneous deformation of a Zr-based bulk metallic glass[J]. Intermetallics, 2009, 17: 762-767.

[165] KÖSTER U, MEINHARDT J, ROOS S, et al. Formation of quasicrystals in bulk glass forming Zr-Cu-Ni-Al alloys[J]. Applied Physics Letters, 1996, 69: 179-181.

第6章 扩散型固态相变解析模型

6.1 引　　言

第4、5章的成果虽然弥补了经典KJMA动力学模型、类KJMA动力学模型及模块化解析相变模型的不足，但还是无法处理更复杂的相变条件，如成分变化、软碰撞、热历史相关等。随着实验技术的突飞猛进，上述理论模型应用于实际相变过程产生的矛盾和偏离愈加凸显。本章基于前人工作，旨在解决如下几个关键问题：

1. 扩散控制生长过程中可加性原理与等动力学行为

扩散控制生长的理论描述需要求解移动边界条件下的菲克扩散方程(简称"扩散方程")。由于溶质扩散系数和新旧两相界面处溶质浓度分布(局域平衡浓度)的温度确定性，非等温条件下，析出相周围溶质扩散场的演化对温度路径($T(t)$)有着固有的历史记忆性。这个过程违背了经典等动力学的要求。因此，传统可加性原理在扩散控制生长过程中的应用将产生不可靠的结果。近平衡动力学过程中，热力学效应扮演着重要角色。当热力学效应包含在动力学过程中时，传统可加性原理的有效性值得被仔细讨论。

2. 扩散型固态相变中各向异性效应和软碰撞效应的竞争

大多数形核-生长类固态相变都涉及溶质原子的长程扩散和晶核的各向异性生长，如低碳Fe-C合金中的$\gamma \rightarrow \alpha$相变。对于这类相变，相邻晶粒间各向异性生长的相互阻碍和界面前沿溶质扩散场的相互重叠都将导致相变的延迟。如何区分这两种效应在转变延迟中所扮演的角色？扩散控制相变中的各向异性效应值得深入研究。

3. 转变错配弹塑性调节与固态相变动力学

对于大多数固态相变，新旧两相由于晶格参数的不同存在比体积差，这势必会引起转变体积错配应变。因此，转变应变将诱导弹塑性应变能，其大小取决于相变过程并随着相变进行发生变化，严重影响相关相的热力学稳定性，并作为相变驱动力的一部分影响着相变动力学。此外，在实际扩散型固态相变中，溶质原子再分配及长程扩散是不可或缺的速率控制因素；伴随着相变进程，新旧两相体积改变和溶质分布促使晶格常数改变均将产生无应力(stress-free)应变。这些转变应变和扩散应变通过弹塑性变形诱导出应力/应变场,给两相热力学平衡(温度、平衡成分及相分数)和形核、生长及扩散过程均带来显著影响。

4. 沉淀相析出的解析描述

考虑软碰撞对沉淀相析出影响的理论模型已取得了重大进展。然而,这些模型大多集中于数值解和相场模拟,从而限制了模型的实际应用。如果模拟和解析的方法都可以实现对一个相变过程的描述,那么解析模型更容易被广泛应用,因为它能够直观地描述整个相变过程中的形核、生长及碰撞问题。因此,建立一个简单而又不失物理意义的沉淀相析出的解析模型,既能更清晰地描述沉淀相析出过程,又可为实际工程应用提供可靠的理论依据。

5. 第二相的溶解动力学

第二相的溶解过程受溶质长程扩散控制,但相比析出动力学过程,第二相溶解动力学的相关研究相对较少,且多为繁琐的数值、相场模型或基于大量实验结果的经验模型。目前,被广泛使用的仍是 20 世纪 60 年代建立的基于大量假设的简单模型,其仅能处理理想状态下的单粒子溶解系统。因此,很有必要针对多粒子系统内的第二相溶解动力学进行分析建模,通过解析模型表征多粒子系统内的溶解行为。

6.2 扩展等动力学的可加性原理

3.2 节和 3.3 节在讨论经典 KJMA 模型对等温和非等温相变的适用性时,简单介绍了可加性原理和等动力学假设的定义及两者间的逻辑关系。可加性原理和等动力学假设作为固态相变理论和实验研究的两个指导性法则,构成了等温和非等温过程互通的桥梁。两者相互联系,相互补充,并相辅相成。然而,以往的可加性原理和等动力学理论均针对简单情形,如恒定生长速率、纯界面控制相变等,却很少关注涉及成分变化且与时间相关的扩散控制生长过程。本节将着重分析和探讨这两个法则在扩散控制相变过程中的有效性及其扩展,这将对指导工业生产实践有重要的理论意义。

6.2.1 经典可加性原理的限制

如 3.2 节所述,可加性原理由 Scheil 和 Steinberg 最先提出,初始目的是用于非等温形核孕育期的预测,现已被广泛应用于相变、晶粒长大、晶化、再结晶、疲劳蠕变等全转变动力学过程中[1]。在等温条件下,由于同温度相关的参量为常数，等温模型比较简单明确。对于非等温过程，动力学模型的建立往往比较困难；参见针对等温过程的经典KJMA模型和针对等温和非等温过程的解析模型。然而，连续加热或冷却过程却有着非常重要的现实意义。因此，可加性原理主要被用于从等温模型或数据(如 TTT 图)预测非等温相变动力学过程(如 CHT 图或 CCT 图)，或者从任一时间-温度路径($T(t)$)的非等温实验中提取相关的等温动力学数据[2-11]。

如前文所述，等动力学行为遵从可加性原理，如果固态相变具备可加性，应该隶属于等动力学范畴。然而，等动力学条件并非在所有动力学过程中成立，扩散控制生长过程就是典型的例子。对于界面控制的固态相变，不涉及溶质长程扩散，如大过冷条件下的非晶合金晶化等，非等温相变模型得到了很好的发展。大多数理论研究工作基于此类相变，等动力学条件在这些模型中也被很好地证明，可加性原理在此类等温-非等温过程转化中扮演着重要的角色，参见第 3、4 章。扩散控制固态相变过程显然违背了经典等动力学的要求，传统可加性原理在此间的应用，将产生不可靠的结果[12-19]。到目前为止，由于非等温条件下扩散控制生长动力学模型的不完善，可加性原理和等动力学思想在扩散控制生长过程中的有效性还没有被完全理解。

基于等温和非等温扩散控制生长的精确解，本节将对传统可加性原理和经典等动力学假设在非等温扩散控制相变中的失效原因进行深入分析，通过构建一个同热历史 $T(t)$ 相关的函数，对可加性原理和等动力学理论进行扩展，以兼容 $T(t)$ 决定的瞬时转变速率[20]。

6.2.2 可加性的概念及其扩展

根据 3.2 节，在一个给定时间-温度路径 $T(t)$ 的非等温相变过程中寻找达到给定转变分数ξ_n所需的总时间 t，可加性原理满足如下的经典形式[1]：

$$\int_0^t \frac{dt'}{\tau(\xi_n, T)} = 1 \tag{6-1}$$

式中，$\tau(\xi_n, T)$ 为在给定温度 T 达到转变分数$\xi = \xi_n$的等温相变时间。

Cahn[2]和 Christian[1]提出了式(6-1)成立的一个充分不必要条件，即要求瞬时转变速率$d\xi/dt$可以描述成对ξ和 T可分离变量的一阶微分方程：

$$\frac{d\xi}{dt} = h(T)g(\xi) \tag{6-2}$$

可见，瞬时速率$d\xi/dt$独立于时间-温度路径 $T(t)$，仅仅是 T 和ξ的状态函数。正如 3.2 节所述，满足这个条件的相变过程称为等动力学过程。其中，ξ仅是反映微观结构改变程度的一个状态变量。由于研究对象为无限母相中孤立颗粒的扩散控制生长过程，在后续内容中，ξ 被指定为析出相的平均晶粒尺寸。

以过饱和 α 母相中 β 相的沉淀析出为例，平界面扩散控制生长的理论分析需要求解如下一维菲克扩散方程：

$$\frac{\partial C(x,t)}{\partial t} = D\frac{\partial^2 C(x,t)}{\partial x^2} \tag{6-3}$$

以及移动相界面处的溶质守恒方程：

$$\left(C^\beta - C^\alpha\right)\frac{\mathrm{d}\xi}{\mathrm{d}t} = D\frac{\partial C}{\partial x}\bigg|_{x=\xi} \tag{6-4}$$

式中，D 为溶质在 α 母相中的体积扩散系数，$D=D_0\exp[-Q_\mathrm{D}/(RT)]$，$D_0$ 为指前因子，Q_D 为扩散激活能，R 为气体常数，仅考虑母相中的扩散，而忽略溶质在沉淀相中的扩散；C^β 和 C^α 分别为沉淀相 β 和母相 α 在界面处的局域平衡溶质浓度；$\partial C/\partial x|_{x=\xi}$ 为 $x=\xi$ 界面处母相一侧的溶质浓度梯度。

考虑如下初始和边界条件：$C(\xi, t)=C^\alpha$、$C(x, 0)=C^0$ 及 $C(\infty, 0)=C^0$，其中 C^0 为 α 母相的初始溶质浓度，对于等温扩散控制生长来讲，C^α 和 C^β 与时间无关，Zener[21]率先给出了式(6-3)和式(6-4)的精确解：

$$C(x,t) = C^0 + \left(C^\alpha - C^0\right)\frac{\mathrm{erfc}\left(x/2\sqrt{Dt}\right)}{\mathrm{erfc}\left(\xi/2\sqrt{Dt}\right)} \tag{6-5}$$

$$\xi = \alpha_\mathrm{I}\sqrt{Dt} \tag{6-6}$$

$$\alpha_\mathrm{I} = \Omega\frac{2}{\sqrt{\pi}}\frac{\exp\left(-\alpha_\mathrm{I}^2/4\right)}{\mathrm{erfc}(\alpha_\mathrm{I}/2)} \tag{6-7}$$

式中，Ω 为初始过饱和度，$\Omega=(C^\alpha-C^0)/(C^\alpha-C^\beta)$；$\alpha_\mathrm{I}$ 为等温过程生长系数；$\mathrm{erfc}(x)$ 为互补误差函数。

由 Ω 仅同温度 T 相关，从式(6-7)中可以看出，等温生长系数 α_I 仅取决于 T 或仅为 T 的函数。根据式(6-6)，瞬时生长速率 $\mathrm{d}\xi/\mathrm{d}t$ 可以表示为 $\alpha_\mathrm{I}^2 D/2\xi$。据此，$\mathrm{d}\xi/\mathrm{d}t$ 可以表示为如下两个单变量函数 $h_\mathrm{I}(T)$ 和 $g(\xi)$ 的形式：

$$\frac{\mathrm{d}\xi}{\mathrm{d}t} = \frac{\alpha_\mathrm{I}^2 D}{2\xi} = \frac{h_\mathrm{I}(T)}{g(\xi)} \tag{6-8}$$

式(6-8)似乎暗示着扩散控制生长过程满足可加性原理，隶属于式(6-2)所描述的等动力学过程。因此，非等温扩散控制生长理论模型被期待着可以直接通过式(6-8)进行积分得到，其结果为

$$\xi = \sqrt{\int_0^t D(T(\tau))\alpha_\mathrm{I}^2(T(\tau))\mathrm{d}\tau} \tag{6-9}$$

式(6-9)也可以通过将 $\tau = \xi^2/(\alpha_1^2 D)$ 代入可加性原理(式(6-1))推导得到。两种方法得到了相同的结果，这从侧面说明了可加性原理和式(6-2)所描述的等动力学过程是相容的。然而，正如前文所述，在非等温条件下，由于同温度相关的 Ω 和 D，溶质扩散场的演化同热历史 $T(t)$ 强烈相关，这一点在可加性原理的执行和操作中被完全忽视[20]。因此，上述可加性原理得到的结果与非等温扩散控制生长的精确解应该存在一个偏离，这在本节后续内容对 Al-Si 合金中 Si 析出相扩散控制生长的数值研究中也得到了证实。

假设扩散系数 D 仅同温度相关，通过简单的变量代换，非等温条件下的扩散方程(式(6-3))可以重写为[22]

$$\frac{\partial C(x,\theta)}{\partial \theta} = \frac{\partial^2 C(x,\theta)}{\partial x^2} \tag{6-10}$$

式中，θ 为同时间相关的变量，具有如下表达形式：

$$\theta = \int_0^t D_0 \exp\left(-\frac{Q_D}{RT}\right) d\tau \tag{6-11}$$

根据 Mittemeijer[23]的描述，θ 被定义为路径变量，如果 θ 完全受时间-温度路径 $T(t)$ 控制，即 $T(t)$ 指定 θ 的状态，那么这个过程就属于等动力学过程。从式(6-11)中可以看出，非等温扩散动力学完全可以由这个状态变量 θ 处理和描述，似乎应该满足上述等动力学条件。然而，扩散方程，即式(6-10)受边界条件约束；只有当这些边界条件均为常数且与 T 无关时，式(6-10)的解才可能与式(6-5)具有相同的形式，仅需将 Dt 替换为 θ，即浓度 C 为路径变量 θ 的单一函数，即该情形满足可加性原理，显然是一个纯动力学过程，扩散场的演化仅取决于当时的状态，而与热历史无关。在沉淀相生长过程中，其边界条件，即相界面处溶质浓度由热力学平衡确定，与温度 T 绝对相关。因此，非等温扩散过程不再受 θ 完全确定，还同时与 T 相关。尽管 T 可以借助式(6-11)转化为 θ，但是该转化过程被热历史效应包含，即在包含热力学效应的非等温条件下，瞬时生长速率 $d\xi/d\theta$ 与温度路径 $T(t)$ 相关，表示为

$$\left(C^\beta(T) - C^\alpha(T)\right)\frac{d\xi}{d\theta} = \left.\frac{\partial C}{\partial x}\right|_{x=\xi} \tag{6-12}$$

由于界面处溶质浓度与 T 相关，式(6-12)中，界面前沿浓度梯度 $\partial C/\partial x|_{x=\xi}$ 显然是热历史 $T(t)$ 的函数。根据 Mittemeijer 路径变量的观点[23]，扩散控制生长过程中 ξ 不仅取决于 θ 还取决于 T，即 $\xi = F(\theta, T(\theta))$，这违背了传统的等动力学条件，即可加性原理已经不再适用。

非等温条件下，考虑同时间相关的边界条件，扩散控制生长理论不存在解析形式。然而，通过数值计算可以发现，扩散控制生长的非等温解同等温解具备相

同的抛物线形式，只不过非等温解的生长系数同热历史相关，可以表示为[20]

$$\xi = \alpha_N(\theta, T)\sqrt{\theta} \tag{6-13}$$

式中，$\alpha_N(\theta,T)$为与热历史相关的非等温生长系数。

上述处理的唯一目的是方便比较等温和非等温情形下的动力学速率微分方程。对式(6-13)直接求导可得到非等温条件下的瞬时速率[20]：

$$\frac{d\xi}{d\theta} = \frac{2\alpha_N \dot{\alpha}_N \theta + \alpha_N^2}{2\xi} = \frac{h_N(\theta, T(\theta))}{g(\xi)} \tag{6-14}$$

式中，$h_N(\theta, T(\theta))$为同温度路径相关的函数；$\dot{\alpha}_N$为非等温生长系数对θ的导数。

比较等温速率方程(式(6-8))和非等温速率方程(式(6-14))，可以发现，两者均仅包含θ和ξ的两个单变量函数，并且拥有相同的$g(\xi)$。唯一的区别在于θ的单变量函数。正如前文所述，热历史的影响仅出现在非等温情形下，在传统可加性原理的操作中被忽视。本小节旨在提出一个广义的可加性原理来考虑热历史的影响。

考虑到式(6-8)和式(6-14)类似，在等温速率微分方程式(6-8)中直接引入一个同热历史相关的函数$L(\theta,T)$[20]，推导求解非等温速率微分方程式(6-14)，得

$$\frac{d\xi}{dt} = \frac{\alpha_I^2 DL(\theta, T)}{2\xi} = \frac{h_I(T)L(\theta,T)}{g(\xi)} \tag{6-15}$$

式(6-15)事实上是与热历史确定的瞬时速率相关的一个广义等动力学条件，从中可以导出一个包含热历史效应$L(\theta,T)$的广义可加性原理，可表示为[20]

$$\int_0^t \frac{L(\theta,T)dt'}{\tau(\xi_n, T)} = 1 \tag{6-16}$$

在文献[24]中，等温速率方程(式(6-8))被称为原发性等温微分动力学方程(primary isothermal differential kinetic equation)，表明等温动力学速率方程是唯一确定的，是所有非等温动力学方程能够构建的先决条件。$L(\theta,T)$在本小节中称为该动力学微分方程的非负权重函数[25]，同热历史相关。因此，广义的等动力学条件可以定义为原发性等温微分动力学方程和权重函数的乘积[20]。

此外，对于非等温扩散控制生长，如果考虑恒定加热或冷却速率Φ，包含$L(\theta,T)$的广义可加性原理(式(6-16))可以重构为[20]

$$\int_{T_0}^T \frac{L(T',\Phi)dT'}{\tau(\xi_N, T')} = \Phi(\xi_N, T) \Leftrightarrow L(T,\Phi)\left(\frac{\partial T}{\partial \Phi}\right)_{\xi_N} = \tau(\xi_N, T) \tag{6-17}$$

式中，$\tau(\xi_N, T)$为对应ξ_N和T状态下的等温相变时间；$\Phi(\xi_N, T)$为对应状态T，达到特定的ξ_N必需的加热速率或冷却速率。

一旦$L(\theta,T)$确定，就可以直接借助式(6-16)，利用TTT图预测包含热历史效应的非等温反应动力学，也可以直接借助式(6-17)，从与热历史相关的CHT图或

CCT 图中得到其等温动力学数据。对于相同的材料和加工条件，对应唯一确定的原发性等温微分动力学方程，理想的 TTT 图也是唯一确定的；不同的时间-温度路径将导致不同的非等温动力学方程和不同的 CHT 图或 CCT 图。对于与热历史相关的转变，$L(\theta,T)$ 将在 TTT 图和相应的 CHT 图或 CCT 图的转化中起到非常重要的作用。如果非等温过程同温度路径无关，那么 CHT 图或 CCT 图是唯一的，并且传统可加性原理是有效的。

在等温条件下，加热或冷却速率 Φ 等于 0 并且 $L(\theta,T)$ 等于 1。在非等温条件下，式(6-15)和式(6-14)等价可以得到[20]

$$L(\theta,T) = \frac{h_N(\theta,T)}{h_I(T)} = \frac{2\alpha_N \dot{\alpha}_N \theta + \alpha_N^2}{\alpha_I^2 D} = \frac{1}{\alpha_I^2 D} \frac{d\xi_N}{d\theta} 2\xi_N \quad (6-18)$$

式(6-18)暗示着非等温过程才涉及热历史的影响。因此，$L(\theta,T)$ 引入的目的是在 TTT 图与 CHT 图或 CCT 图的相互转换中，剔除或者添加热历史效应[20]。如果不存在热历史效应，那么上述广义可加性原理将回归到经典形式。

6.2.3 模型计算及分析

本小节以过饱和 Al-Si 二元合金中 Si 颗粒的扩散控制析出为例进行当前模型的计算和验证。Al-Si 二元合金的平衡相图见图 6-1。表 6-1 给出了 Al-Si 二元合金的初始溶质浓度、初始温度、扩散系数及界面处平衡溶质浓度。

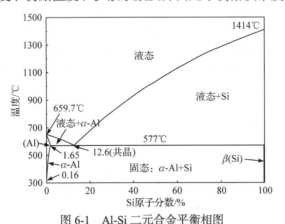

图 6-1 Al-Si 二元合金平衡相图

表 6-1 模型计算所用参数的值

固溶线①		扩散系数		初始条件		
$C^*/\%$	$\Delta H^0/(kJ/mol)$	$D_0/(m^2/s)$	$Q_D/(kJ/mol)$	$C^\beta/\%$	$C^0/\%$	T_0/K
2.17×10^3	50.8	3.46×10^{-5}	123.8	100	0.5	673

注：① $C^\alpha = C^* \exp(-\Delta H^0/RT)$。

Enomoto 等[22]借助格林函数的方法曾经推导得到了非等温条件下平界面扩散控制生长(式(6-10)和式(6-12)所组成的微分方程组)的一个积分微分解：

$$C(x,\theta) = C^0 + \frac{1}{2\sqrt{\pi}} \int_0^\theta \left[\frac{\left(C^\alpha(\tau)-C^0\right)(x-\xi(\tau))}{2(\theta-\tau)^{3/2}} - \frac{\left(C^\beta(\tau)-C^0\right)\dot{\xi}(\tau)}{\sqrt{\theta-\tau}} \right] \exp\left[-\frac{(x-\xi(\tau))^2}{4(\theta-\tau)}\right] d\tau$$

(6-19)

$$\left(C^\beta(\theta)-C^\alpha(\theta)\right)\dot{\xi}(\theta) = -\left(C^\alpha(\theta)-C^m\right)\frac{1}{\sqrt{\pi\theta}}\exp\left(-\frac{\xi(\theta)^2}{4\theta}\right)$$

$$-\frac{1}{\sqrt{\pi}}\int_0^\theta \frac{\partial C^\alpha}{\partial \tau} \left\{ \frac{\exp\left[-(\xi(\theta)-\xi(\tau))^2/4(\theta-\tau)\right]}{\sqrt{\theta-\tau}} - \frac{\exp\left(-\xi(\theta)^2/4\theta\right)}{\sqrt{\theta}} \right\} d\tau$$

$$+\frac{1}{\sqrt{\pi}}\int_0^\theta \left(C^\beta(\tau)-C^\alpha(\tau)\right)\frac{\dot{\xi}(\tau)(\xi(\theta)-\xi(\tau))}{2(\theta-\tau)^{3/2}}\exp\left[-\frac{(\xi(\theta)-\xi(\tau))^2}{4(\theta-\tau)}\right] d\tau$$

(6-20)

上述积分微分解的数值计算程序参见文献[22]。

采用表 6-1 提供的模型参数，根据积分微分解(式(6-20))，数值计算得到了不同冷却速率条件下 Si 析出相的扩散控制生长过程[20]。这 6 个不同冷却速率下的 ξ_N 随 T 的演化展示在图 6-2 中。与此同时，通过传统可加性原理(式(6-9))计算得到的结果，也呈现在其中。尽管此成分下 $\Omega \ll 1$，传统可加性原理的预测与精确数值解也产生了一个比较清晰的偏离。这意味着传统可加性原理在扩散控制生长过程中的失效。

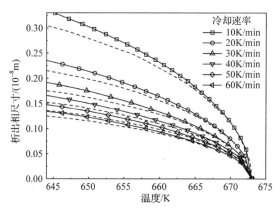

图 6-2　连续冷却 Al-0.5%Si 合金 Si 析出相扩散控制生长动力学
实线为式(6-20)数值计算得到的真实解；对应的虚线为传统可加性原理(式(6-9))利用等温模型计算得到的结果

当以 10K/min 连续冷却和以 655K 等温两个析出过程达到相同状态 T^*=655K 和 $\xi_N^* = 2.7\times 10^{-9}$m 时，其相界面前沿 Si 原子的溶质浓度演化和析出相尺寸随时间的演化分别如图 6-3(a)和图 6-3(b)所示。图 6-3(a)中，连续冷却过程的溶质浓度场可由式(6-19)和 T^* 计算得到；等温过程的溶质浓度场由式(6-5)和 t^* 计算得到。从图 6-3 可以发现，对相同的状态 T^* 和 ξ_N^*，两个扩散场不一致，存在偏差。正如前文所述，扩散控制生长过程中溶质浓度场会对热历史产生记忆性，即根据式(6-12)，瞬时生长速率是与热历史相关的，如图 6-3(b)所示，在相同的状态 T^* 和 ξ_N^* 条件下，等温和非等温生长动力学曲线呈现出不同的斜率(箭头所示)。

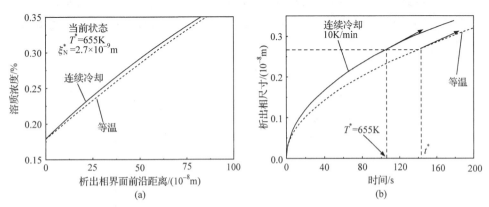

图 6-3 Al-0.5%Si 合金以 10K/min 连续冷却和以 655K 等温的两个析出动力学过程
(a) 析出相界面前沿溶质浓度随距离的演化；(b) 析出相尺寸随时间的演化

根据式(6-18)和式(6-7)结合数值计算得到的不同冷却速率条件下扩散控制生长精确解，即图 6-2 中所示的实线，可以计算得到相应的 $L(\theta,T)$ 随 T 的演化曲线，见图 6-4。可以发现，不同的冷却速率(即不同的时间-温度路径)，$L(\theta,T)$关

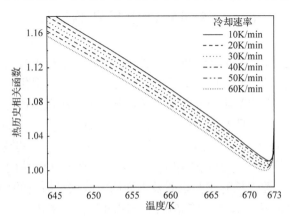

图 6-4 热历史相关函数 $L(\theta,T)$ 随 T 的演化曲线

于 T 呈现出了不同的演化规律。这说明扩散控制生长过程与热历史相关的特性。然而，$L(\theta,T)$ 随 T 的演化似乎对冷却速率的变化不是十分敏感。

利用 6.2.2 小节提出的广义可加性原理，即式(6-17)，可以直接从上述连续冷却扩散控制生长的数值计算结果(见图 6-2 中实线)中提取相应的等温相变数据。对于给定的 $\xi_N=1\times10^{-9}$m 和 $\xi_N=1.5\times10^{-9}$m，应用式(6-17)，根据图 6-2 中的非等温数据，计算得到了相应的 TTT 图，如图 6-5 中符号"★"所示。为了显示广义可加性原理的有效性，图 6-5 中还展示了用传统可加性原理(式(6-1)和图 6-2)所得的结果(图 6-5 中"○")和用等温扩散控制生长模型(式(6-6)和式(6-7))直接计算得到的精确 TTT 图(图 6-5 中实线)。可见，传统可加性原理的结果偏离了精确的 TTT 图，而包含热历史效应的广义可加性原理同真实等温结果非常吻合。

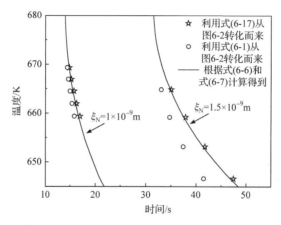

图 6-5 $\xi_N=1\times10^{-9}$m 和 $\xi_N=1.5\times10^{-9}$m 的 TTT 图

6.3 各向异性生长和软碰撞

5.4 节对固态相变中各向异性颗粒遭遇阻碍效应进行了分析，然而其模型推导过程立足于经典 KJMA 模型和模块化解析相变模型，聚焦于恒定生长速率，即界面控制相变，不涉及成分的变化。实际条件下，扩散型固态相变不仅涉及颗粒的各向异性生长，而且涉及溶质的长程扩散。例如，低碳 Fe-C 合金在高温奥氏体化后的缓慢冷却中，奥氏体将部分转变为晶界铁素体，其铁素体往往会呈现盘状等椭球类形貌[26]。对于此类相变，即各向异性形状颗粒的扩散控制相变，相邻晶粒间各向异性生长的相互阻碍及界面前沿溶质扩散场的相互重叠(软碰撞)都将导致相变的延迟。那么，该如何区分这两个效应在转变延迟中所扮演的角色？这就需要从各向异性颗粒的扩散控制生长过程出发，构建一个能够综合考虑各向异性效应和软碰撞效应的扩散型固态相变解析模型。这便是本节的主要内容，基于两阶段生长理论[27,28]和各向异性晶粒形状保持不变[29-33]等假设，从晶核随机分布的概率密度着手[34]，尝试建立上述模型，然后分析相邻晶粒间各向异性生长对其溶质扩散场重叠产生的重要影响。

6.3.1 各向异性颗粒的扩散控制生长理论

有关扩散控制固态相变的研究大量而广泛，其动力学描述离不开合适边界条件下溶质扩散方程的求解。关于扩散控制生长的理论描述，可以追溯到 Zener 的经典抛物线型生长理论(Zener 模型)[21]，然而其工作仅考虑单个各向同性颗粒在无限母相空间中的长大，并且不受邻近颗粒的干扰。在 Zener 模型基础上，Horvay 和 Cahn[29]、Ham[30,31]发展了同样在没有近邻颗粒干扰情形下椭球类形状沉淀相的扩散控制生长理论。基于上述成果，Crusius 等[32,33]提出了此类椭球形几何条件下移动边界问题的数值处理方法，并成功用于描述 Fe-0.51%C 合金在温度 $T=749$℃时的等温铁素体相变。可见，各向异性形状颗粒的扩散控制生长理论已有比较深远的发展。

本章更倾向于关注一维情形下的各向异性颗粒扩散控制生长理论，即假设所有晶核在生长之前预先存在(位置饱和形核)，且沿着一条直线随机均匀分布，其形核概率(又称"晶核的线密度")设为 ρ[34]。这是因为在一维位置饱和情形下，其各向异性生长效应和软碰撞效应比较直观且明确。正如前文所述，本章旨在探讨各向异性效应和软碰撞效应对扩散控制相变动力学的影响。对于连续形核或其他与时间相关的形核，以及二维或三维情形下相邻各向异性颗粒的相向生长等，将会产生非常复杂的各向异性生长阻碍效应及软碰撞效应。在这些情形下，所有相邻各向异性颗粒间的相关性均应精确考虑，才能计算得到颗粒前沿精确的溶质扩散场。这些复杂的相关性超出了目前的研究能力。

针对上述一维情形，如图 6-6 所示，考虑一个颗粒，它的生长过程受溶质扩散控制，假设其生长尺寸 r 服从如下同时间相关的分布规律[35]：

$$r(\varphi,t)=\frac{1}{\sqrt{\cos^2\varphi+g_r^2\sin^2\varphi}}r_{\max}(t) \tag{6-21}$$

式中，$r(\varphi,t)$事实上是一个假想在二维平面中正在生长的椭圆形颗粒 t 时刻在特定位向φ(与椭圆长轴的夹角，$0<\varphi<\pi/2$)上的半径；$r_{\max}$为该假想椭圆形颗粒长半轴的长度，与时间相关；g_r为该椭圆长轴与短轴之比，由于其形状保持不变，g_r是一个大于 1 的常数。针对目前的一维情形，所有假想椭圆形颗粒的中心被均匀随机地固定在一条直线上，并且不考虑这些颗粒在二维空间上的重叠和碰撞。假设这些颗粒遵循随机的生长取向并且在生长过程中不改变自身形貌[34]。

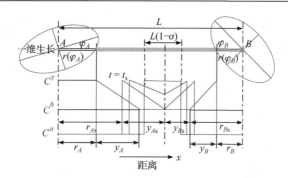

图 6-6　两个具有不同生长取向 φ_A 和 φ_B 的相邻假想椭圆形颗粒 A 和 B 相向扩散控制生长及溶质扩散场演化示意图[34]

就扩散过程而论，上述颗粒生长的理论描述应该首先求解如下所示的一维菲克扩散方程：

$$\frac{\partial C(x,t)}{\partial t} = D\frac{\partial^2 C(x,t)}{\partial x^2} \tag{6-22}$$

以及移动界面处的溶质守恒方程：

$$\left(C^\gamma - C^\alpha\right)\frac{\mathrm{d}r}{\mathrm{d}t} = D\left.\frac{\partial C}{\partial x}\right|_{x=r} \tag{6-23}$$

式中，D 为溶质在母相内的体积扩散系数，假设为与溶质浓度无关的常数，仅考虑母相中的扩散，忽略溶质在沉淀相中的扩散；$C(x,t)$ 为相界面前沿溶质场；C^γ 和 C^α 分别为母相 γ 和新相 α 的平衡溶质浓度；$\partial C/\partial x|_{x=r}$ 为界面处母相一侧的溶质浓度梯度。

式(6-22)和式(6-23)构成了一个微分方程组，可以为扩散控制移动边界问题提供一个完备的数学描述。

考虑一个孤立的颗粒各向同性地在无限母相中生长，根据如下初始和边界条件：$C(x=r,t>0)=C^\gamma$、$C(x,t=0)=C^0$、$C(x=\infty,t>0)=C^0$，其中，C^0 为合金初始溶质浓度，Zener[21]率先给出了上述微分方程组的精确解法和线性浓度梯度下的近似解析解。在另外一个经典研究中，Aaron 等[36]总结了上述单个各向同性颗粒扩散控制生长动力学的其他几个不同的近似解析解。尽管不同的近似解析解有不同的假设，然而其结果都能写成如下同时间 t 相关的抛物线型形式：

$$r(t) = \lambda\sqrt{Dt} \tag{6-24}$$

式中，λ 为无维度参量，通常被定义为生长系数。

对精确解和不同的近似解析解，λ 有不同的表达式。但是，所有的表达式都显示，λ 仅是初始过饱和度 σ 的函数，独立于 t 和 D，其中，$\sigma = (C^\gamma - C^0)/(C^\gamma - C^\alpha)$。

论及各向异性颗粒的扩散控制生长，Ham[30]曾检验了形状保持椭球形的沉淀相颗粒对应扩散方程(即椭球形扩散方程)的解，并得出如下结论：在各向同性扩散条件下一个孤立非对称(各向异性)颗粒的生长，与在各向异性扩散条件下一个径向对称(各向同性)颗粒的生长，在数学上完全等价。因此，考虑λ独立于D，单个各向异性颗粒的扩散控制生长尺寸$r(\varphi,t)$可以表示为[34]

$$r(\varphi,t) = \lambda\sqrt{D(\varphi)t} \tag{6-25}$$

同式(6-21)，$r(\varphi,t)$是各向异性颗粒沿某一位向φ的半径，那么$D(\varphi)$就是母相中沿该方向(即各向异性颗粒的法向方向)的扩散系数。可以解释如下：母相为非均匀体系，在母相内某一点处形成一个沉淀相晶核后，由于母相的非均匀性，沉淀相晶核周围母相将产生径向非对称的溶质场，沉淀相呈各向异性生长。因此，各向异性颗粒的扩散控制生长就被成功转化为各向异性扩散的问题。

就目前所给的一维条件下各向异性颗粒生长尺寸分布，即式(6-21)，将其代入式(6-25)，可以得到一个各向异性扩散系数的分布规律[34]：

$$D(\varphi) = \frac{1}{\cos^2\varphi + g_r^2\sin^2\varphi}D_c \tag{6-26}$$

式中，D_c为最大扩散系数，对应于r_{max}。

显然，式(6-26)同生长尺寸分布函数(式(6-21))是完全一致的。将式(6-26)代入菲克扩散方程(6-22)，就可以直接得到该假想椭圆形颗粒周围的各向异性扩散场。

根据式(6-23)所示移动界面处溶质守恒和式(6-26)所示各向异性扩散系数，可以推导该椭圆形颗粒的生长速率分布：

$$\frac{\partial r(\varphi,t)}{\partial t} = \frac{1}{\cos^2\varphi + g_r^2\sin^2\varphi}\frac{D_c}{C^\gamma - C^\alpha}\frac{\partial C}{\partial x}\bigg|_{x=r(\varphi,t)} \tag{6-27}$$

与此同时，式(6-21)对时间t求导，同样可以得到如下生长速率：

$$\frac{\partial r(\varphi,t)}{\partial t} = \frac{1}{\sqrt{\cos^2\varphi + g_r^2\sin^2\varphi}}\frac{D_c}{C^\gamma - C^\alpha}\frac{\partial C}{\partial x}\bigg|_{x=r_{max}(t)} \tag{6-28}$$

式中，$\partial C/\partial x|_{x=r(\varphi,t)}$为界面处母相一侧沿椭圆某一法向$\varphi$的溶质浓度梯度；$\partial C/\partial x|_{x=r_{max}(t)}$为界面处母相一侧的最小浓度梯度，对应于$D_c$和$r_{max}$，即$\varphi=0$，椭圆的长轴径向。

通过比较式(6-27)和式(6-28)，得到

$$\frac{\partial C}{\partial x}\bigg|_{x=r(\varphi,t)} = \sqrt{\cos^2\varphi + g_r^2\sin^2\varphi}\frac{\partial C}{\partial x}\bigg|_{x=r_{max}(t)} \tag{6-29}$$

值得注意的是，式(6-29)同耦合各向异性扩散系数(式(6-26))的扩散方程一致。因此，式(6-26)确实可以确保在生长过程中椭圆形颗粒的形状保持不变。综

上所述，式(6-22)、式(6-23)和式(6-26)组合，可以为各向异性颗粒的扩散控制生长提供一个完备的数学描述。

6.3.2 溶质场重叠及软碰撞理论

正如 6.3.1 小节所述，各向异性形状颗粒的扩散控制生长已经有了比较深入的理论发展。然而，这些理论和数值处理为了简便起见都没有考虑颗粒间溶质场的重叠，即软碰撞效应。究其原因，各向异性几何形状(如椭球形)半无限远移动边界扩散方程的精确求解已经相当不易，而耦合软碰撞效应后的有限边界条件会给扩散方程求解带来更大困难。就目前所考虑的情形，即一维体系、位置饱和形核和形状保持椭圆形颗粒的扩散控制生长，扩散场相互重叠的问题需要结合如下边界条件：$C(x=r, t>0) = C^\gamma$、$C(x, t=0) = C^0$、$\partial C/\partial x|_{x=S} = 0$，求解如图 6-6 所示间距为 L 的成对颗粒区域内的扩散方程。其中，S 为扩散场重叠位置，特殊地，对于各向同性扩散和各向同性生长，$S = L/2$。

软碰撞问题是简单的，但其不存在解析解，针对该问题有许多近似处理方法。Tomellini[37]针对一维情形提出了式(6-22)的非稳态级数解，可用于直接计算两个相向移动界面之间的扩散场。Fan 等[38]利用浓度梯度线性近似来代替求解扩散方程，然后人为地将成对颗粒的扩散控制生长分为两个阶段：第一阶段(FS)和第二阶段(SS)，分别对应扩散场重叠之前和之后(详见 6.5 节)。Chen 和 van der Zwaag[39]通过引入多项式扩散场近似修正了软碰撞两阶段分析，并获得了一个更加精确的模型。本小节致力于分析各向异性颗粒对扩散控制转变中的平均生长尺寸、溶质场重叠及全转变动力学等影响。改善后的扩散场能够提供一个更加精确的分析，而线性浓度梯度假设可以得到一个形式简洁的动力学模型。

如图 6-6 所示，一对相距 L 的假想椭圆形颗粒 A 和 B，分别有各自不同的生长取向φ_A和φ_B。随着它们相向生长，在临界时刻$t=t_s$，溶质扩散场开始在$x=S$处发生重叠。于是，其扩散控制生长过程被分为两个阶段。

在第一阶段，即扩散场未重叠阶段，$t < t_s$，由于颗粒生长不会受到邻近颗粒的影响，生长取向为φ_A的颗粒 A 生长尺寸 r_A 可由式(6-25)和式(6-26)直接确定，其结果为

$$r_A = \frac{\lambda}{\sqrt{\cos^2\varphi_A + g_r^2 \sin^2\varphi_A}} \sqrt{D_c t} \qquad (6\text{-}30)$$

假设一维生长和线性浓度梯度，生长系数$\lambda = \sigma/(1-\sigma)^{1/2}$。根据图 6-6，溶质守恒条件可以写作$(C^0 - C^\alpha)r_A = y_A(C^\gamma - C^0)/2$，从中可得其有效扩散长度 y_A 为

$$y_A = 2\left(\frac{1}{\sigma} - 1\right) r_A \qquad (6\text{-}31)$$

如图 6-6 所示，在 $t=t_s$ 时，邻近颗粒 A 和 B 前沿的非对称扩散场开始重叠，重叠位置为 $x=S$。此时，颗粒尺寸与扩散距离满足：$r_{As}+y_{As}=S$ 和 $r_{Bs}+y_{Bs}=L-S$。定义 r_B 与 r_A 之比为 η，可以表示为

$$\eta = \frac{r_B}{r_A} = \frac{\sqrt{\cos^2\varphi_A + g_r^2\sin^2\varphi_A}}{\sqrt{\cos^2\varphi_B + g_r^2\sin^2\varphi_B}} \tag{6-32}$$

因为颗粒的生长规律始终保持不变，所以 S 也是固定不变的，即

$$S = \frac{L}{1+\eta} \tag{6-33}$$

根据式(6-31)，在 $t=t_s$ 时，颗粒 A 的尺寸 r_{As} 可以确定为

$$r_{As} = \frac{S\sigma}{2-\sigma} \tag{6-34}$$

最终，将式(6-34)代入式(6-30)可直接计算得到软碰撞开始时间 t_s：

$$t_s = \frac{\sigma^2 S^2 \left(\cos^2\varphi_A + g_r^2\sin^2\varphi_A\right)}{\lambda^2 D_c (2-\sigma)^2} \tag{6-35}$$

在第二阶段，即扩散场重叠阶段，$t>t_s$，正如前文所述，因为颗粒的生长规律保持不变，A 和 B 各向异性扩散场的重叠总是发生在 $x=S$。根据式(6-27)，两个颗粒在软碰撞之后的生长速率可以分别描述为以下形式[34]。

对于颗粒 A：

$$\left(C^\gamma - C^\alpha\right)\frac{\partial r_A}{\partial t} = \frac{D_c}{\cos^2\varphi_A + g_r^2\sin^2\varphi_A}\frac{C^\gamma - C^S}{S-r_A} \tag{6-36a}$$

对于颗粒 B：

$$\left(C^\gamma - C^\alpha\right)\frac{\partial r_B}{\partial t} = \frac{D_c}{\cos^2\varphi_B + g_r^2\sin^2\varphi_B}\frac{C^\gamma - C^S}{L-S-r_B} \tag{6-36b}$$

从式(6-36)和图 6-6 中可以发现，$(\partial r_B/\partial t)/(\partial r_A/\partial t)=\eta$，这个结果同式(6-32)中 r_B/r_A 是完全一致的。这也再次说明，即使各向异性扩散场发生重叠，也能够保证假想椭圆形颗粒的形状保持不变。

利用整个体系溶质守恒：

$$(r_A + r_B)C^\alpha + \frac{1}{2}(C^\gamma + C^S)(S-r_A) + \frac{1}{2}(C^\gamma + C^S)(L-S-r_B) = LC^0 \tag{6-37}$$

在 $x=S$ 处同时间相关的溶质浓度 C^S 可以求解为

$$C^S = 2\frac{SC^0 - r_A C^\alpha}{S-r_A} - C^\gamma \tag{6-38}$$

将式(6-38)代入式(6-36a)，颗粒 A 的生长速率可重新写作

$$\frac{\partial r_A}{\partial t} = \frac{2D_c}{\cos^2\varphi_A + g_r^2 \sin^2\varphi_A} \frac{\sigma S - r_A}{(S - r_A)^2} \tag{6-39}$$

式(6-39)为 r_A 关于 t 的非线性常微分方程，r_A 关于 t 的函数没有精确的解析解，但是 t 可以描述为 r_A 的解析函数。结合如下条件：当 $t = t_s$ 时，$r_A = r_{As}$，r_A 随 t 的演化可以通过数值积分的方法计算得到。

综上所述，对于相距 L 拥有各自不同生长取向 φ_A 和 φ_B 的两个相邻各向异性颗粒 A 和 B，如果 $t \leqslant t_s$，r_A 满足式(6-30)，同 φ_B 无关；如果 $t > t_s$，r_A 满足式(6-39)，不仅取决于 φ_A 还取决于 φ_B。特殊情况下，如果 $\varphi_A = \varphi_B = 0$，相距 L 的前提下，最小的软碰撞开始时间 t_{smin} 为[34]

$$t_{smin} = \frac{\sigma^2 L^2}{4\lambda^2 D_c (2 - \sigma)^2} \tag{6-40}$$

6.3.3 平均生长尺寸与转变分数

如 5.4 节所述，构建各向异性效应下的固态相变动力学解析模型是一个非常具有挑战性的工作。目前为止，还没有一个可用的解析方法来描述上述耦合各向异性生长和溶质扩散场重叠(软碰撞)的扩散控制相变动力学过程。这主要归因于涉及扩散场重叠及随机取向各向异性颗粒形状的扩散方程求解，以及全转变动力学方程的处理。前文通过假设位置饱和形核、一维生长、线性浓度梯度等简化处理，成功解决了第一个问题。接下来将专注于求解该过程的全转变动力学。

因为形核位置被假设是随机分布的，根据图 6-6，两个最近邻各向异性颗粒的间距 L 为一个随机变量，其应该满足如下概率密度函数[34,35]：

$$P(L) = \rho \exp(-\rho L) \tag{6-41}$$

式中，ρ 为晶核的线密度；L 从 0～∞变化。

对于相距 L 且拥有各自不同生长取向 φ_A 和 φ_B 的两个相邻各向异性颗粒 A 和 B，其中 r_A 的数学期望可以表示为[34]

$$E(r_A(t)) = \int_0^\infty r_A(t) P(L) \mathrm{d}L \tag{6-42}$$

考虑到假想椭圆形颗粒的轴对称特性，将 $E(r_A(t))$ 对所有可能的生长取向求平均值，其结果即为颗粒 A 的平均生长尺寸 $\langle r \rangle$，描述如下：

$$\langle r \rangle = \frac{4}{\pi^2} \int_0^{\pi/2} \int_0^{\pi/2} E(r_A(t)) \mathrm{d}\varphi_B \mathrm{d}\varphi_A \tag{6-43a}$$

对于一个随机选取且拥有各自取向 φ_A 和 φ_B 的最近邻各向异性颗粒 A 和 B，

见图 6-6，因为在这个随机选取的 L 区域内，沉淀相的总长度 $r_A(t)+r_B(t)$ 总是比 $L\sigma$ 小，所以已经被转变的长度分数可以表示为[34]

$$f(t)^* = \frac{\int_0^\infty (r_A + r_B)P(L)\mathrm{d}L}{\int_0^\infty LP(L)\mathrm{d}L} = \rho(1+\eta)E(r_A(t)) \tag{6-43b}$$

同理，将 $f(t)^*$ 对所有可能的生长取向求平均值，其结果为全转变分数 f，表示为[34]

$$f(t) = \frac{4}{\pi^2}\int_0^{\frac{\pi}{2}}\int_0^{\frac{\pi}{2}} f(t)^* \mathrm{d}\varphi_B \mathrm{d}\varphi_A = 2\rho\langle r\rangle \tag{6-43c}$$

然而，在实验测量中，往往得到最近邻间距的平均值(即母相的平均晶粒尺寸)$\tilde{L}$。这个平均值仅是随机变量 L 的数学期望(即 $\int_0^\infty LP(L)\mathrm{d}L = 1/\rho$)的一个粗略近似。因此，上一节计算 $r_A(t)$ 的时候，应该使用实验确定的 $\tilde{L}$。$E(r_A(t))=r_A(t)$，于是颗粒的平均生长尺寸可以重新写为[34]

$$\langle r\rangle = \frac{4}{\pi^2}\int_0^{\pi/2}\int_0^{\pi/2} r_A(t)\mathrm{d}\varphi_B \mathrm{d}\varphi_A \tag{6-44a}$$

此种情况下，在随机选取的一个 L 区域内，产物相的总长度应该取决于 $r_A(t)+r_B(t)$(利用 $\tilde{L}$ 计算得到)和 $L\sigma$ 的相对大小。如果 $r_A(t)+r_B(t)>L\sigma$，那么仅长度 $L\sigma$ 在 t 时刻发生转变；反之，如果 $r_A(t)+r_B(t)<L\sigma$，则仅长度 $r_A(t)+r_B(t)$ 发生转变。全转变动力学即所有选取线段的贡献之和。定义 z 为 $r_A(t)+r_B(t)$ 和 $L\sigma$ 两者中的较小者，那么已转变的总长度分数为

$$f(t)^{**} = \frac{\int_0^\infty zP(L)\mathrm{d}L}{\int_0^\infty LP(L)\mathrm{d}L} = \rho\left[\int_0^{(r_A+r_B)/\sigma} L\sigma P(L)\mathrm{d}L + \int_{(r_A+r_B)/\sigma}^\infty (r_A+r_B)P(L)\mathrm{d}L\right]$$

由于 $r_A(t)+r_B(t)$ 同随机变量 L 无关，可以简化为[34]

$$f(t)^{**} = \sigma\left[1-\exp\left(-\frac{1+\eta}{\sigma}r_A(t)\rho\right)\right] \tag{6-44b}$$

式中，当 $t \leqslant t_s$ 时，$r_A(t)$ 应该由式(6-30)用实验确定的 $\tilde{L}$ 计算得到；当 $t > t_s$ 时，$r_A(t)$ 应该由式(6-39)借助实验确定的 $\tilde{L}$ 计算得到。同上述处理过程，全转变分数可以表示为

$$f(t) = \frac{4}{\pi^2}\int_0^{\frac{\pi}{2}}\int_0^{\frac{\pi}{2}} f(t)^{**} \mathrm{d}\varphi_B \mathrm{d}\varphi_A \tag{6-44c}$$

值得注意的是，$t\rightarrow\infty$ 时，由式(6-43a)确定的平均生长尺寸 $\langle r\rangle$ 趋近于 $0.5\sigma/\rho$，

由式(6-44a)确定的$\langle r \rangle$则趋近于$0.5\tilde{L}\sigma$。尽管式(6-44a)和式(6-44c)是式(6-43a)和式(6-43c)的近似解,但完全可以为大多扩散控制相变提供合理描述。

特殊地,如果软碰撞效应可以被忽略,那么$r_A(t)$将总是满足式(6-30),与随机变量L无关。由此可得,其平均生长尺寸和全转变分数可以表示为[34]

$$\langle r \rangle = \frac{2}{\pi}\int_0^{\pi/2} r_A(t)\mathrm{d}\varphi_A \tag{6-45a}$$

$$f(t) = \sigma\left\{1-\left[\frac{2}{\pi}\int_0^{\frac{\pi}{2}}\mathrm{d}\varphi\exp\left(-\frac{\rho r_A(t)}{\sigma}\right)\right]^2\right\} \tag{6-45b}$$

到此为止,基于位置饱和形核、一维生长和线性浓度梯度等假设,得到了一个完整的,能够综合考虑各向异性效应和软碰撞效应的扩散型固态相变解析模型。

该模型的操作思路如下:首先,由式(6-35)确定软碰撞的开始时间t_s。其次,当$t \leq t_s$时,由式(6-30)计算$r_A(t)$;当$t > t_s$时,由式(6-39)计算$r_A(t)$。最后,将计算得到的$r_A(t)$代入式(6-43a)计算颗粒平均生长尺寸$\langle r \rangle$,代入式(6-43c)计算转变分数f。针对给定或实验确定的平均$\tilde{L}$,$\langle r \rangle$和f可分别由式(6-44a)和式(6-44c)计算得到。特殊地,忽略软碰撞效应,$\langle r \rangle$和f可分别由式(6-45a)和式(6-45b)计算得到。值得注意的是,如果$g_r=1$(即各向同性生长)或者相同的生长取向φ(即所有椭圆形颗粒规则排列)条件下,则解析模型(式(6-44c)和式(6-45b))将回到经典的KJMA模型。

6.3.4 模型数值计算与分析

选取Fe-0.23%C合金中铁素体的一维平界面扩散控制生长,用于当前模型的数值演算,见图6-7。假设初始奥氏体晶粒的平均尺寸$\tilde{L}=50\mu m$,铁素体晶核线密度$\rho=8\times10^4 m^{-1}$,相变温度$T=745°C(1018K)$,此温度下的相界面平衡溶质浓度为$C^\alpha=0.017\%$和$C^\gamma=0.62\%$。由于当前模型采用线性浓度梯度近似,生长速率仅取决于界面处的扩散系数D_C(将其设为最大扩散系数)。$D_C(m^2/s)$可由Ågren的相关研究成果[40]给出,表示为

$$D_C = 4.53\times10^{-7}\left[1+y_C(1-y_C)\frac{8339.9}{T}\right]$$
$$\times \exp\left[-\left(\frac{1}{T}-2.221\times10^{-4}\right)(17767-26436y_C)\right] \tag{6-46}$$

式中,$y_C = x_C/(1-x_C)$,x_C为组元C的摩尔分数。

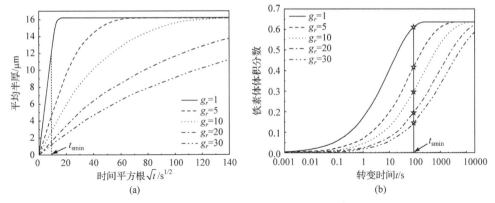

图 6-7 Fe-0.23%C 合金 973K 奥氏体到铁素体的一维平界面扩散控制转变[34]

(a) 铁素体盘平均半厚随时间平方根 $\sqrt{t}$ 的演化；(b) 铁素体体积分数随转变时间 t 的演化

根据式(6-46)，可以计算得到 Fe-0.23%C 合金在给定的温度下 $D_C = 1.361 \times 10^{-12} \mathrm{m^2/s}$。基于此，考虑 5 个不同的各向异性度，$g_r$ 为 1、5、10、20、30(g_r=1 意味着各向同性生长)，利用式(6-44a)和式(6-44c)可以计算得到铁素体盘的平均半厚和转变分数 f(铁素体体积分数)随转变时间 t 的演化曲线，分别如图 6-7(a)和(b)所示。值得注意的是，对于给定的 $\tilde{L}$，式(6-44a)显示两个相邻各向异性颗粒的软碰撞有一个最早开始时间 t_{smin}，然而式(6-44c)的推导过程则暗示着软碰撞开始于 $t=0$。尽管如此，由式(6-40)计算得到的 t_{smin} 仍然被标记在图 6-7(a)和(b)中，主要是为了展示各向异性生长对软碰撞的影响。从图中明显可以看出，颗粒的各向异性效应导致了转变的极大迟滞，并且拓宽了软碰撞效应的作用范围。

Avrami 指数 n 通常是固态相变动力学机制分析中的关键参数。不同形核和生长模式的组合下，Avrami 指数 n 将呈现不同的演化规律。对于本节所考虑的扩散控制相变，将转变分数 f 用初始过饱和度 σ 归一化之后，可以借助 Avrami-Plot 的方法计算得到，即

$$n = \frac{\partial \ln[-\ln(1-f/\sigma)]}{\partial \ln(t)} \tag{6-47}$$

借助图 6-7(b)中的 f-t 数据，利用式(6-47)，计算得到了 Fe-0.23%C 合金中一维铁素体转变的 n 随归一化体积分数 f/σ 的演化曲线，如图 6-8 所示。此外，通过式(6-45b)和式(6-47)，还计算了上述 5 个 g_r 对应忽略软碰撞效应后的 n 随 f/σ 的演化，见图 6-8 中的细点线。如果软碰撞效应被忽略，其 n 随 f 的演化显示了各向异性效应下的一般演化规律，如 5.4 节所述，各向异性效应在转变中期最为剧烈，表现为 n 在转变中期有一个最小值，在相变初期和后期均有所缓解，表现为 n 倾向于回到没有各向异性效应下的值。根据图 6-8，当 $t<t_{smin}$ 时，软碰撞对扩散控制转变的影响几乎可以忽略。在转变前期和中期，各向异性效应绝对占优，而

软碰撞效应仅在相变后期得到增强。

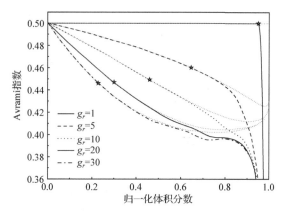

图 6-8　Fe-0.23%C 合金中一维铁素体转变 Avrami 指数 n 随 f/σ 的演化[34]

6.3.5　模型应用

1. Fe-0.17%C 合金 973K 等温铁素体层片增厚

图 6-9 展示了本节模型(式(6-44a))在 Fe-0.17%C 合金铁素体层片增厚过程[41]中的应用案例。合金在 1273K 温度下奥氏体化 10min，然后快淬到 973K 进行等温相变。奥氏体初始平均晶粒尺寸 $\tilde{L}$ 被确定为 25μm。铁素体层片的厚度(生长尺寸)，通过将转变进行不同时间的试样快淬到室温，然后通过定量金相法测量得到。T=973K 时，界面处平衡溶质浓度为 C^{α}=0.017% 和 C^{γ}=0.69%。C 在奥氏体中的扩散系数根据文献[41]提供的方法计算可得。除了定量金相法得到的实验数据外，图 6-9 还包含了 4 种理论方法计算：①本节耦合各向异性效应的扩散控制生长模型，即式(6-44a)；②移动边界扩散方程，即式(6-22)和式(6-23)的有限差分数

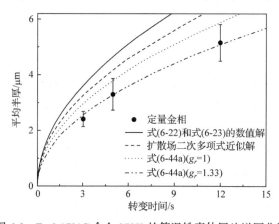

图 6-9　Fe-0.17%C 合金 973K 的等温铁素体层片增厚曲线

值解；③Chen 和 van der Zwaag[39]提出的扩散场二次多项式近似解；④线性扩散场近似解(式(6-44a)和 g_r=1)。上述理论处理中，后三种均针对各向同性生长。从图中可以看出，这三种针对各向同性生长的理论计算均对实验数据产生了过高估计。考虑各向异性生长的理论模型同实验数据拟合最好的结果为式(6-44c)结合 g_r=1.33，说明该合金铁素体片层的增厚过程受到了一定程度各向异性效应的影响。

2. 0.37%C-1.45%Mn-0.11%V 微合金钢 913K 晶界铁素体相变

图 6-10 展示了本节模型(式(6-45b))在 0.37%C-1.45%Mn-0.11%V 微合金钢 913K 奥氏体到晶界铁素体等温相变过程中的应用。实验测量数据来自文献[42]。根据文献[42]中的讨论，913K 低于共析点温度，奥氏体将等温分解成晶界铁素体和珠光体的混合结构，晶界铁素体形成同时珠光体也生长完成，珠光体作为 C 的消耗相，可以避免晶界铁素体形成时 C 在奥氏体中心的富集，此情形下软碰撞效应可以被忽略。利用文献[43]所提供的参数：$D_c=12\times10^{-14}\text{m}^2/\text{s}$，$C^\alpha=0.016\%$，$C^\gamma=0.903\%$，$L=76\mu\text{m}$，$\rho=3.35/L$，形核孕育时间为 12s，晶界铁素体的平衡分数为 0.28，文献[42]中的模型预测(对应式(6-45b)和 g_r=1，即各向同性 KJMA 模型)明显对实验数据产生过高估计。当前模型(式(6-45b))结合 g_r=1.582 预测更佳。

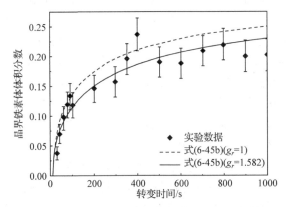

图 6-10 0.37%C-1.45%Mn-0.11%V 微合金钢 913K 奥氏体到晶界铁素体等温相变

6.4 转变错配弹塑性调节

如 5.5 节所述，近平衡相变在扩散型固态相变中很常见，具有重要的研究意义。这类过程涉及：①热力学驱动力，包括吉布斯自由能、界面能及错配应变能；②溶质长程或短程扩散，包括界面控制、扩散控制及两者混合控制。同极端非平衡动力学理论相比，此类近平衡模型建立的难点在于各种热力学驱动力的精确模型计算和与动力学过程交互影响的理论描述。本节将分别针对不涉及成分变化的界面控制相变和耦合界面迁移与溶质长程扩散的混合模式相变，研究固有转变错配应变的弹塑性调节同相变过程的相关性，以及错配应变能作为热力学驱动力的一部分对相变动力学产生的重要影响。

6.4.1 转变错配应变及问题分析

1. 不涉及成分变化的界面控制相变

扩散型固态相变通常伴随新旧两相的错配应变，主要来自两相共格界面的晶格畸变或非共格界面的体积不匹配。对于球形新相颗粒(夹杂)而言，两者没有差别，均为纯体积膨胀应变。2.3.1 小节曾对错配应变能计算的相关内容进行过简单介绍。然而，这些内容大都仅聚焦于计算无限母相中析出半径为 R 的不匹配沉淀相时产生的弹性或弹塑性应变能，主要用于确定其形核条件或者转变开始条件，却很少关注该不匹配析出相随后的生长动力学过程。这些错配应变的弹塑性调节取决于新相夹杂的尺寸，因而同相变过程相关，并且应变能作为热力学驱动力的一部分，严重影响界面迁移过程，进而影响相变的整个动力学过程。

考虑有限弹塑性球形基体内存在一个正在生长或收缩的球形夹杂，由于比体积差的存在，遭受非弹性纯体积膨胀 $\delta=\Delta V/V$，继而引起无应力性错配应变 $\varepsilon_0=\delta/3$(假设各向同性)，如图 6-11 所示。以 Fe 基合金中 $\gamma\rightarrow\alpha$ 相变为例，在相变初期，孤立的 α 新相晶粒生长进入连续的 γ 母相中，见图 6-11(a)；随晶粒长大，α 相逐渐贯通连续，反而形成了 γ 母相的"孤岛"，见图 6-11(b)，此时孤立的 γ 母相开始收缩直至耗尽[44-46]。因此，在相变初期和后期，α 相和 γ 相分别被当作球形夹杂，在相应的球形基体内生长或收缩，见图 6-11(c)和(d)。由于夹杂周围基体的约束，夹杂的有效半径将从无约束状态下的 $R(1+\varepsilon_0)$ 变为弹塑性弛豫之后的 $R(1+\beta\varepsilon_0)(0<\beta<1)$，或者从无约束状态下的 $R(1-\varepsilon_0)$ 变为弹塑性弛豫之后的 $R(1-\beta\varepsilon_0)(0<\beta<1)$。与此同时，上述弹塑性弛豫将会导致整个体系内部产生应力和应变的分布。由于夹杂的球对称性及周围基体的各向同性，夹杂内部仅受流体静水应力作用，不会发生屈服，始终处于纯弹性状态。塑性变形仅发生在基体内

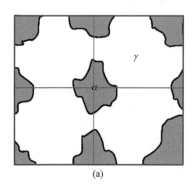

(a)

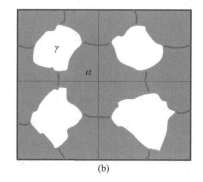

(b)

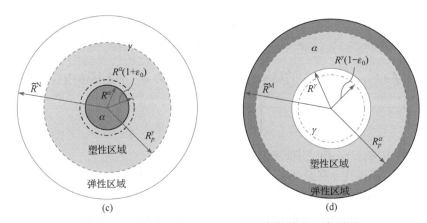

图 6-11 Fe 基合金中 $\gamma \to \alpha$ 相变组织结构演化示意图[46]

(a) 相变初期；(b) 相变后期，其中细直线表示奥氏体晶界；(c) $f < f^*$ 阶段，不匹配球形 α 相作为夹杂在 γ 相基体中生长；(d) $f \geqslant f^*$ 阶段，不匹配球形 γ 相作为夹杂在 α 相基体中收缩

靠近夹杂的区域，形成塑性壳层，并将基体分为内部塑性区域和外部纯弹性区域两部分[46]，见图 6-11(c) 和 (d)。

为简便起见，忽略母相中的应变硬化，即假设母相处于理想塑性状态[47]。考虑到固态相变的固有错配应变 ε_0 非常小，如 $\gamma \to \alpha$ 相变的 ε_0 一般为 0.4%，忽略应变速率和应力取向等对应力-应变行为的影响，假设弹塑性变形非常快，瞬间达到静态平衡。此时，可以直接用小变形 (infinitesimal deformation) 理论来描述目前体系内的应力、应变及位移的分布状态[48-50]，如总应变状态可以直接描述成如下的加和形式：

$$\varepsilon_{\text{tot}} = \varepsilon^{\text{el}} + \varepsilon^{\text{pl}} + \varepsilon^{\text{tr}} \tag{6-48}$$

式中，ε^{el}、ε^{pl} 和 ε^{tr} 分别为弹性应变、塑性应变和转变应变。

作为连续相变，从 α 夹杂的长大转变为 γ 夹杂的收缩，这之间必然存在一个临界转变点 $f^{*[46]}$。假设相变初期 α 夹杂对应的球形基体半径为 $\tilde{R}^{\text{N}}$，而相变后期 γ 夹杂对应的基体半径为 $\tilde{R}^{\text{M}}$。f^* 可以定义为球形填充因子 (sphere packing factor)，即一个确定空间内所能够填充硬球的体积分数，$0.524 \leqslant f^* \leqslant 0.740$，其中，最大值对应密排六方或面心立方填充，而最小值对应简单立方填充，本节拟选用随机填充，$f^* = 0.64$。因此，相变初期的系统可被考虑为由许多半径为 $\tilde{R}^{\text{N}}$ 的硬球组成，其填充因子为 f^*；相变后期的系统可以被考虑为由许多半径为 $\tilde{R}^{\text{M}}$ 的硬球组成，其填充因子为 $1-f^*$；两个阶段硬球的数目和半径不必相同，并且忽略所有硬球彼此间的交互作用，即每一个球形基体均处于自由状态而不受其他基体的干扰。由此可得两阶段夹杂尺寸同转变分数 f 的关系如下所示。

对于 $f < f^*$，半径为 R^{α} 的球形 α 夹杂在半径为 $\tilde{R}^{\text{N}}$ 的 γ 基体内生长[46]：

$$\left(\frac{R^\alpha}{\tilde{R}^N}\right)^3 = \frac{f}{f^*} \tag{6-49}$$

对于 $f \geqslant f^*$，半径为 R^γ 的球形 γ 夹杂则在半径为 $\tilde{R}^M$ 的 α 基体内收缩[46]：

$$\left(\frac{R^\gamma}{\tilde{R}^M}\right)^3 = \frac{1-f}{1-f^*} \tag{6-50}$$

式中，f 为示例 $\gamma \rightarrow \alpha$ 相变中 α 相的体积分数。

除了 $f=f^*$ 指代 α 夹杂的长大开始转变为 γ 夹杂的收缩以外，随相变进行，还存在另外两个临界转变点[46]：

(1) $f=f_1<f^*$，对应 γ 基体中塑性壳边界开始与 γ 基体边界重合，即 $R_p^\gamma = \tilde{R}^N$，γ 基体开始呈现出完全塑性变形状态，如图 6-11(c) 所示。

(2) $f=f_2>f^*$，对应 α 基体中塑性壳边界恰好与 α 基体边界重合，即 $R_p^\alpha = \tilde{R}^M$，α 基体中则开始出现外部纯弹性区域，如图 6-11(d) 所示。

2. 涉及成分变化的混合模式控制相变

相比纯界面控制相变，混合模式控制相变中错配调节同相变的交互作用更为复杂，主要困难在于多自由边界问题及界面演化同扩散场和应力/应变场间的相互耦合问题。Larché 和 Cahn[51,52]在处理固体中自应力对扩散影响时，述及固体中局域扩散通量与成分不均匀诱导自应力相关，并借助自应力场与溶质场的关系，构建了应力作用下类似于菲克定律的扩散方程，但仅聚焦于固体中的扩散，不涉及相变。Laraia 等[53]考虑应力对扩散通量和平衡界面成分的影响，建立了无限母相中不匹配析出相的扩散控制生长动力学理论(简称"LJV 理论")，发现经典抛物线生长规律仍然有效，但生长系数因弹性效应而改变，自应力使母相的平衡界面成分向远场成分方向移动，降低了生长的有效驱动力，但增加了扩散通量，倾向于增加生长速率。Ammar 等[54]利用非线性弹塑性相场模型和有限元方法，研究了转变错配应变对扩散控制生长动力学的影响，但仅局限于单纯的扩散控制生长，忽略界面迁移过程。Svoboda 等[55]和 Gamsjäger 等[56]虽将混合生长同机械驱动力耦合，但仅将机械驱动力引入界面迁移驱动力中，忽略了溶质扩散场和应力/应变场的交互。目前为止，仍没有一个相对完整、系统的工作来分析和处理上述耦合问题。

本小节选取先共析成分 Fe-C 二元合金中奥氏体(γ)到铁素体(α)相变为研究对象。依然考虑球形 α 夹杂在有限、同心、理想塑性球形 γ 母相内生长，如图 6-12(a) 所示。母相外表面为无应力作用的自由表面。如前文所述，球对称 α 夹杂遭受静水压力时仅发生弹性变形，且 α 相内部应力、应变处处相等；塑性变形仅发生在

γ 相邻近 α/γ 相界面处,将 γ 相分为两个区域,即外部弹性区和内部塑性区。与纯界面控制相变不同的是,目前生长过程涉及溶质组元的配分及在母相内部的长程扩散,为考虑界面反应和长程扩散的混合控制模式(图 6-12(b))。系统存在新旧两相体积错配应变的同时,还存在由溶质扩散不均导致的母相内部晶格膨胀应变[57]。随着 α 夹杂长大,这些固有无应力应变通过在新旧两相内产生弹塑性变形得到释放,进而在两相内部诱导出应力/应变配分及在母相内的分布(图 6-12(c))。上述结果反过来又影响 $\gamma\rightarrow\alpha$ 相变热力学及溶质扩散、相界面迁移等动力学过程。

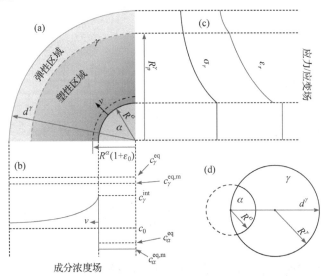

图 6-12 先共析 Fe-C 合金中不匹配球形 α 夹杂在有限弹塑性 γ 母相内生长示意图[57]
(a) γ 母相分为外部弹性区和内部塑性区; (b) α/γ 相界面前沿溶质浓度场和应变能影响下的溶质配分; (c) 错配应变弹塑性调节诱导的应力/应变配分; (d) α 相作为球形夹杂在 γ 晶界形核

铁素体晶粒通常是在奥氏体晶界处形核和生长[26],因此为了让球形夹杂处理更加符合实际情形,依据图 6-12(d)示意,考虑 α 晶粒作为球形夹杂在 γ 晶界处形核,其四周环绕 γ 母相(γ 晶粒尺寸 d^{γ} 应该作为与 α 夹杂相对应的弹塑性母相的半径,见图 6-12(a)),然后在这个有限的弹塑性母相内处理溶质扩散和应力/应变分布[57]。由于溶质场的存在及外边界无溶质通量,α 夹杂在半径为 d^{γ} 的母相内将发生软碰撞。

对于混合模式控制生长,母相界面处溶质浓度 c_{γ}^{int} 处于初始溶质浓度 c_0 和界面局域平衡溶质浓度 c_{γ}^{eq} 之间。如 2.6.1 小节和图 2-10 所示,界面处溶质浓度偏离平衡的程度决定界面移动的控制方式: c_{γ}^{int} 趋近 c_0 倾向于纯界面控制生长,c_{γ}^{int} 趋近 c_{γ}^{eq} 则倾向于纯扩散控制生长。间隙原子 C 的占位导致面心立方(fcc)铁晶格参数的增加，相变过程的纯膨胀体积应变和成分应变均为溶质扩散场的函数。因此，这些固有应变的弹塑性调节(应变能及界面迁移机械驱动力)是母相溶质场、温度和转变分数的函数。同时，溶质局域扩散通量与存在的应力势梯度密切相关，界面迁移化学驱动力取决于界面处溶质配分和温度，而界面处溶质配分取决于应力作用下的扩散方程和界面移动速率，见2.6节。此外，由于转变错配应变和扩散应变诱导应力的影响，新旧两相局域平衡溶质浓度均有所减小，见图6-12(b)。

类似于不涉及成分变化的界面控制相变，考虑球形对称问题，仍采用球坐标系(r,φ,θ)。由小变形理论可知，图 6-12(a)各区域的应变状态可以写为以下几种形式。

α 夹杂：

$$\varepsilon = \varepsilon^{\mathrm{el}} + \varepsilon_0 \tag{6-51a}$$

γ 母相内部塑性区：

$$\varepsilon = \varepsilon^{\mathrm{el}} + \varepsilon^{\mathrm{pl}} + \varepsilon^{\mathrm{c}} \tag{6-51b}$$

γ 母相外部弹性区：

$$\varepsilon = \varepsilon^{\mathrm{el}} + \varepsilon^{\mathrm{c}} \tag{6-51c}$$

式中，$\varepsilon^{\mathrm{el}}$、$\varepsilon^{\mathrm{pl}}$、$\varepsilon_0$ 和 ε^{c} 分别弹性应变、塑性应变、转变错配应变和成分应变。

考虑弹塑性应力/应变场与溶质扩散场的耦合，有如下两个假设：

(1) 忽略溶质扩散不均匀对材料性能的影响，即不考虑溶质扩散对材料弹性常数和屈服强度的影响；

(2) 忽略弹塑性变形对扩散系数和扩散边界条件的影响，假定转变应变和扩散应变引起的应力场仅影响母相内部局域溶质扩散通量。

非弹性体积膨胀取决于新旧两相的摩尔体积，而摩尔体积则与其晶格参数有关[58-60]。表 6-2 给出了二元 Fe-C 合金中面心立方(fcc)γ相、体心立方(bcc)α相和正交立方渗碳体θ相的晶格参数。

表 6-2　Fe-C 合金晶格参数同温度和碳原子分数 c 的定量关系[58-60]

相	晶格参数/nm
α	$a_\alpha = 0.28863\left[1+1.76\times10^{-5}(T-800)\right]$
γ	$a_\gamma = (0.36306+0.078c)\left[1+(24.9-50c)\times10^{-6}\times(T-1000)\right]$
θ	$a_\theta = 0.45234\left[1+\left(5.311\times10^{-6}-1.942\times10^{-9}T+9.655\times10^{-12}T^2\right)(T-293)\right]$ $b_\theta = 0.50883\left[1+\left(5.311\times10^{-6}-1.942\times10^{-9}T+9.655\times10^{-12}T^2\right)(T-293)\right]$ $c_\theta = 0.67426\left[1+\left(5.311\times10^{-6}-1.942\times10^{-9}T+9.655\times10^{-12}T^2\right)(T-293)\right]$

由表 6-2 可知，γ 母相的晶格参数不仅同温度 T 相关，而且是 C 原子分数的函数。在 LJV 理论中，具有初始 C 原子分数 c_0 的无应力 γ 母相被看作参考态。相对于参考态，α 相的析出引起了膨胀应变 ε_0。除了析出相膨胀产生的应力外，母相中溶质扩散引起局域 C 原子分数的分布也可以作为应力源，被称为扩散自应力 (diffusion self-stress)。如果成分应变 ε^c 也是纯膨胀的，则可根据参数 η 来评价扩散自应力：

$$\eta = \frac{\partial \ln a}{\partial c} \tag{6-52a}$$

式中，a 为晶格参数。若 η 为与 C 原子分数无关的常数，则成分应变 ε^c 有如下形式：

$$\varepsilon^c = \eta(c(r) - c_0) \tag{6-52b}$$

可见，ε^c 源于母相基体中的扩散不均匀，取决于母相的瞬时溶质浓度 $c(r)$。析出新相所产生的 ε_0，仅是初始溶质浓度 c_0 的函数，与溶质配分和长程扩散无关。基于 Larché 和 Cahn[51]提出的扩散和自应力之间的相互作用，LJV 理论得出结论，只有成分应变 ε^c 进入扩散通量的本构方程，而转变错配应变 ε_0 仅影响界面热力学平衡成分[53]。实际上，ε_0 也会在母相中产生应力场，并且非均匀应力场也能引起扩散通量，应注意 LJV 理论仅适用于无限母相。对于有限母相，远场溶质浓度(母相边界处的溶质浓度)不再是 c_0，受软碰撞作用逐渐发生变化。在相变后期，母相的溶质浓度趋于均匀，成分应变 ε^c 逐渐消失。因此，式(6-52b)不适用于有限母相的情形。

不同于 LJV 理论，本书通过整合母相中与溶质浓度(或位置)相关的晶格参数，将扩散不均匀性直接纳入体积膨胀错配应变。在转变的某一时刻 t(等温或连续冷却)，α 晶粒半径长大到 R^α，对应的母相内溶质配分为 $c(r,t)$，结合 fcc 相一个晶胞内包含 4 个 Fe 原子，则 γ 相在该时刻 t 的平均原子体积 $\bar{V}^\gamma$ 可以写为[57]

$$\bar{V}^\gamma = \frac{1}{4}\left(\frac{\int_{R^\alpha}^{d^\gamma} a_\gamma(c(r,t))\mathrm{d}r}{d^\gamma - R^\alpha}\right)^3 \tag{6-53}$$

由于 bcc 一个晶胞内包含 2 个 Fe 原子，则 α 相的原子体积 V^α 为

$$V^\alpha = \frac{1}{2}a_\alpha^3 \tag{6-54}$$

于是，得到在时刻 t 的转变错配应变 ε^{tr} 为

$$\varepsilon^{tr} = \varepsilon_0 = \frac{1}{3}\frac{V^\alpha - \bar{V}^\gamma}{\bar{V}^\gamma} \tag{6-55}$$

式(6-55)表明，ε^{tr} 是温度和溶质场的函数，包括固有错配和成分不均匀性的

贡献。此后，ε^{tr} 将被视为一种有效的转变应变，用于对涉及转变错配弹塑性调节的固态配分型相变过程建立动力学理论模型。

6.4.2 转变错配应变的弹塑性理论

考虑球对称问题，采用球坐标系(r,φ,θ)，其中，切应力和切应变均为0，周向应力$\sigma_\varphi=\sigma_\theta$，周向应变$\varepsilon_\varphi=\varepsilon_\theta$。球坐标系下，应力$\sigma$、应变$\varepsilon$和位移$u$之间的基本函数关系，即平衡方程、本构方程、几何方程和屈服准则，以及应变能密度U'和塑性功密度增量dW'同σ和ε的函数关系，可以参见2.3.1小节错配应变能的概述。如前文所述，不同的转变阶段($0 \leqslant f < f_1$、$f_1 \leqslant f < f^*$、$f^* \leqslant f < f_2$及$f_2 \leqslant f < 1$)存在不同的弹塑性区域。针对这些不同转变阶段下的不同弹塑性区域，本节将结合上述基本函数关系、界面处位移连续及纯弹性体积应变，分别推导转变错配纯弹性调节和弹塑性调节两种情形下的应力、应变、位移状态及应变能。

1. $f < f^*$ 纯弹性变形

对于γ基体，即$R^\alpha \leqslant r \leqslant \tilde{R}^N$，根据边界条件$\sigma_r(R^\alpha) = -p$ (p为两相不匹配在相界面处所产生的内部牵引力)和$\sigma_r(\tilde{R}^N) = 0$ (γ相基体外表面无应力作用)，求解本构方程(2-10)、平衡方程(2-11)及几何方程(2-15)，可以得到该区域的纯弹性应力和应变状态分布[46]：

$$\sigma_r = -\frac{p}{(\tilde{R}^N/R^\alpha)^3 - 1}\left[\left(\frac{\tilde{R}^N}{r}\right)^3 - 1\right] \quad (6\text{-}56a)$$

$$\sigma_\varphi = \frac{p}{(\tilde{R}^N/R^\alpha)^3 - 1}\left[\frac{1}{2}\left(\frac{\tilde{R}^N}{r}\right)^3 + 1\right] \quad (6\text{-}56b)$$

$$\varepsilon_r^{el} = -\frac{p}{E^\gamma}\frac{1}{(\tilde{R}^N/R^\alpha)^3 - 1}\left[(1+\mu^\gamma)\left(\frac{\tilde{R}^N}{r}\right)^3 - (1-2\mu^\gamma)\right] \quad (6\text{-}56c)$$

$$\varepsilon_\varphi^{el} = \frac{p}{E^\gamma}\frac{1}{(\tilde{R}^N/R^\alpha)^3 - 1}\left[\frac{1+\mu^\gamma}{2}\left(\frac{\tilde{R}^N}{r}\right)^3 + (1-2\mu^\gamma)\right] \quad (6\text{-}56d)$$

式中，E和μ分别为弹性模量和泊松比，上标γ或α对应γ相或α相。

根据界面处位移连续和式(2-14)，$r=R^\alpha(t)$界面处的位移u可以写为

$$u(R^\alpha) = \varepsilon_\varphi(R^\alpha) \cdot R^\alpha = \beta\varepsilon_0 R^\alpha \quad (6\text{-}57)$$

正如2.3.1小节描述，$\beta\varepsilon_0 R^\alpha$是$\gamma/\alpha$界面在周围基体约束下的有效位移，而

$\varepsilon_\varphi(R^\alpha)$指代相界面处总应变 ε_{tot} 在圆周方向的分量，在纯弹性状态下，$\varepsilon_\varphi(R^\alpha)$就是 $\varepsilon_\varphi^{el}(R^\alpha)$。因此，将式(6-56d)带入式(6-57)，并结合式(6-49)可得

$$\frac{1-2\mu^\gamma}{E^\gamma}\frac{pf}{f^*-f}+\frac{1+\mu^\gamma}{2E^\gamma}\frac{pf^*}{f^*-f}=\beta\varepsilon_0 \tag{6-58}$$

由于遭受静水应力，球形α夹杂处于均匀应力和应变状态，即其内部的应力和应变处处相等。因此，α夹杂($0 \leqslant r < R^\alpha$)的弹性应变状态可以直接描述为 $\varepsilon_r^{el} = \varepsilon_\varphi^{el} = (\beta-1)\varepsilon_0$。根据式(2-10)可以推导得到转变错配在相界面处产生的内部牵引力 p 的表达式为

$$p = -\sigma_0^\alpha = -E^\alpha(\beta-1)\varepsilon_0/(1-2\mu^\alpha) \tag{6-59}$$

联立式(6-58)和式(6-59)，求解可得

$$\beta = \frac{bK}{b(K-1)+1} \tag{6-60}$$

式中，$K = [E^\alpha(1-2\mu^\gamma)]/[E^\gamma(1-2\mu^\alpha)]$；$b = [2(1-2\mu^\gamma)f+(1+\mu^\gamma)f^*]/[3(1-\mu^\gamma)f^*]$。如果考虑无限母相，$R^\alpha/\tilde{R}^N \to 0$，即 $f \to 0$，于是 b 就变成了 $(1+\mu^\gamma)/3(1-\mu^\gamma)$，这个结果对应着 Christian[1]和 Lee 等[47]得到的弹性解。

接下来，将上述计算得到的不同区域的应力和应变状态，代入式(2-16)分别计算相应区域的弹性应变能密度 U'。

对于 $0 \leqslant r < R^\alpha$：

$$U' = \frac{3(1-2\mu^\alpha)}{2E^\alpha}p^2 \tag{6-61a}$$

对于 $R^\alpha \leqslant r \leqslant \tilde{R}^N$：

$$U' = \frac{p^2}{\left[(\tilde{R}^N/R^\alpha)^3-1\right]^2}\left[\frac{3(1+\mu^\gamma)}{4E^\gamma}\left(\frac{\tilde{R}^N}{r}\right)^6+\frac{3(1-2\mu^\gamma)}{2E^\gamma}\right] \tag{6-61b}$$

对于 $f < f^*$ 时的纯弹性变形，体系总的弹性应变能 U^c (单位体积)可以描述为转变分数 f 的函数，如下所示[46]：

$$U^c = f\left(\frac{4\pi R^{\alpha 3}}{3}\right)^{-1}\int_0^{\tilde{R}^N} U' 4\pi r^2 \mathrm{d}r$$

$$= fp^2\left\{\frac{3(1-2\mu^\alpha)}{2E^\alpha}+\frac{3}{4}\left[\frac{1+\mu^\gamma}{E^\gamma}-\frac{3(1-\mu^\gamma)}{E^\gamma}\frac{f}{f-f^*}\right]\right\} \tag{6-62}$$

2. $f < f^*$ 弹塑性变形

按照 6.4.1 小节所述，塑性变形仅仅发生在 γ 基体内靠近 α 夹杂的区域，如图 6-11(c)所示。与 2.3.1 小节错配应变能部分一致，采用 von Mises 屈服准则，于是，γ 基体内的塑性区域满足如下屈服条件：$\sigma_\varphi - \sigma_r = \sigma_s^\gamma$，其中 σ_s^γ 为 γ 相的屈服应力。对于弹性区域，其平衡方程为式(2-11)；对于塑性区域，代入上述屈服条件后，其平衡方程变为式(2-13)。由于临界转变点 f_1 的存在，此种 $f < f^*$ 的情形被分成如下两个转变阶段[46]：

1) 转变阶段 $0 \leqslant f < f_1$

此阶段存在内部弹性区（$0 \leqslant r < R^\alpha$）、中间塑性区（$R^\alpha \leqslant r < R_p^\gamma$）和外部弹性区（$R_p^\gamma \leqslant r \leqslant \tilde{R}^N$），见图 6-11(c)。三区域的应力、应变和应变能密度推导如下。

针对外部弹性区（$R_p^\gamma \leqslant r \leqslant \tilde{R}^N$），在 $r = R_p^\gamma$ 处满足屈服条件 $\sigma_\varphi - \sigma_r = \sigma_s^\gamma$。根据式(6-56a)，该区域的内边界条件可以确定为 $\sigma_r(R_p^\gamma) = -\frac{2}{3}\sigma_s^\gamma[1-(R_p^\gamma/\tilde{R}^N)^3]$，而外边界条件为 $\sigma_r(\tilde{R}^N) = 0$。同理，求解本构方程(2-10)、平衡方程(2-11)及几何方程(2-15)，可以得到该区域的应力和应变状态分布：

$$\sigma_r = -\frac{2}{3}\sigma_s^\gamma\left[\left(\frac{R_p^\gamma}{r}\right)^3 - \left(\frac{R_p^\gamma}{\tilde{R}^N}\right)^3\right] \tag{6-63a}$$

$$\sigma_\varphi = \frac{2}{3}\sigma_s^\gamma\left[\frac{1}{2}\left(\frac{R_p^\gamma}{r}\right)^3 + \left(\frac{R_p^\gamma}{\tilde{R}^N}\right)^3\right] \tag{6-63b}$$

$$\varepsilon_r^{\text{el}} = -\frac{2(1+\mu^\gamma)\sigma_s^\gamma}{3E^\gamma}\left(\frac{R_p^\gamma}{r}\right)^3 + \frac{2(1-2\mu^\gamma)\sigma_s^\gamma}{3E^\gamma}\left(\frac{R_p^\gamma}{\tilde{R}^N}\right)^3 \tag{6-63c}$$

$$\varepsilon_\varphi^{\text{el}} = \frac{(1+\mu^\gamma)\sigma_s^\gamma}{3E^\gamma}\left(\frac{R_p^\gamma}{r}\right)^3 + \frac{2(1-2\mu^\gamma)\sigma_s^\gamma}{3E^\gamma}\left(\frac{R_p^\gamma}{\tilde{R}^N}\right)^3 \tag{6-63d}$$

将上述应力和应变状态代入式(2-16)可以得到该区域的弹性应变能密度 U'：

$$U' = (\sigma_s^\gamma)^2\left[\frac{1+\mu^\gamma}{3E^\gamma}\left(\frac{R_p^\gamma}{r}\right)^6 + \frac{2(1-2\mu^\gamma)}{3E^\gamma}\left(\frac{R_p^\gamma}{\tilde{R}^N}\right)^6\right] \tag{6-64}$$

针对中间塑性区（$R^\alpha \leqslant r < R_p^\gamma$），由于塑性区的平衡方程，即式(2-13)为单变量微分方程，只需要外边界 $r = R_p^\gamma$ 处 $\sigma_r(R_p^\gamma) = -\frac{2}{3}\sigma_s^\gamma\left[1-(R_p^\gamma/\tilde{R}^N)^3\right]$，便可直接

得到该区域的应力状态，如下所示：

$$\sigma_r = -\frac{2}{3}\sigma_s^\gamma \left[1 - \left(\frac{R_p^\gamma}{\tilde{R}^N}\right)^3 + \ln\left(\frac{R_p^\gamma}{r}\right)^3\right] \tag{6-65a}$$

$$\sigma_\varphi = \frac{2}{3}\sigma_s^\gamma \left[\frac{1}{2} + \left(\frac{R_p^\gamma}{\tilde{R}^N}\right)^3 - \ln\left(\frac{R_p^\gamma}{r}\right)^3\right] \tag{6-65b}$$

根据胡克定律(式(2-9)和式(2-10))，可以推导得到该区域的弹性应变 ε^{el} 分别为

$$\varepsilon_r^{el} = -\frac{2(1+\mu^\gamma)\sigma_s^\gamma}{3E^\gamma} + \frac{2(1-2\mu^\gamma)\sigma_s^\gamma}{3E^\gamma}\left[\left(\frac{R_p^\gamma}{\tilde{R}^N}\right)^3 - \ln\left(\frac{R_p^\gamma}{r}\right)^3\right] \tag{6-65c}$$

$$\varepsilon_\varphi^{el} = \frac{(1+\mu^\gamma)\sigma_s^\gamma}{3E^\gamma} + \frac{2(1-2\mu^\gamma)\sigma_s^\gamma}{3E^\gamma}\left[\left(\frac{R_p^\gamma}{\tilde{R}^N}\right)^3 - \ln\left(\frac{R_p^\gamma}{r}\right)^3\right] \tag{6-65d}$$

此外，利用该塑性区的总体积应变 $\varepsilon_r + 2\varepsilon_\varphi = du/dr + 2u/r$ 为纯弹性应变 $3(1-2\mu^\gamma)/E^\gamma\left(\sigma_r + \frac{2}{3}\sigma_s^\gamma\right)$，结合适宜边界条件即可获得相应的位移分布状态。然后，结合总应变公式(6-48)和上述弹性应变，并考虑 $r = R_p^\gamma$ 处位移连续即可求得该区域对应的塑性应变。相关推导细节参见文献[46]，这里仅给出其结果，即对应的塑性应变 ε_r^{pl} 和 ε_φ^{pl} 可以分别表示为

$$\varepsilon_r^{pl} = -2\varepsilon_\varphi^{pl} \tag{6-65e}$$

$$\varepsilon_\varphi^{pl} = \frac{(1-\mu^\gamma)\sigma_s^\gamma}{E^\gamma}\left[\left(\frac{R_p^\gamma}{r}\right)^3 - 1\right] \tag{6-65f}$$

根据式(2-16)，该区域的弹性应变能密度 U' 可以表示为

$$U' = \left(\sigma_s^\gamma\right)^2 \left\{\frac{1+\mu^\gamma}{3E^\gamma} + \frac{2(1-2\mu^\gamma)}{3E^\gamma}\left[\left(\frac{R_p^\gamma}{\tilde{R}^N}\right)^3 - \ln\left(\frac{R_p^\gamma}{r}\right)^3\right]^2\right\} \tag{6-66}$$

根据式(2-17)，即 $dW' = -\sigma_s d\varepsilon_r^{pl}$，将塑性应变 ε_r^{pl} 对 R^α 求导，便可得到 α 夹杂长大过程中塑性功密度的增量 dW'。需要注意的是，塑性壳尺寸 R_p^γ 是夹杂半径 R^α 的函数。

针对内部弹性区($0 \leqslant r < R^\alpha$),同纯弹性变形情况一致,球形α夹杂遭受静水应力,该区域处于均匀应力和应变状态。利用$r=R^\alpha$处的应力,即式(6-65a)和胡克定律,其相应的应力和应变可以分别表示为

$$\sigma_r = \sigma_\varphi = \sigma_0 = -\frac{2}{3}\sigma_s^\gamma \left\{ 1 - \left(\frac{R_p^\gamma}{\tilde{R}^N}\right)^3 + \ln\left[\left(\frac{R_p^\gamma}{R^\alpha}\right)^3\right] \right\} \tag{6-67a}$$

$$\varepsilon_r^{\text{el}} = \varepsilon_\varphi^{\text{el}} = -\frac{2(1-2\mu^\alpha)}{3E^\alpha}\sigma_s^\gamma \left\{ 1 - \left(\frac{R_p^\gamma}{\tilde{R}^N}\right)^3 + \ln\left[\left(\frac{R_p^\gamma}{R^\alpha}\right)^3\right] \right\} \tag{6-67b}$$

此外,α夹杂还存在6.4.1节所述的转变错配应变,即

$$\varepsilon_r^{\text{tr}} = \varepsilon_\varphi^{\text{tr}} = \varepsilon_0 \tag{6-67c}$$

相应的弹性应变能密度U'可以写为

$$U' = \frac{3}{2}\sigma_r\varepsilon_r = \frac{2(1-2\mu^\alpha)}{3E^\alpha}(\sigma_s^\gamma)^2\left[1 - \left(\frac{R_p^\gamma}{\tilde{R}^N}\right)^3 + \ln\left(\frac{R_p^\gamma}{R^\alpha}\right)^3 \right]^2 \tag{6-68}$$

按照纯弹性变形过程中确定内应力p的相同程序、方法及γ/α相界面处位移连续,在此转变阶段$0 \leqslant f < f_1$中,γ基体内塑性壳层半径R_p^γ与α夹杂半径R^α的比值R_p^γ/R^α可被确定为同f相关的函数,如下所示[46]:

$$A_1 \equiv \left(\frac{R_p^\gamma}{R^\alpha}\right)^3 = -\omega(B_1) \bigg/ \left(\frac{1-\mu^\gamma}{ZE^\gamma} + \frac{f}{f^*}\right) \tag{6-69a}$$

式中,$\omega(x)$为Wright Omega函数[61],其值为方程$y + \ln y = x$的解,为单值函数,其导数可以写作$d\omega(x)/dx = \omega(x)/(1+\omega(x))$。

$$B_1 = -1 - \frac{\varepsilon_0}{Z\sigma_s^\gamma} + \ln\left(-\frac{1-\mu^\gamma}{ZE^\gamma} - \frac{f}{f^*}\right) \tag{6-69b}$$

$$Z = \frac{2(1-2\mu^\gamma)}{3E^\gamma} - \frac{2(1-2\mu^\alpha)}{3E^\alpha} \tag{6-69c}$$

式(6-69)暗示此转变阶段塑性区域的相对尺寸同f强烈相关。特殊地,如果$R_p^\gamma = \tilde{R}^N$,即$f=f_1$,根据式(6-69)可以求得f_1,其满足如下公式[46]:

$$\frac{f^*}{f_1} = -\frac{ZE^\gamma}{1-\mu^\gamma}\omega\left(-\frac{\varepsilon_0}{Z\sigma_s^\gamma} - \ln\left(-\frac{ZE^\gamma}{1-\mu^\gamma}\right)\right) \tag{6-70}$$

在此转变阶段 $0 \leq f < f_1$，将各个区域的弹性应变能密度 U'，即式(6-64)、式(6-66)和式(6-68)在各自区域内对 $4\pi r^2 \mathrm{d}r$ 进行积分，可以得到整个体系的总弹性应变能 U(每单位体积)，其结果表示如下[46]：

$$U = -f\left(\sigma_s^\gamma\right)^2 \left[Z\left(1 - A_1 \frac{f}{f^*} + \ln A_1\right)^2 + \frac{1-\mu^\gamma}{E^\gamma}\left(1 - 2A_1 + A_1^2 \frac{f}{f^*}\right) \right] \quad (6\text{-}71)$$

对由式(2-17)和式(6-65e)计算得到的 W' 进行积分，并且借助式(6-49)将 $R^\alpha/\tilde{R}^N$ 转化为 f 后，α 夹杂从原点长大到半径 R^α 的过程中产生的总塑性功 W 可以被确定为(每单位体积)[46]

$$W = \frac{2(1-\mu^\gamma)}{E^\gamma}\left(\sigma_s^\gamma\right)^2 \int_0^f (A_1 + Y_1)\ln A_1 \mathrm{d}f \quad (6\text{-}72\mathrm{a})$$

$$Y_1 = \frac{(\omega(B_1))^2}{1+\omega(B_1)} \frac{f}{f^*} \bigg/ \left(\frac{f}{f^*} + \frac{1-\mu^\gamma}{ZE^\gamma}\right)^2 \quad (6\text{-}72\mathrm{b})$$

2) 转变阶段 $f_1 \leq f < f^*$

此阶段，γ 母相将呈现出完全的塑性变形，如图 6-11(c)所示。因此，仅存在两个区域：处于纯弹性状态的 α 夹杂($0 \leq r < R^\alpha$)和处于塑性状态的 γ 基体($R^\alpha \leq r \leq \tilde{R}^N$)。由于其变形状态的推导程序和方法同转变阶段 $0 \leq f < f_1$ 完全一致，本书仅给出此阶段中对应两个区域的应力、应变及弹性应变能密度。

针对弹性 α 夹杂($0 \leq r < R^\alpha$)：

$$\sigma_r = \sigma_\varphi = \sigma_0 = \frac{2}{3}\sigma_s^\gamma \ln(f/f^*) \quad (6\text{-}73\mathrm{a})$$

$$\varepsilon_r^{\mathrm{el}} = \varepsilon_\varphi^{\mathrm{el}} = \frac{2(1-2\mu^\alpha)}{3E^\alpha}\sigma_s^\gamma \ln(f/f^*) \quad (6\text{-}73\mathrm{b})$$

$$\varepsilon_r^{\mathrm{tr}} = \varepsilon_\varphi^{\mathrm{tr}} = \varepsilon_0 \quad (6\text{-}73\mathrm{c})$$

$$U' = \frac{2(1-2\mu^\alpha)}{3E^\alpha}\left[\sigma_s^\gamma \ln(f/f^*)\right]^2 \quad (6\text{-}74)$$

针对塑性 γ 基体($R^\alpha \leq r \leq \tilde{R}^N$)：

$$\sigma_r = \frac{2}{3}\sigma_s^\gamma \ln\left(\frac{r}{\tilde{R}^N}\right)^3 \quad (6\text{-}75\mathrm{a})$$

$$\sigma_\varphi = \sigma_s^\gamma\left[1 + \frac{2}{3}\ln\left(\frac{r}{\tilde{R}^N}\right)^3\right] \quad (6\text{-}75\mathrm{b})$$

$$\varepsilon_r^{\text{el}} = \frac{2(1-2\mu^\gamma)\sigma_s^\gamma}{3E^\gamma}\ln\left(\frac{r}{\tilde{R}^N}\right)^3 - \frac{2\mu^\gamma}{E^\gamma}\sigma_s^\gamma \tag{6-75c}$$

$$\varepsilon_\varphi^{\text{el}} = \frac{2(1-2\mu^\gamma)\sigma_s^\gamma}{3E^\gamma}\ln\left(\frac{r}{\tilde{R}^N}\right)^3 + \frac{1-\mu^\gamma}{E^\gamma}\sigma_s^\gamma \tag{6-75d}$$

$$\varepsilon_r^{\text{pl}} = -2\varepsilon_\varphi^{\text{pl}} \tag{6-75e}$$

$$\varepsilon_\varphi^{\text{pl}} = \left[\varepsilon_0 - Z\sigma_s^\gamma \ln\left(\frac{R^\alpha}{\tilde{R}^N}\right)^3\right]\left(\frac{R^\alpha}{r}\right)^3 - \frac{1-\mu^\gamma}{E^\gamma}\sigma_s^\gamma \tag{6-75f}$$

$$U' = \left(\sigma_s^\gamma\right)^2\left\{\frac{2(1-2\mu^\gamma)}{3E^\gamma}\left[\ln\left(\frac{r}{\tilde{R}^N}\right)^3\right]^2 + \frac{4(1-2\mu^\gamma)}{3E^\gamma}\ln\left(\frac{r}{\tilde{R}^N}\right)^3 + \frac{1-\mu^\gamma}{E^\gamma}\right\} \tag{6-76}$$

同理，α 夹杂的生长过程中，塑性功密度的增量 $\mathrm{d}W'$ 可以通过式(6-75e)对 R^α 求导得到。夹杂从原点长大到半径 R^α 过程产生的总弹性应变能和总塑性功(每单位体积)，可以分别表示为[46]

$$U = -f\left(\sigma_s^\gamma\right)^2\left[Z\left(\ln\frac{f}{f^*}\right)^2 + \frac{1-\mu^\gamma}{E^\gamma}\left(1-\frac{f^*}{f}\right)\right] \tag{6-77}$$

$$W = W(f_1) + 2\sigma_s^\gamma\left\{f\left[(\varepsilon_0 + Z\sigma_s^\gamma)\left(1-\ln\frac{f}{f^*}\right) + Z\sigma_s^\gamma\left(\ln\frac{f}{f^*}\right)^2\right]\right.$$
$$\left.- f_1\left[(\varepsilon_0 + Z\sigma_s^\gamma)\left(1-\ln\frac{f_1}{f^*}\right) + Z\sigma_s^\gamma\left(\ln\frac{f_1}{f^*}\right)^2\right]\right\} \tag{6-78}$$

3. $f \geqslant f^*$ 情形

如 6.4.1 小节所述和图 6-11(b)和(d)所示，在相变阶段中，α 相逐渐贯通且连续，而孤立的残余 γ 相则被当作夹杂在 α 基体中收缩直至消失。除了总塑性功以外，此转变阶段($f \geqslant f^*$)的应力、应变场及总弹性应变能均与转变阶段($f < f^*$)具有相同的表达形式，只需将 ε_0、σ_s^γ 和 f/f^* 变为$-\varepsilon_0$、$-\sigma_s^\alpha$ 和 $(1-f)/(1-f^*)$，同时交换两相的弹性常数，包括弹性模量和泊松比。

对于纯弹性变形而言，上述替代方法获得其 $f \geqslant f^*$ 时的总弹性应变能是非常直观的，参见式(6-62)。然而，对于弹塑性变形情形，由于推导相界面迁移机械驱动力的需要，这里直接给出其 $f \geqslant f^*$ 时 U 和 W 的具体表达形式[46]。

对于转变阶段 $f^* \leqslant f < f_2$ (每单位体积)：

$$U = (1-f)\left(\sigma_s^\alpha\right)^2 \left[Z\left(\ln\frac{1-f}{1-f^*}\right)^2 - \frac{1-\mu^\alpha}{E^\alpha}\left(1-\frac{1-f^*}{1-f}\right)\right] \quad (6\text{-}79)$$

$$W = W(f^*) - 2\sigma_s^\alpha \left[(f-f^*)(\varepsilon_0 - Z\sigma_s^\alpha) - (1-f)\varepsilon_0 \ln\frac{1-f^*}{1-f} \right.$$

$$\left. -(1-f)Z\sigma_s^\alpha \ln\frac{1-f}{1-f^*}\left(1+\ln\frac{1-f^*}{1-f}\right)\right] \quad (6\text{-}80)$$

对于转变阶段 $f_2 \leqslant f < 1$（每单位体积）：

$$U = (1-f)\left(\sigma_s^\alpha\right)^2 \left[Z\left(1 - A_2\frac{1-f}{1-f^*} + \ln A_2\right)^2 - \frac{1-\mu^\alpha}{E^\alpha}\left(1 - 2A_2 + A_2^2\frac{1-f}{1-f^*}\right)\right] \quad (6\text{-}81)$$

$$W = W(f_2) - \frac{2(1-\mu^\alpha)}{E^\alpha}\left(\sigma_s^\alpha\right)^2 \int_{f_2}^{f} (A_2 + Y_2)\ln(A_2)\mathrm{d}f' \quad (6\text{-}82)$$

其中，

$$A_2 = \omega(B_2) \Big/ \left(\frac{1-\mu^\alpha}{ZE^\alpha} - \frac{1-f}{1-f^*}\right)$$

$$Y_2 = -\frac{1-f}{1-f^*}\left(\frac{1-\mu^\alpha}{ZE^\alpha} - \frac{1-f}{1-f^*}\right)^{-2} \frac{(\omega(B_2))^2}{1+\omega(B_2)}$$

$$B_2 = -1 + \frac{\varepsilon_0}{Z\sigma_s^\alpha} - \ln\left(\frac{1-\mu^\alpha}{ZE^\alpha} - \frac{1-f}{1-f^*}\right)^{-1}$$

特殊地，临界转变点 f_2 可以通过式(6-83)计算[46]：

$$\frac{1-f^*}{1-f_2} = \frac{ZE^\alpha}{1-\mu^\alpha}\omega\left(\frac{\varepsilon_0}{Z\sigma_s^\alpha} - \ln\left(\frac{ZE^\alpha}{1-\mu^\alpha}\right)\right) \quad (6\text{-}83)$$

6.4.3 相界面迁移的速率与驱动力

正如 2.6.1 小节所述，相界面迁移速率 v，可以表示为界面移动性 M 和总界面迁移驱动力 ΔG 的乘积，即 $v=M\Delta G$。由于两相界面能往往远小于界面迁移化学驱动力，本小节忽略界面能项。考虑到转变错配应变能的重要贡献，界面迁移速率方程可重写为[46]

$$v = M\Delta G = M_0 \exp\left(-\frac{Q}{RT}\right)\left(\Delta G_{\text{chem}}^{\text{int}} + F_{\text{mech}}\right) \quad (6\text{-}84)$$

通常 ΔG_c 和 ΔG_s 分别用来定义相变体系化学自由能和应变能的变化量，针对相界面迁移，定义 $\Delta G_{\text{chem}}^{\text{int}}$ 为作用在相界面上的化学驱动力，F_{mech} 为转变错配应变能施加于相界面的驱动力，即相界面迁移机械驱动力；M_0 为移动性指前因子，Q 为界面迁移能垒。

1. 相界面迁移化学驱动力 $\Delta G_{\text{chem}}^{\text{int}}$

正如 2.3.1 小节所述，对于成分不变的界面控制相变，化学驱动力 $\Delta G_{\text{chem}}^{\text{int}}$ 为 α 和 γ 两相摩尔吉布斯自由能差，如图 2-1 所示，其值是负值且仅取决于温度 T。对于涉及成分变化的配分型固态相变，化学驱动力 $\Delta G_{\text{chem}}^{\text{int}}$ 可描述为 α 和 γ 两相中各组元化学势差的函数，如图 2-2(a)所示的 A-B 二元合金，其相界面迁移化学驱动力可以表示为

$$\Delta G_{\text{chem}}^{\text{int}} = c^{\text{A}} \left(\mu_{\text{A}}^{\gamma} - \mu_{\text{A}}^{\alpha} \right) + c^{\text{B}} \left(\mu_{\text{B}}^{\gamma} - \mu_{\text{B}}^{\alpha} \right) \tag{6-85a}$$

以 Fe-C 二元合金为例，式(6-85a)则可写为

$$\Delta G_{\text{chem}}^{\text{int}} = \left(1 - c^{\alpha,\text{int}} \right) \left(\mu_{\text{Fe}}^{\gamma} - \mu_{\text{Fe}}^{\alpha} \right) + c^{\alpha,\text{int}} \left(\mu_{\text{C}}^{\gamma} - \mu_{\text{C}}^{\alpha} \right) \tag{6-85b}$$

根据 Svoboda 等[55]的成果，假设尖锐界面，忽略界面厚度，碳在界面内扩散系数与在母相晶格内扩散系数相当，界面内扩散通量与母相内近界面处扩散通量相同，溶质原子穿越界面的化学势应该连续，为

$$\mu_{\text{C}}^{\gamma} c^{\gamma,\text{int}} = \mu_{\text{C}}^{\alpha} \left(c^{\alpha,\text{int}} \right) \tag{6-86}$$

即原子穿越界面不消耗自由能，界面驱动力完全消耗在界面迁移上。利用式(6-86)界面接触条件约束，在已知 $c^{\gamma,\text{int}}$ 的情形下，可以计算与之对应的 $c^{\alpha,\text{int}}$。于是，式(6-85b)简化为[55,56]

$$\Delta G_{\text{chem}}^{\text{int}} = \left(1 - c^{\alpha,\text{int}} \right) \left[\mu_{\text{Fe}}^{\gamma} \left(c^{\gamma,\text{int}} \right) - \mu_{\text{Fe}}^{\alpha} \left(c^{\alpha,\text{int}} \right) \right] \tag{6-87}$$

2. 相界面迁移机械驱动力 F_{mech}

根据 6.4.2 小节推导得到的不同转变阶段、不同弹塑性区域的应力、应变状态及总弹性应变能和塑性功，有两种方法计算作用在相界面处的机械驱动力 F_{mech}。第一种方法，即微分方法，相界面向前推移 ΔR 的微小距离，转变错配应变能则增加 $\Delta U + \Delta W$[62]。根据前述模型推导，弹塑性应变能是同 f 相关的函数。于是，F_{mech}(每单位体积)可以直接通过 U 和 W 对 f 求导获得，表示为[63]

$$F_{\text{mech}} = -\frac{\mathrm{d}U}{\mathrm{d}f} - \frac{\mathrm{d}W}{\mathrm{d}f} \tag{6-88}$$

第二种方法，根据文献[50]、[64]，作用在相界面上的机械驱动力 F_{mech} 可以直接由 Eshelby 能量-动量张量(energy-momentum tensor)的法向分量计算得到，有

如下的表达形式：

$$F_{\text{mech}} = [[U']] - \langle \sigma^{\text{T}} \rangle [[\varepsilon]] \qquad (6\text{-}89)$$

式中，$[[\cdots]]$ 表示对应参量在界面处的跃迁；$\langle\cdots\rangle$ 表示对应参量在界面处的平均值；σ 和 ε 分别表示相界面处应力和应变张量。

将前述推导得到的两相界面处应力、应变及弹性应变能密度代入式(6-89)，可以得到不同转变阶段下同 f 相关的界面迁移机械驱动力的解析表达式[46]：

当 $0 \leqslant f < f_1$ 时，

$$F_{\text{mech}} = \frac{1-\mu^{\gamma}}{E^{\gamma}} \left(\sigma_s^{\gamma}\right)^2 - Z\left(\sigma_s^{\gamma}\right)^2 \left(1 - A_1 \frac{f}{f^*} + \ln A_1\right)^2 - 2\sigma_s^{\gamma} \varepsilon_0 \left(1 - A_1 \frac{f}{f^*} + \ln A_1\right)$$

(6-90a)

当 $f_1 \leqslant f < f^*$ 时，

$$F_{\text{mech}} = \frac{1-\mu^{\gamma}}{E^{\gamma}} \left(\sigma_s^{\gamma}\right)^2 + 2\sigma_s^{\gamma} \varepsilon_0 \ln \frac{f}{f^*} - Z\left(\sigma_s^{\gamma} \ln \frac{f}{f^*}\right)^2 \qquad (6\text{-}90\text{b})$$

值得注意的是，式(6-89)中界面处某一参量 a 的跃迁被定义为 $[[a]] = a^{(m)} - a^{(i)}$，其中，$a^{(m)}$ 和 $a^{(i)}$ 分别表示界面处基体和夹杂一侧的 a。正如 6.4.1 节所述，在 $f < f^*$ 和 $f \geqslant f^*$ 时，α 相和 γ 相被分别看作夹杂在对应基体中生长或收缩。因此，针对 $f \geqslant f^*$ 转变阶段，除了更改前述涉及的参量，还要改变 F_{mech} 自身符号。

当 $f^* \leqslant f < f_2$ 时，

$$F_{\text{mech}} = -\frac{1-\mu^{\alpha}}{E^{\alpha}} \left(\sigma_s^{\alpha}\right)^2 - 2\sigma_s^{\alpha} \varepsilon_0 \ln \frac{1-f}{1-f^*} - Z\left(\sigma_s^{\alpha} \ln \frac{1-f}{1-f^*}\right)^2 \qquad (6\text{-}90\text{c})$$

当 $f_2 \leqslant f < 1$ 时，

$$F_{\text{mech}} = -\frac{1-\mu^{\alpha}}{E^{\alpha}} \left(\sigma_s^{\alpha}\right)^2 - Z\left(\sigma_s^{\alpha}\right)^2 \left(1 - A_2 \frac{1-f}{1-f^*} + \ln A_2\right)^2 + 2\sigma_s^{\alpha} \varepsilon_0 \left(1 - A_2 \frac{1-f}{1-f^*} + \ln A_2\right)$$

(6-90d)

两种方法(式(6-88)和式(6-90))计算得到的 F_{mech} 完全一致。当 $f = f^*$ 时，F_{mech} 存在不连续。此外，在等温相变中，U^e、U、W 及 F_{mech} 仅取决于转变分数 f；在非等温相变中，考虑到同温度 T 相关的弹性常数和屈服应力，上述参数不仅取决于 f 还取决于 T。

6.4.4 应力作用下的混合模式生长

1. 应力作用下的扩散方程与界面速率

正如 2.4.3 节所述，应力场的存在将对扩散过程产生重要影响。应力梯度作用下，菲克第一定律已不再适用于描述局域扩散通量。这是因为除了化学势梯度以外，应力势梯度也将作为扩散驱动力的一部分促使原子移动。将该部分通量加入局域扩散通量，得到应力作用下的总扩散通量：

$$J = -D\left(\nabla c + \frac{c\nabla \Psi}{RT}\right) \quad (6\text{-}91)$$

式中，D 为溶质扩散系数，$D = D_0 \exp[-Q_D/(RT)]$，D_0 为指前因子，单位 m²/s，Q_D 为溶质原子的扩散激活能，单位 J/mol；Ψ 为扩散原子同应力场的交互势，单位 J/mol。

如 6.4.1 小节所述，忽略弹塑性变形对扩散系数和扩散边界条件的影响，考虑与成分无关的常扩散系数，得到如下扩散方程：

$$\frac{\partial c}{\partial t} = D\nabla\left[\nabla c + \frac{c\nabla \Psi}{RT}\right] \quad (6\text{-}92\text{a})$$

将式(6-92a)展开得到

$$\frac{\partial c}{\partial t} = D\nabla^2 c + D\frac{\nabla c \cdot \nabla \Psi}{RT} + D\frac{c\nabla^2 \Psi}{RT} \quad (6\text{-}92\text{b})$$

针对三维球形扩散控制生长，将式(6-92b)写成球坐标的形式[57]：

$$\frac{\partial c}{\partial t} = D\left[\frac{\partial^2 c}{\partial r^2} + \frac{c}{RT}\frac{\partial^2 \Psi}{\partial r^2} + \frac{1}{RT}\frac{\partial c}{\partial r}\frac{\partial \Psi}{\partial r} + \frac{2}{r}\left(\frac{\partial c}{\partial r} + \frac{c}{RT}\frac{\partial \Psi}{\partial r}\right)\right] \quad (6\text{-}92\text{c})$$

考虑固有错配应变弹塑性调节并假设 Fe 原子在晶格内不扩散，扩散原子 C 同应力场的交互势 Ψ 可以描述为[65]

$$\Psi = U' + W' \quad (6\text{-}93)$$

式中，U' 和 W' 分别为弹性应变能密度和塑性功密度，单位 J/mol。

6.4.2 小节分析了转变错配弹塑性调节与界面控制相变的交互作用，在几乎整个相变过程中，母相总是处于完全塑性变形状态，可参见 6.4.6 节。基于这个结论，为简便起见，在考虑界面迁移、溶质组元扩散、转变错配应变弹塑性调节之间耦合作用时，假设母相完全处于塑性变形状态，即母相中没有纯弹性区域[46,57]。如此，U' 和 W' 可以通过式(6-75)和式(6-76)计算确定。

式(6-92c)为扩散方程移动边界问题，由溶质质量守恒定律或者移动边界扩散通量守恒得到

$$v\left(c^{\gamma,\text{int}} - c^{\alpha,\text{int}}\right) = -D\left.\frac{\partial c}{\partial r}\right|_{r=R^\alpha} \quad (6\text{-}94)$$

混合模式控制界面迁移速率由晶格重排和溶质组元长程扩散两个过程共同控制。这两个过程是串联的，由这两个过程计算得到的界面移动速率应该相等。于

是联立 6.4.3 小节提供的界面迁移速率，即式(6-84)，可以得到扩散方程式(6-92c)的移动边界条件：

$$\left.\frac{\partial c}{\partial r}\right|_{r=R^\alpha} = -\frac{M}{D}\left(c^{\gamma,\text{int}} - c^{\alpha,\text{int}}\right)\left(\Delta G_{\text{chem}}^{\text{int}} + F_{\text{mech}}\right) \qquad (6\text{-}95)$$

式中，界面化学驱动力 $\Delta G_{\text{chem}}^{\text{int}}$ 由式(6-87)确定，假设母相完全处于塑性变形状态，则机械驱动力 F_{mech} 可由式(6-90b)直接确定。

如图 6-12(d)所示，有限弹塑性母相的半径为初始γ相晶粒尺寸，即 d^γ。在有限母相的外边界处 $r = d^\gamma$，扩散通量为零，得到式(6-92c)的另外一个边界条件：

$$\left.\frac{\partial c}{\partial r}\right|_{r=d^\gamma} = 0 \qquad (6\text{-}96)$$

式(6-92c)的初始条件为

$$c(r, t=0) = c_0 \qquad (6\text{-}97)$$

式中，c_0 为 Fe-C 二元合金中 C 的初始浓度。

由于扩散方程式(6-92c)和边界条件式(6-95)均为非线性，应力作用下的混合模式生长不存在解析解。考虑到固有错配应变的弹-塑性调节同溶质扩散场相关，为了简便，将采用经典 Murray-Landis(M-L)显式移动格点有限差分方法[32,66,67]对式(6-92c)和其移动边界条件式(6-95)进行数值计算，最终输出生长尺寸 R^α。详细的模型离散化和数值计算流程参见文献[57]。

2. 热力学平衡

如式(6-85b)所示，$\Delta G_{\text{chem}}^{\text{int}} = 0$ 对应 $\mu_{\text{Fe}}^\gamma = \mu_{\text{Fe}}^\alpha$ 和 $\mu_{\text{C}}^\gamma = \mu_{\text{C}}^\alpha$，即传统的$\gamma/\alpha$两相热力学局域平衡条件。当考虑固有应变弹塑性效应时，热力学局域平衡条件变为

$$\Delta G_{\text{chem}}^{\text{int}} - F_{\text{mech}} = 0 \qquad (6\text{-}98\text{a})$$

结合式(6-86)便可计算两相局域平衡溶质浓度。转变应变弹塑性效应对新旧两相局域平衡溶质浓度的影响将在 6.4.6 小节讨论[53,57,68]。纯化学情形下，热力学平衡不随等温相变过程发生变化，而随非等温相变过程发生变化。弹塑性效应下，F_{mech} 通常是转变分数的函数，因此无论等温或非等温过程，考虑固有应变弹塑性效应的热力学局域平衡都随相变过程发生变化；对于非等温相变，还可以直接利用转变分数 $f \to 0$ 时的 F_{mech} 和初始溶质浓度计算得到其亚稳平衡温度，即转变开始温度，如下所示：

$$\Delta G_{\text{chem}}^{\text{int}} - F_{\text{mech}}(f \to 0) = 0 \qquad (6\text{-}98\text{b})$$

联立式(6-98)、式(6-86)及各组元化学势，可得同相变过程相关的新的亚稳局域平衡溶质浓度，之后便可利用杠杆原理计算考虑固有应变弹塑性调节效应下的

各相平衡分数[57]。

6.4.5 全转变动力学模型

2.7 节分析了固态相变的全转变 KJMA 动力学模型。为了简便起见，仅考虑位置饱和形核，其形核率可以表示为

$$\dot{N}(t) = N^* \delta(t-0) \tag{6-99}$$

式中，N^* 为单位体积预存在晶核的数量；$\delta(t-0)$ 为狄拉克函数。

针对不涉及成分变化的界面控制相变，如纯铁的块状 $\gamma \rightarrow \alpha$ 相变，其扩展体积分数 x_e 有如下形式：

$$x_e = N^* g \left(\int_0^t v(T,f) \mathrm{d}t' \right)^3 \tag{6-100}$$

式中，g 为形状因子；v 为相界面迁移速率，是 T 和 f 的函数。

根据 2.7.3 小节，真实转变分数 f 和扩展转变分数 x_e 之间的关系考虑如下两类碰撞修正：晶核随机分布碰撞和各向同性生长碰撞，其碰撞函数可以写作 $I(f) = \mathrm{d}f/\mathrm{d}x_e = 1-f$ 和 $x_e(f) = -\ln(1-f)$；晶粒各向异性生长碰撞，其碰撞函数可以写作 $I(f) = \mathrm{d}f/\mathrm{d}x_e = (1-f)^\xi$ 和 $x_e(f) = [(1-f)^{1-\xi} - 1]/(\xi-1)$。考虑各向异性生长的唯象碰撞模型实际上对应各向异性颗粒遭遇严重阻碍效应的极端情形，其中，ξ 的具体物理意义参见 5.4 节。

于是，针对位置饱和形核和界面控制生长，转变速率 $\mathrm{d}f/\mathrm{d}t$ 可以表示为

$$\frac{\mathrm{d}f}{\mathrm{d}t} = \frac{\mathrm{d}f}{\mathrm{d}x_e} \frac{\mathrm{d}x_e}{\mathrm{d}t} = 3I(f)(N^* g)^{\frac{1}{3}} (x_e(f))^{\frac{2}{3}} v(T,f) \tag{6-101}$$

如果 N^* 和 g 已知，利用等温或非等温实验测量得到的 $\mathrm{d}f/\mathrm{d}t$ 和 f 数据，可通过式(6-101)直接得到相界面迁移速率；如果相界面移动性 M 已知，那么可通过式(6-84)和确定的化学驱动力直接得到同 f 相关的弹塑性错配应变能。进一步考虑新旧两相的体积不匹配及其弹塑性调节，可直接推导得到确定转变分数的界面迁移机械驱动力解析模型，参见式(6-90)。这些解析模型可以通过式(6-84)直接并入上述转变动力学。由于 F_mech 的转变分数相关性，f 没有解析形式。但是，式(6-101)的微分形式可以提供给 f 一个迭代近似：

$$f_{i+1} = f_i + 3I(f_i)(N^* g)^{\frac{1}{3}} (x_e(f_i))^{\frac{2}{3}} v(T,f_i)(t_{i+1} - t_i) \tag{6-102}$$

注意，式(6-101)所示的动力学微分速率方程仅针对位置饱和形核才能成立。针对其他形核机制，如连续形核或者混合形核，由于转变分数与时间 t 相关，扩展

转变分数 $x_e = \int_0^t \dot{N}(\tau) g\left(\int_\tau^t v(T,f) dt'\right)^3 d\tau$ 对 t 的导数 dx_e/dt 不能被解析描述，因此 df/dt 不存在类似于式(6-101)的解析表达式。此外，尽管式(6-101)显示瞬时转变速率 df/dt 仅取决于 T 和 f 这两个状态参量，但是并不能写成 T 和 f 可分离变量的形式，即 $df/dt=h(T)/g(f)$[1]。因此，不再遵循传统等动力学条件和可加性原理。

针对涉及成分变化的扩散控制或混合模式控制相变，如 Fe-C 合金的 $\gamma \rightarrow \alpha$ 相变，如 6.4.1 小节中的描述，由于半径为 d^γ 的假想球形 γ 母相，6.4.4 小节数值计算得到的 R^α 并不是 α 晶粒的真实生长半径。事实上，根据 KJMA 模型中的扩展体积概念，R^α 应该是某个 α 晶粒在没有其他晶粒干扰情况下在扩展空间中生长的半径，而半径为 d^γ 的 γ 母相正好是相应的最大扩展空间。因此，这里可用经典 KJMA 模型来解释生长的 α 晶粒重叠，即硬碰撞。需指出，在转变完成后，最大扩展体积分数只是最终平衡体积分数 $f_{\text{final}}^{\text{eq}}$。假设 α 晶粒在转变开始时均已成核，并随机分布于 γ 母相中，则得到归一化的转变分数[57]：

$$f = \frac{f_\alpha}{f_{\text{eq}}} = \left\{1 - \exp\left[-N^* g\left(\int_0^t v d\tau\right)^3\right]\right\} \Big/ \left[1 - \exp\left(-f_{\text{final}}^{\text{eq}}\right)\right] \quad (6\text{-}103\text{a})$$

其中，f_α 为实际铁素体转变分数；$f_{\text{eq}} = \left(c_\gamma^{\text{eq}} - c_0\right)/\left(c_\gamma^{\text{eq}} - c_\alpha^{\text{eq}}\right)$ 为平衡体积分数，由于考虑同转变分数相关的机械驱动力，f_{eq} 同相变过程相关。在球形假设条件下，代入形核密度 $N^* = 1/\left[(4\pi/3)\left(d^\gamma\right)^3\right]$ 和 6.4.4 小节数值计算得到的 R^α，上述动力学方程可以改写为[57]

$$f = \frac{f_\alpha}{f_{\text{eq}}} = \left\{1 - \exp\left[-\left(\frac{R^\alpha}{d^\gamma}\right)^3\right]\right\} \Big/ \left[1 - \exp\left(-f_{\text{final}}^{\text{eq}}\right)\right] \quad (6\text{-}103\text{b})$$

6.4.6 模型计算与讨论

1. 不涉及成分变化的界面控制相变

等温相变中转变错配的弹塑性应变能及作用在相界面上的机械驱动力仅取决于转变分数；在非等温相变中，弹性常数和屈服应力不仅取决于转变分数，还同温度 T 密切相关。因此，对于等温相变而言，其应变能和机械驱动力的评估不需要相变过程的动力学信息(相应的 f-t 演化曲线)；对于非等温相变，f 同 T 的对应关系需要被提前确定。以纯 Fe 的等温 $\gamma \rightarrow \alpha$ 相变为例，讨论转变错配弹塑性调节的转变分数确定性及对固态相变动力学的影响[46]。

1) 弹塑性错配应变能随转变分数的演化

由文献[69]提供的剪切模量，得到顺磁 α-Fe 和 γ-Fe 同温度相关的弹性模量：

$$E^\alpha = 138.4(1+\mu^\alpha)(1.22 - 7.24 \times 10^{-4}T)$$

$$E^\gamma = 162(1+\mu^\gamma)(1.15 - 5.03 \times 10^{-4}T)$$

式中，μ^α 和 μ^γ 分别为 α-Fe 和 γ-Fe 的泊松比，假设 $\mu^\alpha = \mu^\gamma = 0.3$。

单独关于 α-Fe 和 γ-Fe 的屈服应力同温度的相关性鲜有文献报道。然而，根据文献[70]和[71]，在恒定应变条件下，随温度增加，屈服应力通常单调减小；在高温条件下，γ-Fe 的屈服应力要比 α-Fe 大。据此假设屈服应力同温度的函数满足如下线性方程式：$\sigma_s^\alpha = 359.6 - 0.3T$ 和 $\sigma_s^\gamma = 1.5\sigma_s^\alpha$。球形填充因子 f^* 被设为 0.64。假设 α-Fe 的摩尔体积(V^α=7.11cm³/mol)和 γ-Fe 的摩尔体积(V^γ=7.29cm³/mol)均同温度无关。平均摩尔体积 $\langle V_m \rangle = fV^\alpha + (1-f)V^\gamma$。$\gamma$-Fe 转变成 α-Fe 的体积错配度 $\delta = (V^\gamma - V^\alpha)/\langle V_m \rangle$ 被确定为常数 0.012。于是，线性转变错配应变被确定为 $\varepsilon_0 = \delta/3 = 0.004$。

利用上述材料物性和温度 T=1180.6K，根据 6.4.2 小节，分别计算了不匹配夹杂在有限弹塑性基体中生长或收缩时产生的弹性应变能和塑性功，其结果同转变分数 f 的演化关系展示在图 6-13(a)中。图 6-13(b)展示了上述总弹塑性应变能(即弹性应变能和塑性功之和)与纯弹性应变能的比较结果，说明转变错配应变能可通过快速的弹塑性变形被松弛到一个较小的值。

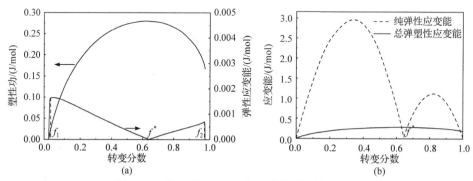

图 6-13 纯 Fe 等温 $\gamma \to \alpha$ 相变中的弹塑性应变能
(a) 弹性应变能 U 和塑性功 W；(b) 总弹塑性应变能 $U+W$ 和纯弹性应变能 U^e

根据 6.4.1 小节描述的模型假设，转变开始时的 γ 相、转变结束时的 α 相、$f=f^*$ 时的整个系统均处于无应力状态，对应于 $f=0$、$f=1$ 及 $f=f^*$ 时的体系不存在弹性应变能(即 U=0)。因此，图 6-13(b)中对应于纯弹性应变的能量峰将呈现对称性。在弹塑性调节过程中，由于临界转变点 $f=f_1$ 和 $f=f_2$ 的存在：在 $f<f_1$ 和 $f>$

f_2 阶段，基体内包含弹性区域和塑性区域；在 $f_1 < f < f_2$ 阶段，基体完全处于塑性变形状态，因而此过程对应的弹性应变能曲线不再呈现对称性，如图 6-13(a)所示。从图 6-13 中还可看出，f_1 趋近于 0，而 f_2 趋近于 1，这个结果暗示着在几乎整个相变进程中基体总是处于完全的塑性变形状态。在相变初期由于 α 夹杂在 γ 基体中生长，α 相晶粒从 0 长大到半径为 R^α 的过程中产生的总塑性功 W 通过累积逐渐增加；在相变后期由于 γ 夹杂在 α 基体中开始收缩，其总的塑性功 W 开始逐渐减小，对应于 W 曲线在 $f=f^*$ 处有一个最大值，然而由于发生了不可逆塑性变形，W 不可能回到零点。此外，如图 6-13(a)所示，弹塑性调节过程中，塑性功要远远大于弹性应变能，暗示着此过程中塑性变形绝对占优，或者弹性应变能与塑性功相比完全可以忽略不计。

2) 机械驱动力随转变分数的演化

分别利用式(6-88)和式(6-90)描述的两种方法，计算得到了作用于 α/γ 相界面处的机械驱动力 F_{mech} 同转变分数 f 的演化关系，如图 6-14 所示。从图中可以看出，两个计算结果完全重叠，意味着上述两种计算方法完全等价，并且 F_{mech} 呈现出随 f 单调递增的规律。根据式(6-84)和图 6-14 中的演化规律，转变初期弹塑性错配应变能确实对转变产生阻碍作用；随着 f 逐渐趋于 f^*，这一效应逐渐消失。随转变进行，弹塑性应变能将促进相变[46]。这是因为针对相变初期 $f<f^*$ 和相变后期 $f \geqslant f^*$，当前建模分别将正在生长的孤立 α 相和正在消失的孤立 γ 相作

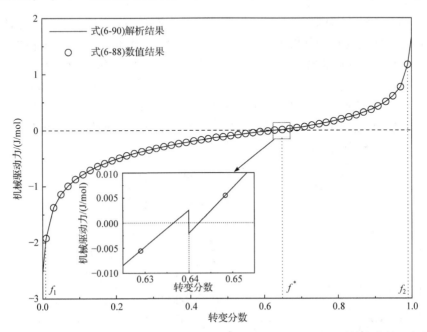

图 6-14 纯 Fe 等温 $\gamma \rightarrow \alpha$ 相变中作用于 α/γ 相界面处的机械驱动力同转变分数的演化

为夹杂，这样的处理方法更符合实际相变过程。

从图 6-14 的局部放大图可发现，在 $f=f^*$ 时，F_{mech} 存在不连续，对应于图 6-13(a) 中摩尔弹性应变能在 $f=f^*$ 处的一阶导数不连续。究其原因，是假设半径为 $\tilde{R}^N$ 的 γ 相球形基体或半径为 $\tilde{R}^M$ 的 α 相基体外表面无应力并忽略彼此间的交互作用。只要新旧两相的屈服应力足够小，弹性模量足够大，总摩尔弹性应变能对总能量的贡献相对比较小且可忽略，因此 F_{mech} 的不连续在计算中也可被忽略。从图 6-14 中同样可以发现，几乎整个相变过程中基体总是处于完全的塑性变形状态。

3) 转变错配弹塑性调节对界面控制相变动力学的影响

Kempen 等[72]和 Liu 等[73]，利用纯 Fe 再结晶的 α/α 晶界移动性代替 α/γ 相界移动性，借助 6.4.3 小节的处理思路和实验数据，对置换型 Fe 基合金 $\gamma\rightarrow\alpha$ 相变过程中转变错配应变能的转变分数确定性进行了评估，异乎寻常地发现弹塑性应变能与吉布斯自由能差有相同的数量级。尽管从实验角度获得一个合理的 α/γ 相界移动性比较困难，但是 Hillert 和 Höglund[74]曾经指出 α/γ 相界移动性要远小于 α/α 晶界移动性。因此，假设如下动力学模型参数：$M_0 = 0.6\text{m}\cdot\text{mol}/(\text{J}\cdot\text{s})$、$Q = 140\text{kJ/mol}$、$N^* = 3.6\times10^{10}\text{m}^{-3}$、$T = 1180.6\text{K}$，符合晶核随机分布碰撞和各向同性生长，模拟了一个包含转变错配弹塑性调节的纯 Fe 等温 $\gamma\rightarrow\alpha$ 相变动力学过程。纯 Fe 的化学驱动力 $\Delta G_{\alpha\gamma}^{\text{chem}}$ 可通过组元相关数据计算[75]。其中，铁素体自由能的磁性部分采用 Hillert 和 Jarl[76]的模型进行计算。

利用 6.4.5 小节耦合化学和机械驱动力的全转变动力学解析模型，计算得到了上述等温相变的转变分数 f 同转变时间 t、转变速率 df/dt 同 f 的演化曲线，分别展示在图 6-15(a)和(b)中。为了比较，还计算并绘制了不考虑转变错配应变情形下的等温动力学曲线，如图 6-15(a)和(b)中的虚线所示。从图 6-15(a)中可以清晰看出，转变错配弹塑性调节导致了整个相变过程的延迟；从图 6-15(b)中可以看出，转变错配弹塑性调节导致 df/dt 峰的右移；转变初期阻碍转变进行，而转变后期却促进转变的进行。

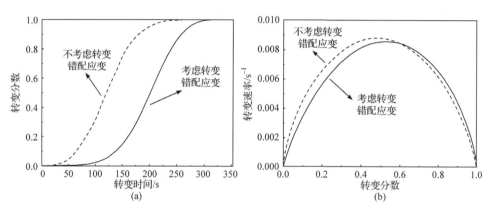

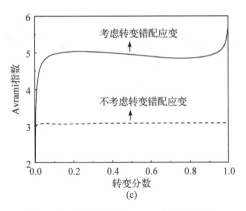

图 6-15 纯 Fe 等温 $\gamma \rightarrow \alpha$ 相变动力学

(a) 转变分数 f 随转变时间 t 的演化；(b) 转变速率随 f 的演化；(c) Avrami 指数 n 随 f 的演化

正如前文所述，Avrami 指数 n 通常是固态相变动力学分析中的关键参数。针对不同形核和生长模式的联合，Avrami 指数 n 将呈现不同的演化规律。对于单个等温相变曲线，n 可以直接通过 Avrami-plot 方法(即 $\ln[-\ln(1-f)]$ 对 $\ln t$ 曲线的斜率)获得。对应图 6-15(a)中 f 关于 t 的演化，n 关于 f 的演化展示在图 6-15(c)中。由于假设位置饱和形核和界面控制生长，不考虑转变错配应变的 n 反映了一个正常值，$n = 3$；包含不匹配应变弹塑性调节相变过程的 n 较大，并呈现出同转变分数 f 相关。n 反常的具体原因还有待进一步研究。

2. 混合模式控制相变

基于 6.4.4 小节，以 Fe-0.5%C(原子分数)合金为例，分别进行等温和连续冷却相变过程的模拟计算展示[57]。相关的材料物性参数、扩散系数和界面移动性、计算条件参见表 6-3。

表 6-3 模型数值计算所用到的参数

材料物性参数	扩散系数和界面移动性[63,74]	计算条件
$E^\gamma = 230.1411 - 0.075T$ [77,78] $E^\gamma = 230.1411 - 0.075T$ [77,78] $\mu^\gamma = \mu^\alpha = 0.3$ $\sigma_s^\alpha = 359.6 - 0.3T$ [70] $\sigma_s^\gamma = 1.4\sigma_s^\alpha$ [70]	$D_0 = 1.5 \times 10^{-5} \text{m}^2/\text{s}$ $Q_D = 142.1 \text{kJ/mol}$ $M_0 = 0.5 \text{m} \cdot \text{mol}/(\text{J} \cdot \text{s})$ $Q_M = 140 \text{kJ/mol}$	C(原子分数) $c_0 = 0.005$ $d^\gamma = 20 \mu\text{m}$ 等温温度 $T = 1053 \text{K}$ 连续冷却速率 $\Phi = 20 \text{K/min}$

1) 转变错配调节对界面迁移和溶质扩散耦合过程的影响

图 6-16(a)和(b)分别展示了 Fe-0.5%C 合金等温 $\gamma \rightarrow \alpha$ 转变在等温扩散控制模式和混合模式条件下的归一化铁素体分数 f、平衡铁素体分数 f_{eq} 和真实铁素体分

数 f_α 随转变时间 t 的演化。与此同时，不考虑转变错配应变的相应情形，以及转变速率 $\mathrm{d}f/\mathrm{d}t$ 随 f 的演化也描绘在图中。显然，对两种控制模式，转变错配调节均延迟了整个转变动力学过程，导致了较慢的转变速率，减小同 f 相关的 f_{eq}。从 $\mathrm{d}f/\mathrm{d}t$ 随 f 的演化中可以发现，在相同的 f 下，转变错配调节对扩散控制模式转变速率的影响略强于对混合模式的影响[57]。尽管如此，考虑到转变错配调节对 f_{eq} 的影响，在混合模式情形下，与不考虑转变错配应变时存在较大偏差。

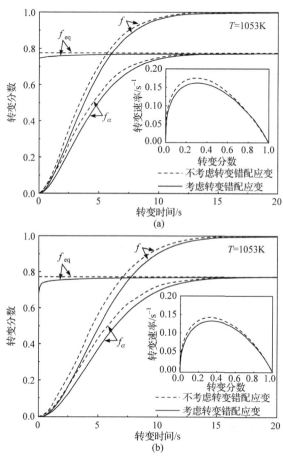

图 6-16 Fe-0.5%C 合金等温 $\gamma \to \alpha$ 转变动力学
(a) 等温扩散控制模式；(b) 混合模式

图 6-17(a)和(b)分别展示了转变错配调节对 γ 母相中相界面浓度 c_γ^{int} 和对应平衡浓度 c_γ^{eq}，以及混合模式特征参数 $S = \left(c_\gamma^{\mathrm{eq}} - c_\gamma^{\mathrm{int}}\right) / \left(c_\gamma^{\mathrm{eq}} - c_0\right)$ 的影响。为了对比，考虑转变错配应变的纯扩散控制相变的平衡浓度 c_γ^{eq} 和初始浓度 c_0 也展示在图 6-17(a) 中。对于纯扩散控制情形，转变错配效应将 c_γ^{eq} 朝着 c_0 的方向移动。对于混合模

式情形,转变错配效应不仅将 c_γ^{eq} 推向 c_0,还相应地减小了 c_γ^{int}。显然,混合模式情形下的 c_γ^{eq} 比扩散控制情形下的数值小得多。值得注意的是,在混合模式情形,转变错配效应导致的 c_γ^{eq} 和 c_γ^{int} 减小程度几乎相同,因此 S 的演化几乎不受转变错配调节的影响。特别是在相同的 f 下,混合模式相变不论考虑转变错配与否,S 几乎完全一致。

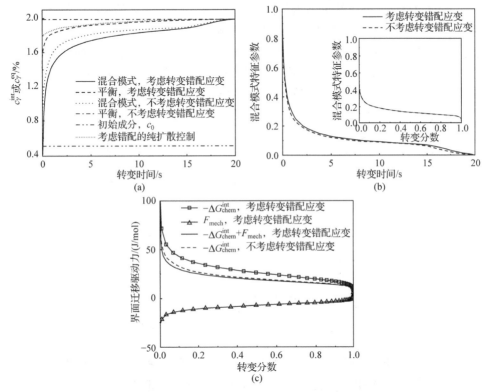

图 6-17 等温混合模式相变动力学模型计算

(a) 相界面处 γ 母相一侧的碳原子分数 c_γ^{int} 和 γ 母相的平衡碳原子分数 c_γ^{eq};(b) 混合模式特征参数 S;(c) 界面迁移驱动力

图 6-17(c)展示了转变错配调节对混合模式相变过程中界面迁移化学驱动力 $-\Delta G_{chem}^{int}$ 和机械驱动力 F_{mech} 的影响。F_{mech} 导致 $-\Delta G_{chem}^{int}$ 增加,这对相界面迁移的驱动力产生抵消平衡效应。该效应将导致混合模式生长的总驱动力 $-\Delta G_{chem}^{int} + F_{mech}$ 对转变错配效应不敏感。这说明,混合模式特性可通过耦合界面迁移和溶质扩散的自我调整来抵抗转变错配调节对相变动力学的影响。

对于纯扩散控制相变,正如图 6-17(a)所示和 LJV 理论所述,转变错配调节使 c_γ^{eq} 朝着 c_0 的方向移动,降低了过饱和度并倾向于降低生长速率。另外,由于应力下扩散通量的增加，由弹塑性调节引起的错配应力倾向于提高生长速率。在目前的工作中，ε^{tr}产生的不均匀应力场对扩散通量的影响可以忽略不计。碳原子与应力场之间的交互作用势未知，因此应变能密度被简单地视为交互作用能。在计算过程中可以发现，无论考虑这一交互作用能与否，对结果没有影响。因此，LJV 理论中出现的抵消平衡分析在这里并不适用。

2) 耦合动力学过程对转变错配调节的影响

目前的模型忽略了浓度不均匀性对弹性常数和屈服强度的影响。因此，耦合溶质扩散和界面迁移的混合模式动力学过程对转变错配调节(弹塑性应力-应变场)的影响主要体现在转变应变 ε^{tr} 上。图 6-18 展示了等温扩散控制模式和混合模式相变的 ε^{tr} 随 f 的演化和 ε^{tr} 随转变时间 t 的演化(副图)。可以发现，界面迁移和溶质扩散这两个耦合过程将导致同 f 相关的 ε^{tr} 随着转变进行逐渐减小。对于混合模式和等温扩散控制相变，ε^{tr} 同 f 的演化几乎是一致的。

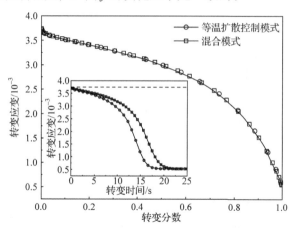

图 6-18 等温扩散控制模式和混合模式相变的转变应变随转变分数和转变时间的演化

根据 6.4.1 小节中式(6-53)、式(6-54)和式(6-55)，ε^{tr} 取决于 R^α 和 γ 母相中的局域浓度 $c(r)$。随着 α 晶粒在有限的 γ 母相内生长，γ 母相中的碳浓度逐渐富集并接近平衡浓度。结果表明，γ 相的晶格参数逐渐增加，然后根据式(6-55)，ε^{tr} 随着转变进行逐渐减小。此外，一方面，由于碳在 α 相中的溶解度很小，可以忽略 c^α 的变化，对于扩散控制和混合模式两种情形，当 R^α 相同时，γ 母相中的平均碳原子分数几乎相同。另一方面，如表 6-2 所示，γ 相的晶格参数 a_γ 是碳浓度的线性函数，a_γ 关于碳浓度的积分与平均碳原子分数成比例。因此，对于相同的 f(或相同的 R^α)，存在几乎相同的 ε^{tr}。显然，ε^{tr} 仅是 f 的函数，与生长模式无关。因此，对于扩散控制和混合模式两种情形，根据式(6-90c)，在相同的 R^α(对应于相同的 f)，F_{mech} 大致相同。观察图 6-17(a)可以发现，在相同的 t 下，转变错配调节对扩散控制和混合模式两种情形下界面局部平衡的影响虽然不同，但在相同的 f 下应该存在相同的平衡状态。

3) 温度对交互效应的影响

图 6-19 描绘了初始 C 原子分数为 0.5%(Fe-0.5%C)的化学驱动力 ΔG_{chem} 和转变开始时($f{\rightarrow}0$)的 F_{mech} 随温度 T 的演化。根据式(6-90c)和式(6-49)，F_{mech} 取决于 R^{α} 和 d^{γ}，因此，$F_{mech}(f{\rightarrow}0)$ 应与铁素体的临界核半径 $R^{\alpha*}$ 直接相关。过冷度 ΔT 越大，$R^{\alpha*}$ 越小。相反，$R^{\alpha*}$ 越小，F_{mech} 越大，起始温度越低，如图 6-19 所示，图中展示了 $R^{\alpha*}$ 为 $10^{-2}\mu m$ 和 $10^{-3}\mu m$ 的两种情况。如果忽略应变能贡献，则起始温度恰为 γ/α 相平衡温度 Ae_3，即 1139.3K。在当前计算中，采用 $R^{\alpha*}=10^{-2}\mu m$，起始温度为 1107.6K。

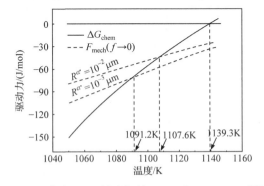

图 6-19 Fe-0.5%C 合金 $\gamma{\rightarrow}\alpha$ 转变初始 ΔG_{chem} 和 $F_{mech}(f{\rightarrow}0)$ 随温度的演化

假定连续冷却的 $\gamma{\rightarrow}\alpha$ 转变，对于考虑或不考虑转变错配调节的两种混合模式情形，图 6-20(a)展示了 f、f_{eq} 和 f_{α} 随温度的演化。相应地，图 6-20(b)和(c)分别展示了转变错配调节对 γ 母相中 c_{γ}^{int} 和 c_{γ}^{eq} 及混合模式特征参数 S 的影响。与等温相

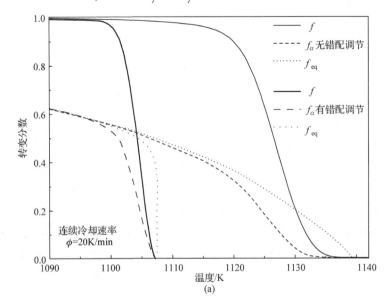

(a)

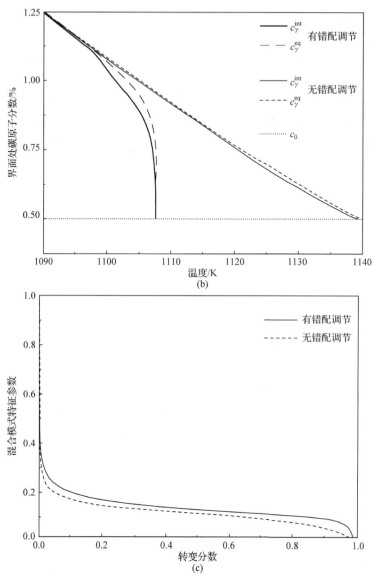

图 6-20　Fe-0.5%C 合金连续冷却 $\gamma \rightarrow \alpha$ 转变混合模式理论计算
(a) 转变分数；(b) 界面处碳原子分数；(c) 混合模式特征参数 S

变情况不同，转变错配调节首先降低转变起始温度，然后遭遇界面迁移和溶质扩散的耦合交互。考虑转变错配调节的影响时，相变过程被完全延迟，但转变速率较大(图 6-20(a))；同时，引起了 f_{eq} 和 c_γ^{eq} 的显著降低(图 6-20(a)和(b))。这些现象主要归因于考虑转变错配应变条件下相变起始温度的大幅降低。从图 6-20(b)中还可以发现，c_γ^{int} 与其对应的 c_γ^{eq} 偏离程度大于不考虑转变错配应变的情形。因此，对于连续冷却相变，转变错配调节对 S 随 f 的演变有明显影响，见图 6-20(c)。

6.4.7 模型应用

1. 纯 Fe 连续冷却 $\gamma \rightarrow \alpha$ 相变实验

利用 Bähr DIL 802 差示热膨胀仪，Liu 等[79]实验测量得到了超高纯 Fe 的一系列连续冷却 $\gamma \rightarrow \alpha$ 相变曲线。其中，样品制备、热膨胀分析及晶粒尺寸确定等实验细节可以参见文献[79]。图 6-21(a)展示了冷却速率为 10K/min 及平均晶粒尺寸为 273μm 的 $\gamma \rightarrow \alpha$ 相变对应的 f 和 df/dt 关于 T 的演化。

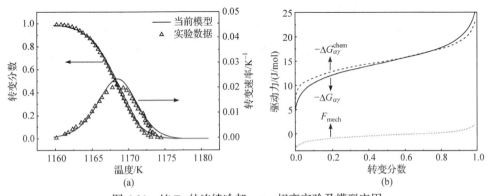

图 6-21 纯 Fe 的连续冷却 $\gamma \rightarrow \alpha$ 相变实验及模型应用

(a) 转变分数和转变速率关于温度的演化；(b) F_{mech}、$-\Delta G_{\alpha\gamma}^{chem}$ 以及 $-\Delta G_{\alpha\gamma}$ 关于转变分数的演化

很少有实验可以直接确定界面本征移动性。以往大部分相关工作首先从实验角度测量得到界面移动速率，然后计算其界面迁移驱动力，再利用 $M=v/\Delta G$ 求解相应的移动性。然而，由于界面移动过程比较复杂，上述方法得到的移动性并不是本征界面移动性，称为有效移动性[63]。

利用 6.4.3 小节的界面迁移速率和相界面迁移机械驱动力解析模型，即式(6-84)和式(6-90)，以及 6.4.5 小节提出的耦合化学和机械驱动力的相变动力学解析模型，即式(6-101)和式(6-102)，并结合纯 Fe 的材料物性，对上述实验得到的 f 和 df/dt 曲线同时进行拟合[46]。已知的模型参数如下：界面迁移激活能 $Q=140$kJ/mol，预存在晶核数目 $N^*=1/(273\times10^{-6})^3(\text{m}^{-3})=4.9\times10^{10}(\text{m}^{-3})$。需要拟合的参数如下：移动性指前因子 M_0、转变开始温度 T_0、碰撞修正因子 ξ。最好的拟合结果如下：$M_0=0.528\text{m}\cdot\text{mol}/(\text{J}\cdot\text{s})$、$T_0=1181$K、$\xi=1.542$，拟合标准误差为 1.95%，拟合效果如图 6-21(a)所示。

针对上述 f-T 曲线，Hillert 和 Höglund[74]评估了相应的 α/γ 相界面移动性。同样假设 $Q=140$kJ/mol，得到的 $M_0=0.26\text{m}\cdot\text{mol}/(\text{J}\cdot\text{s})$，其处理过程并没有考虑转变错配应变的影响。当前模型的拟合结果，即 $M_0=0.528\text{m}\cdot\text{mol}/(\text{J}\cdot\text{s})$ 稍微高

于 Hillert 和 Höglund[74]得到的结果，但远远小于α/α晶界的移动性($M_0=4.9\times10^3$m·mol/(J·s)和$Q=147$kJ/mol)[46]。这暗示着利用本章的机械驱动力解析模型可以从实验数据上得到一个更为合理和精确的相界面移动性。

图6-21(b)展示了作用于α/γ相界面的机械驱动力F_{mech}、化学驱动力$-\Delta G_{\alpha\gamma}^{chem}$及总驱动力$-\Delta G_{\alpha\gamma}$关于转变分数$f$的演化。与化学驱动力相比，机械驱动力对界面迁移总驱动力的贡献仍然比较小。图 6-22 描绘了上述纯 Fe 中$\gamma\rightarrow\alpha$转变的化学驱动力$\Delta G_{\alpha\gamma}^{chem}$和转变开始时($f\rightarrow0$)的机械驱动力$F_{mech}$关于温度$T$的演化关系。如果不考虑转变错配应变对总驱动力的贡献，转变的开始温度即热力学平衡温度，$T_0=1184.8$K。如果考虑转变错配应变的弹塑性调节，根据式(6-98b)，纯 Fe 中$\gamma\rightarrow\alpha$相变时新的亚稳平衡温度就会减小到$T_0'=1182$K。当前模型对纯 Fe 以 10K/min 连续冷却$\gamma\rightarrow\alpha$转变开始温度的拟合结果为 1181K，非常接近考虑错配应变能情形下的亚稳平衡温度。

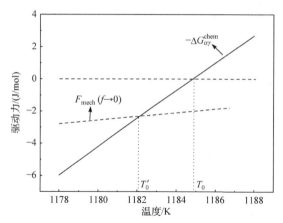

图 6-22　纯 Fe 中$\gamma\rightarrow\alpha$相变的$\Delta G_{\alpha\gamma}^{chem}$和$F_{mech}(f\rightarrow0)$同温度$T$的演化

2. Fe-0.47%C 合金连续冷却$\gamma\rightarrow\alpha$相变实验

Gamsjäger 等使用快淬热膨胀仪实验测量了 Fe-0.47%C(原子分数)合金的非等温循环$\gamma\rightarrow\alpha$相变，相关实验细节参见文献[63]。本案例采用其奥氏体化后和循环测试前直接冷却对应的铁素体相变过程，来验证混合模式相变动力学模型的适用性，铁素体转变分数f_α，如图 6-23(a)中的散点图所示。根据参考文献[63]，初始奥氏体的平均晶粒尺寸d^γ设置为50μm，冷却速率为 10K/min，转变起始温度确定为 1126.3K。铁素体晶核的临界半径R^{α^*}为 0.6μm。在文献[63]中，碳在奥氏体中的扩散系数为$D=2.343\times10^{-5}\exp[-148000/(RT)]$(m^2/s)，界面迁移激活能$Q_M$为 140kJ/mol，唯一的变参数是界面移动性的指前因子M_0。

根据6.4.4小节和表6-3,针对三个不同的M_0,即M_0分别为$0.1\text{m}\cdot\text{mol}/(\text{J}\cdot\text{s})$、$1\text{m}\cdot\text{mol}/(\text{J}\cdot\text{s})$、$100\text{m}\cdot\text{mol}/(\text{J}\cdot\text{s})$,计算了考虑转变错配应变的混合模式动力学[57]。其中,f_α曲线和相应的f_{eq}曲线均绘制在图6-23(a)中。可见,随M_0增加,转变分数f_α逐渐发生重叠,但转变前半段始终不能很好吻合实验数据,可能是因为当M_0足够高时,相变过程已完全由碳扩散控制,与变量M_0不再相关。除了热膨胀实验外,文献[63]还进行了高温共聚焦激光扫描显微镜的动态观察,从显微

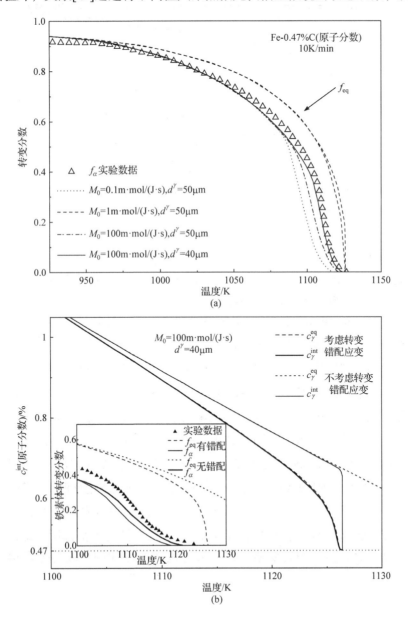

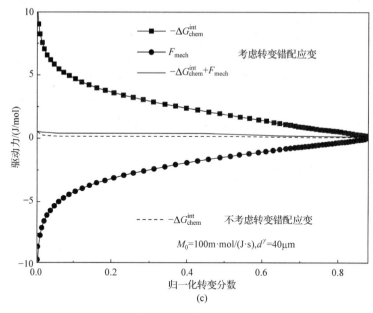

图 6-23 Fe-0.47%C 合金连续冷却 $\gamma \rightarrow \alpha$ 相变实验与模型计算

(a) f_α 随温度的演化,实验数据来自文献[63]; (b) c_γ^{int} 和 c_γ^{eq} 随温度的演化; (c) F_{mech}、$-\Delta G_{\alpha\gamma}^{chem}$ 及 $-\Delta G_{\alpha\gamma}$ 随归一化转变分数 f_α/f_{eq} 的演化

组织照片[63]可以看出,奥氏体的平均晶粒尺寸 d^γ 应小于 50μm。因此,使用 $d^\gamma=40$μm 和 $M_0=100$m·mol/(J·s),计算得到 f_α 和相应的 f_{eq} 曲线采用实线绘制在图 6-23(a)中,其与实验动力学曲线更为一致。

在 $d^\gamma=40$μm 和 $M_0=100$m·mol/(J·s)的情况下,计算了不考虑转变错配应变的混合模式相变动力学。两种情况下计算得到的 f_α 和相应的 f_{eq} 曲线均绘制在图 6-23(b)的副图中。与此同时,相界面奥氏体一侧碳浓度 c_γ^{int} 和奥氏体亚稳平衡浓度 c_γ^{eq} 随温度的演化也展示在图 6-23(b)中,化学驱动力、机械驱动力以及总驱动力随归一化转变分数 f_α/f_{eq} 的演化展示在图 6-23(c)中。尽管两种情况下的理论模型预测显示了不同的结果,但发现两者 c_γ^{int} 几乎与各自的 c_γ^{eq} 重叠(图 6-23(b)),并且发现两者的总驱动力几乎始终为零(图 6-23(c))。可见,根据考虑转变错配应变弹塑性调节的混合模式相变动力学理论预测,尽管 c_γ^{int} 偏离了传统的相界面局域平衡假设,但相变过程依然由等温扩散控制模式占主导地位;化学驱动力 ΔG_{chem}^{int} 和机械驱动力 F_{mech} 具有抵消平衡作用,即固态配分型相变动力学过程中的转变错配效应可通过溶质浓度的局域再分配得到缓解和弛豫。

6.5 沉淀相析出动力学模型

20世纪40年代开始,研究者们相继建立了不同的理论模型对沉淀相析出过程进行描述。1950年,Wert 和 Zener[80]首次通过引入软碰撞因子建立了球状沉淀相等温析出模型。随后,Doremus[81]、Ham[82]等对该模型进行扩展,将沉淀相的形貌扩展到更宽的范围。20世纪70年代,Gilmour 等[83]利用界面局域平衡假设得到了过饱和 Fe-C-Mn 合金先共析铁素体沉淀析出模型。20世纪90年代以来,Yu 等[84]在 Zener 扩散控制生长理论基础上发展了一维精确统计学模型;García de Andrés 等[27]在 Gilmour 等研究基础上,借助两阶段生长理论假设,获得了一维沉淀相析出模型,并且描述了 0.37%C-1.45%Mn-0.11%V 微合金钢中铁素体的相变过程;Offerman 等[28]将扩散控制生长同样分为两个阶段,并在 Zener 扩散控制生长理论基础上,通过溶质场前沿线性分布假设,获得了三维沉淀相析出模型,描述了 C-Mn 钢中沉淀相的析出过程。中国科学院金属研究所李依依课题组采用元胞自动机(CA)和蒙特卡罗方法(MC)研究了软碰撞作用对低碳钢中铁素体沉淀析出的影响[85,86]。

可见,在扩散控制的沉淀相析出过程中,随相变进行,溶质场势必发生重叠,进而影响析出过程。因此,精确描述析出动力学必然要考虑软碰撞的影响。虽然考虑软碰撞影响的沉淀相析出模型已取得重大进展,但是大多集中于数值解和相场模拟,从而限制了模型的实际应用。为详细考查等温条件下软碰撞对析出动力学的影响,本章采取两阶段生长理论、线性溶质场及各向同性生长假设,建立一个简单而又不失物理意义的沉淀相等温析出模型。

6.5.1 形核及生长模型

析出相变中,新相晶核的形成及相邻原子微小体积的变化会引起自由能降低,这部分降低的自由能即形核驱动力。新相表面面积的增加又引起自由能的增加,成为形核阻力。形核能否进行取决于系统自由能的变化[1,87]。Liu 等[88]撰文将固态相变中可能存在的形核机制描述为位置饱和形核、连续形核、Avrami 形核和混合形核。在扩散控制的沉淀相析出中,随相变进行,新相前沿溶质浓度迅速降低导致新相形核速率显著降低。因此,位置饱和形核假设基本适用于沉淀相析出时的形核机制[84]。

在扩散控制的相变过程中,新相的生长与溶质场的贫化或富集密切相关。本小节从基本扩散方程入手,探讨溶质场对生长的影响,如下所示:

$$\frac{\partial C(r,t)}{\partial t} = D\nabla^2 C(r,t) + \left[(d-1)\left(\frac{D}{r}\right)\right](\nabla C(r,t)) \qquad (6\text{-}104)$$

式中，D 为扩散系数(不随位置、时间和浓度而改变，在等温过程中为常数)；d 为生长维度(d=1,2,3 分别表示一、二、三维情况下的生长过程)；$C(r,t)$ 为溶质场分布函数。

Zener[21]认为扩散控制的界面迁移速率与新/旧相界面前沿溶质场浓度有关，可表述如下：

$$\frac{\mathrm{d}r^{\mathrm{I}}}{\mathrm{d}t} = \frac{D}{C^{\beta} - C^{a}} \left(\frac{\partial C}{\partial r}\right)_{r=r^{\mathrm{I}}} \quad (6\text{-}105)$$

式中，r^{I} 为沉淀相颗粒尺寸。

在无限大空间内，扩散控制生长可以用式(6-104)和式(6-105)求解，Zener[21]给出其解析解，表明新相生长遵循抛物线形式。由于实际相变的空间有限，溶质场的相互作用随相变进行不可避免。为了描述等温条件下溶质场相互作用对相变过程的影响，引入强制性边界条件$(\partial C/\partial r)_{r=L}=0$，即认为在溶质场相互重叠处其浓度梯度为零，$L$ 为溶质场相互重叠处与沉淀相颗粒中心的距离，因此沉淀相的颗粒间距为 $2L$。上述边界条件的引入使得解析求解式(6-104)和式(6-105)变得困难，只能借助数值计算实现。根据 Ni-11.77%Si(原子分数)合金的物性参数[89]，计算得到了一维和三维条件下沉淀相析出过程中的溶质场分布，如图6-24(a)和(b)所示。表6-4 给出了模型计算用到的参数。

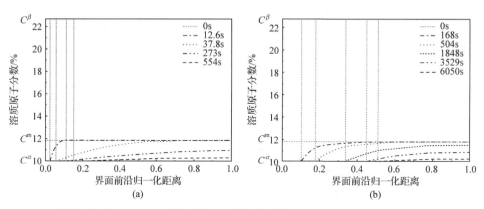

图6-24 Ni-11.77%Si 合金在923K 等温时效时界面前沿真实溶质场分布
(a) 一维平界面生长；(b) 三维球形析出

表6-4 模型计算 Ni-11.77%Si 合金析出过程所用到的参数[89]

参数	数值
Si 在基体中的扩散系数 D/(m²/s)	4.23×10^{-20}
沉淀相的颗粒间距 L/m	1×10^{-7}
相变温度 T/K	923

续表

参数	数值
沉淀相中 Si 的平衡原子分数 C^β/%	22.53
母相中 Si 的平衡原子分数 C^α/%	9.2
析出前母相中 Si 的原子分数 C^m/%	11.77

6.5.2 等温析出模型

假设沉淀相析出时形核密度非常大,每个球形颗粒周围溶质场的分布具有各向同性。因此,溶质场沿径向的相互作用可以等同于一维的情况处理[28],即在析出过程中,生长具有各向同性,溶质场线性分布且形核遵循位置饱和。如图 6-25 所示,r 为界面前沿生长的动坐标,根据 García de Andrés 等[27]和 Offerman 等[28]的处理方法,可将相变过程分为两个阶段,即溶质场未发生重叠的第一阶段和溶质场发生重叠的第二阶段。

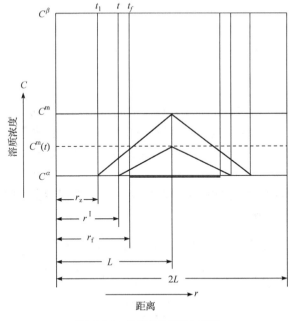

图 6-25 软碰撞过程示意图

1. 溶质场未发生重叠的第一阶段

如图 6-25 所示,在溶质场未发生重叠的第一阶段,沉淀相颗粒尺寸 r^I 小于临界尺寸 r_z,生长呈抛物线形式。$C^m(t)$ 是溶质场发生重叠处的溶质浓度,与相变时间相关，随相变进行从 C^m 变化到 C^α。当相变结束时($t=t_f$)，溶质原子在基体中的浓度变为 C^α。

Wert 和 Zener[80]首次对球形颗粒生长过程中的软碰撞进行了近似处理。在溶质场未发生重叠的相变初期，根据扩散控制生长理论，结合本节的两阶段假设，相变初期的生长遵循类似 Zener 的抛物线生长方式，即

$$r^I = \lambda_d \left[D(t-\tau) \right]^{1/2} \qquad (6\text{-}106)$$

式中，λ_d 为生长系数(在整个相变过程恒定不变)；t 为相变时间；τ 为孕育时间。

在第一阶段，转变分数 f 同相变时间 t 遵循：

$$f = \left(\frac{r^I}{L}\right)^d = \left\{\frac{\lambda_d \left[D(t-\tau)\right]^{1/2}}{L}\right\}^d \qquad (6\text{-}107a)$$

如果以相变完成时最终颗粒的尺寸 r_f 为参考量，那么式(6-107a)变为

$$f = \left(\frac{r^I}{r_f}\right)^d = \left\{\frac{\lambda_d \left[D(t-\tau)\right]^{1/2}}{r_f}\right\}^d \qquad (6\text{-}107b)$$

式中，$r_f = L\xi^{1/d}$，ξ 为固溶体过饱和度，$\xi = (C^m - C^\alpha)/(C^\beta - C^\alpha)$。

2. 溶质场发生重叠的第二阶段

当相变进入第二阶段，沉淀相颗粒尺寸超过临界尺寸 r_z，溶质场开始发生重叠。为了得到一个实用且考虑软碰撞影响的解析模型，首先需要确定软碰撞的起始点，然后通过分析基体溶质浓度在溶质场相互重叠处随时间的变化规律，进而获得转变分数 f 与时间 t 的关系。

如图 6-25 所示，软碰撞起始位置对应 $r=r_z$，根据转变前后的溶质浓度守恒及溶质场浓度线性假设可得[38]

$$gr_z^d \left(C^\beta - C^m\right) = g\left(L^d - r_z^d\right)\left[\left(C^m - C^\alpha\right)/2\right] \qquad (6\text{-}108)$$

式中，g 为颗粒的几何形状因子(一维 $g=1$，三维 $g=4\pi/3$)。整理式(6-108)可得

$$r_z = \left(\frac{C^m - C^\alpha}{2C^\beta - C^\alpha - C^m}\right)^{1/d} L \qquad (6\text{-}109)$$

由式(6-109)可知，软碰撞起始位置与溶质原子在基体中的过饱和度相关。

当沉淀相尺寸 r^I 超过临界尺寸 r_z，溶质场开始相互干涉，此时溶质场发生重叠处的溶质浓度 $C^m(t)$ 仅与相变时间 t 相关，它是获得软碰撞模型的关键变量。在软碰撞发生后，根据线性溶质场浓度假设和转变前后溶质原子的质

量守恒可得[27,90]

$$gr^{Id}\left(C^\beta - C^m\right) = g\left(L^d - r^{Id}\right)\left[\left(2C^m - C^\alpha - C^m(t)\right)/2\right] \tag{6-110}$$

求解式(6-110)，可得沉淀相颗粒尺寸 r^I 随时间的变化关系：

$$r^I = \left(\frac{2C^m - C^\alpha - C^m(t)}{2C^\beta - C^\alpha - C^m(t)}\right)^{1/d} L \tag{6-111}$$

由于沉淀相析出过程中，$C^\alpha - C^m(t) \ll 2(C^\beta - C^\alpha)$，故式(6-111)中分母项 $2C^\beta - C^\alpha - C^m(t) = 2(C^\beta - C^\alpha) + (C^\alpha - C^m(t))$中的第二项可以被忽略，即

$$r^I = \left[\frac{2C^m - C^\alpha - C^m(t)}{2\left(C^\beta - C^\alpha\right)}\right]^{1/d} L \tag{6-112}$$

通过 r^I 对 t 求导可得界面迁移速率随相变时间的变化关系：

$$\frac{dr^I}{dt} = -\frac{2}{d}\frac{dC^m(t)}{dt}\frac{C^\beta - C^m}{\left(2C^\beta - C^\alpha - C^m(t)\right)^2}\frac{L^d}{r^{I(d-1)}} \tag{6-113}$$

根据 Zener[21]扩散控制生长理论，生长界面迁移速率与新/旧相界面前沿溶质场浓度有关，如式(6-105)所示。根据线性浓度假设，新/旧相界面前沿溶质场浓度可表示为

$$\left(\frac{\partial C}{\partial r}\right)_{r=r^I} = \frac{C^m(t) - C^\alpha}{L - r^I} \tag{6-114}$$

将式(6-114)代入式(6-105)中可得析出相界面的迁移速率：

$$\frac{dr^I}{dt} = D\frac{C^m(t) - C^\alpha}{C^\beta - C^\alpha}\frac{1}{L - r^I} \tag{6-115}$$

联立式(6-113)和式(6-115)，可以得到

$$\frac{dC^m(t)}{dt} = B\frac{\left(C^\beta - C^\alpha\right)^2\left(C^m(t) - C^\alpha\right)}{\left(C^\beta - C^m\right)^2 L^2} \tag{6-116}$$

式中，$B=-2D$(一维生长)，$B=-12B_1D$(三维生长)，$B_1=(1+A+A^2)A^2$，其中 $A=r^I/L$，B_1 在软碰撞过程中可认为是常数。表 6-5 给出了根据 Al-0.2%Sc 合金[91]沉淀相析出实验数据计算得到的参数。假设溶质场开始重叠时 $A=A_1$，$A_1=r_z/L$；相变完成时 $A=A_2$，$A_2=r_f/L$。在软碰撞阶段，r^I 随相变进行从 r_z 变化到 r_f。由表 6-5 可知，相变过程，B_1 的变化相对于相变时间区间非常小，可视为常数。

表 6-5 根据 Al-0.2%Sc 合金沉淀相析出实验数据计算得到的参数

样品	A_1	A_2	$(1+A_1+A_1^2)A_1^2$	$(1+A_2+A_2^2)A_2^2$	t_1/min	t_f/min
a	0.1411	0.1776	0.0231	0.0381	980	8540
b	0.1407	0.1771	0.0230	0.0379	177	1557
c	0.1403	0.1766	0.0228	0.0377	106	926
d	0.1388	0.1747	0.0223	0.0368	284	2484

根据溶质场发生重叠处溶质浓度 $C^m(t_1)=C^m$，在相变结束时 $C^m(t)=C^\alpha$，对于式(6-116)分离变量，积分可得

$$C^m(t) = C^\alpha - \left(C^\alpha - C^m\right)\exp\left[-k_1(t-t_1)\right] \tag{6-117}$$

式中，t_1 为软碰撞开始时间。对于一维生长，$k_1=2D(C^\beta-C^\alpha)^2/[(C^\beta-C^m)L]^2$；对于三维生长，$k_1=12B_1D(C^\beta-C^\alpha)^2/[(C^\beta-C^m)L]^2$。

结合式(6-112)和式(6-117)可知，得到 $C^m(t)$ 随相变时间 t 的解析关系是获得 r^I 与 t 解析关系的关键。

式(6-117)给出了溶质场发生重叠处溶质浓度 $C^m(t)$ 随时间变化的解析式，将式(6-117)代入式(6-112)，再根据 $f=(r^I/L)^d$ 可得软碰撞过程中转变分数 f 和时间 t 的关系如下：

$$f = \left(\frac{r^I}{L}\right)^d = \left[1-\frac{1}{2}\exp\left[-k_1(t-t_1)\right]\right]\xi \tag{6-118}$$

对于任何连续单一转变，对应于给定的转变时间 t，转变分数 f 或转变速率 df/dt 是唯一的，于是引入参量 C 和 k，其中 $k=C_1k_1$，C_1 为修正因子，式(6-118)可表示为

$$f = \left[1-\frac{C}{2}\exp\left[-k(t-t_1)\right]\right]\xi \tag{6-119}$$

式中，$C=2[1-(r_z/r_f)^d]$，$k=(dD/2)(\lambda_d/r_f)^d[D(t_1-\tau)]^{(d-2)/2}[1-(r_z/r_f)^d]^{-1}$。式(6-119)等同于：

$$f = \left\{1-\left[1-\left(\frac{r_z}{r_f}\right)^d\right]\exp\left[-k(t-t_1)\right]\right\}\xi \tag{6-120}$$

如果以颗粒的最终尺寸 r_f 作为参考，即有

$$f = 1-\left[1-\left(\frac{r_z}{r_f}\right)^d\right]\exp\left[-k(t-t_1)\right] \tag{6-121}$$

于是，在软碰撞生长阶段，沉淀相尺寸变化满足如下关系：

$$r^{\mathrm{I}} = \left\{1 - \left[1 - \left(\frac{r_{\mathrm{z}}}{r_{\mathrm{f}}}\right)^d\right]\exp\left[-k(t-t_1)\right]\right\}^{1/d} r_{\mathrm{f}} \qquad (6\text{-}122)$$

6.5.3 模型描述及参数确定

1. 生长系数确定

在溶质场未发生碰撞前,根据线性溶质场假设和 Zener[21]扩散控制的界面迁移理论可知,r^{I} 与相变时间 t 存在如下关系:

$$r^{\mathrm{I}} = \lambda_{\mathrm{d}}' \left[D(t-\tau)\right]^{1/2} \qquad (6\text{-}123)$$

式中,$\lambda_{\mathrm{d}}' = (C^{\mathrm{m}}-C^{\alpha})/(C^{\beta}-C^{\alpha})^{1/2}(C^{\beta}-C^{\mathrm{m}})^{1/2}$(一维生长),$\lambda_{\mathrm{d}}' = 1.414[\xi^{4/3}/(2-\xi)^{1/3}-\xi^{1/3}]^{1/2}$ (三维生长)。

可见,生长系数 λ_{d}' 与基体的过饱和度有关。图 6-26(a)和(b)分别表示在溶质场未发生碰撞前,一维和三维生长情况下,转变分数 f 随转变时间 t 的变化情况。可以看到,由于 Zener 模型考虑无限体积空间内的自由生长,随相变进行它必然偏离真实相变(通过强制性边界条件下数值求解一般扩散控制方程,即式(6-104)和式(6-105),得到真实相变参数);式(6-123)考虑纯线性近似,减小了界面前沿溶质梯度,因此也偏离了真实相变。通过引入修正因子 M_{d} 到式(6-123)中的 λ_{d}',使得 $\lambda_{\mathrm{d}} = M_{\mathrm{d}}\lambda_{\mathrm{d}}'$,$\lambda_{\mathrm{d}}$ 即式(6-106)中的生长因子。根据图 6-26 可知,未发生软碰撞时,式(6-106)(类 Zener 模型)与真实解很接近,因为式中 λ_{d} 是通过拟合真实解得到的。图 6-26 中计算所用物性参数来自 Ni-11.77%Si 合金[89]。因此,式(6-107)和式(6-120)可精确地描述整个相变过程,即从溶质场未发生重叠到软碰撞的发生,直至相变结束。

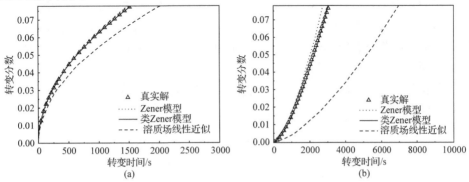

图 6-26 Ni-11.77%Si 合金 923K 等温析出在未发生软碰撞阶段转变分数随时间的演化
(a) 一维生长;(b) 三维生长

2. 一维、三维生长过程的统一描述

通过引入函数 $\varXi(t)$,一维和三维沉淀相析出中转变分数随时间的变化可统一

表示为

$$f = \varXi(t)\left(\frac{\lambda_\mathrm{d}\left[D(t-\tau)\right]^{\frac{1}{2}}}{L}\right)^d + \left(1-\varXi(t)\right)\left\{1-\left[1-\left(\frac{r_\mathrm{z}}{r_\mathrm{f}}\right)^d\right]\exp\left[-k(t-t_1)\right]\right\}\xi$$

(6-124a)

如果以相变最终颗粒尺寸为参照，可得

$$f = \varXi(t)\left(\frac{\lambda_\mathrm{d}\left[D(t-\tau)\right]^{\frac{1}{2}}}{r_\mathrm{f}}\right)^d + \left(1-\varXi(t)\right)\left\{1-\left[1-\left(\frac{r_\mathrm{z}}{r_\mathrm{f}}\right)^d\right]\exp\left[-k(t-t_1)\right]\right\}$$

(6-124b)

当 $t<t_1$ 时，溶质场未发生重叠，$\varXi(t)=1$，即按抛物线型生长；当 $t \geqslant t_1$ 时，溶质场发生重叠，$\varXi(t)=0$，软碰撞机制对相变产生作用，即生长进入第二阶段。由于采取了不同的参考基准，即 L 和 r_f，式(6-124a)表明，转变分数 f 从 0 变化到 ξ；式(6-124b)表明，转变分数从 0～1 变化。

上述沉淀相析出模型不仅在数学上实现了一维和三维生长过程的统一表述，而且从本质上清晰地描述了沉淀相生长过程中相邻颗粒前沿溶质场从未发生碰撞到发生软碰撞的转变。

3. 生长系数时间相关性

检验一个模型是否正确有两个简单的方法：第一，看当前较复杂的模型能否在一定条件下回归到前人较简单的模型；第二，看当前的模型能否同前人模型具有同样的数学形式。从式(6-124b)可知，在软碰撞发生前($\varXi(t)=1$)和软碰撞发生阶段($\varXi(t)=0$)沉淀相析出过程具有不同的表达形式。由于当前模型源于 Zener 模型，下面将证明当前模型应具同 Zener 模型相同的数学解析形式，软碰撞发生前后模型的不同完全来源于生长系数的不同。

在软碰撞生长阶段，根据线性溶质场分布假设，联立式(6-111)和式(6-115)可得新相界面迁移速率为

$$\frac{\mathrm{d}r^\mathrm{I}}{\mathrm{d}t} = \frac{C^\mathrm{m}(t)-C^\alpha}{\left(C^\beta-C^\alpha\right)\left(E^{\frac{1}{p}}-1\right)r^\mathrm{I}}$$

(6-125)

式中，$E=(2C^\beta-C^\alpha-C^\mathrm{m}(t))/(2C^\mathrm{m}-C^\alpha-C^\mathrm{m}(t))$。

给定边界条件：在软碰撞开始发生时，颗粒尺寸 $r^\mathrm{I}(t_1)$ 等于临界颗粒尺寸 r_z，对式(6-125)进行积分变换可得

$$r^{I2} = r_z^2 + \frac{2DF(t)}{(C^\beta - C^\alpha)} \tag{6-126a}$$

式中，

$$F(t) = \int_{t_1}^{t} \frac{C^m(t) - C^\alpha}{E^{\frac{1}{p}} - 1} dt \tag{6-126b}$$

对式(6-126a)进行变形处理可得同 Zener 生长模式相类似的结果：

$$r^I = \lambda_d(t)[D(t-\tau)]^{1/2} \tag{6-127a}$$

式中，

$$\lambda_d(t) = \frac{(C^\beta - C^\alpha)r_z^2 + 2DF(t)}{D(t-\tau)(C^\beta - C^\alpha)} \tag{6-127b}$$

由式(6-127a)可知，在软碰撞阶段，模型生长系数同时间相关。并且随相变进行，生长系数逐渐变化至 0。

对于整个相变过程，当前模型可回归至 Zener 生长模式，即随相变进行，转变分数的变化可表示为 $f = \{[\lambda_d^*(Dt)^{1/2}]/L\}^d$。其中，在溶质场未发生重叠时，$\lambda_d^* = \lambda_d$；当溶质场发生重叠后，$\lambda_d^* = \lambda_d(t)$。

4. 模型参数确定

从模型推导过程可知，该沉淀相等温析出模型涉及的关键参数如下：软碰撞开始发生时间 t_1、相变孕育时间 τ、软碰撞发生时沉淀相的临界尺寸 r_z 和临界体积分数 f_z、沉淀相最终尺寸 r_f、指数内因子 k、颗粒间距 L 及生长系数 λ_d。其中，λ_d 仅与初始溶质过饱和度有关。t_1、r_z、f_z、r_f 和 k 取决于 L 和基体溶质初始浓度 C^m、基体与新相的平衡浓度 C^α 和新相的浓度 C^β，τ 可由实验确定。

如图 6-27(a)所示，软碰撞发生时的临界体积分数 f_z 随基体初始过饱和度 ξ 的升高而升高；图 6-27(b)和 6-27(c)表明，对于初始过饱和度一定的合金，软碰撞发生时的临界体积分数保持不变。

在当前软碰撞模型中，颗粒间距 L 是最重要的计算参数。颗粒间距 L 与基体原子过饱和度密切相关，过饱和度越大，原子形核密度越高，相应的颗粒间距越小；相反，过饱和度越小，原子形核密度越低，相应的颗粒间距越大。因此，如果能够实验测定 L，就可以通过模型计算描述整个相变过程。如果实验中很难精确得到 L，可通过实验得到的 f-t 曲线推算出来 L。下面，将简述在 L 未知的情况下，确定模型计算参数的基本步骤：

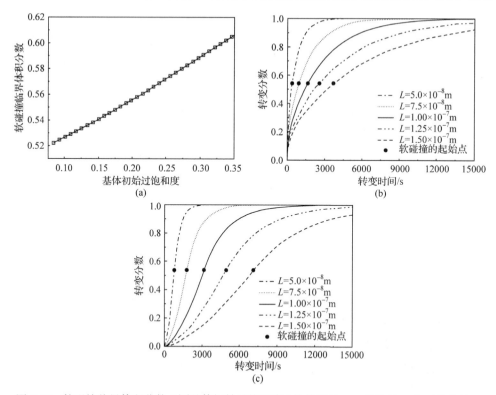

图 6-27 软碰撞临界体积分数 f_z 同基体初始过饱和度 ξ 的关系(a)、一维生长(b)和三维生长(c)下的 f-t 曲线

(1) 根据式(6-109)可求出软碰撞开始进行时临界体积分数 $f_z = (r_z/r_f)^d$，即 $f_z = \xi/(2-\xi)$；

(2) 根据实验所得的 f-t 转变曲线，确定出与临界体积分数 f_z 对应的软碰撞发生时间 t_1；

(3) 将 t_1、f_z 代入式(6-107a)便可求得颗粒间距 L。

6.5.4 模型应用

1. 0.37%C-1.45%Mn-0.11%V 微合金钢中铁素体的转变

1998 年，García de Andrés 等[27]实验研究了 0.37%C-1.45%Mn-0.11%V 微合金钢的铁素体转变。首先，将含有不同尺寸初生奥氏体相的微合金钢圆柱形试样在 1273K 和 1523K 温度下奥氏体化 1min，随即快淬到 973K 进行不同时间的等温铁素体转变。利用显微组织统计方法，得到铁素体相体积分数随时间的演化过程。实验表明，铁素体相在初生奥氏体相的晶界形成，并沿晶界向奥氏体晶粒内部生长。晶界处铁素体的长大沿 α/γ 界面的法线方向，其过程受界面前沿奥氏体中碳原子的扩散控制。如图 6-28 所示,该铁素体转变的 f-t 曲线大致呈抛物线状,因此结合表 6-6 所给的物性参数,计算一维沉淀相析出模型(式(6-124a))可精确地描述整个相变过程。表 6-6 给出了一维沉淀相析出模型描述 0.37%C-1.45%Mn-0.11%V 微合金钢中铁素体转变用到的物性参数。奥氏体中碳的扩散系数 D 从文献[92]得到;相变温度 T、奥氏体中碳原子初始浓度 C^m、奥氏体中碳原子平衡浓度 C^α 及铁素体中碳原子平衡浓度 C^β 从文献[27]得到。由于 C^β 非常小,因此可视为零。

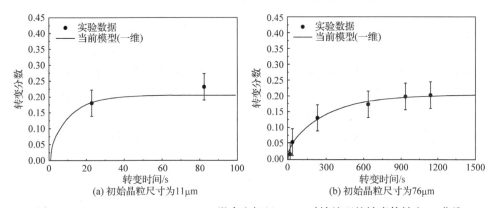

图 6-28 0.37%C-1.45%Mn-0.11%V 微合金钢经 923K 时效处理的铁素体转变 f-t 曲线

表 6-6 0.37%C-1.45%Mn-0.11%V 微合金钢中铁素体转变计算所用物性参数[27,92]

物性参数	图 6-28(a)数值	图 6-28(b)数值
奥氏体中碳的扩散系数 D /(m²/s)	1.5×10^{-11}	1.5×10^{-11}
奥氏体中碳原子初始浓度 C^m /%	0.37	0.37
奥氏体中碳原子平衡浓度 C^α/%	0.465	0.465
铁素体中碳原子平衡浓度 C^β/%	0	0
铁素体的颗粒间距 L/m	5.45×10^{-6}	3.85×10^{-5}
临界转变分数 f_z	0.1138	0.1138
临界转变时间 t_1/s	7	190
生长系数 λ_1	0.196	0.196
孕育时间 τ/s	0	0
初始奥氏体晶粒尺寸(PAGS)/μm	11	76

Krielaart 等[93]、Vandermeer[26]和 Kempen 等[72]研究发现,$\gamma \rightarrow \alpha$ 相变中,当温度下降到 α 单相区时,形核已经完成,因此相变中形核机制可近似为位置饱和形核。如 6.5.3 小节所述,颗粒间距 L 与铁素体相的形核密度密切相关,模型的

精确性取决于实验中对 L 测量的精准度。溶质在基体中的过饱和度越大,沉淀相的形核密度越大,相应的颗粒间距 L 越小,相变进行得越快;反之,过饱和度越小,形核密度越小,相应的颗粒间距 L 越大,相变进行得越慢。对于 $\gamma \to \alpha$ 相变,铁素体 α 相的颗粒间距可以等同于初始奥氏体 γ 相的晶粒尺寸(表 6-6);初始奥氏体晶粒越大,铁素体相颗粒间距 L 越大,相变过程中软碰撞开始的时间 t_1 越晚,相变进行得越慢。这一点在图 6-28(a)和(b)中均得到鲜明体现。

2. Al-0.2%Sc 合金中 Al$_3$Sc 相等温沉淀相变

Røyset 和 Ryum[91]实验研究了 Al-0.2%Sc 在不同温度下的等温析出转变,具体实验过程参见文献[91]。由于在 Al-0.2%Sc 合金中,沉淀相 Al$_3$Sc 在 Al 基体内部直接形核析出,并且 Al$_3$Sc 相颗粒呈球状,因此结合表 6-7 所给的物性参数,计算三维沉淀相析出模型(式(6-124b))能够精确地描述整个相变过程(图 6-29)。Sc 原子在 Al 基体中的扩散系数 D 可以根据文献[94]、[95]得到。相变温度 T、母相中 Sc 的初始浓度 C^m、沉淀相中 Sc 的平衡浓度 C^β 及母相中 Sc 的平衡浓度 C^α 均可从文献[94]中得到。对应于低的析出温度,Sc 原子在 Al 基体中的过饱和度增大,颗粒间距 L 减小(表 6-7)。从表 6-7 中可知,随相变温度的升高,软碰撞开始时间 t_1 先减小后增大。这表明,相变温度的升高会增大 Sc 在 Al 基体中的迁移率,即 Al$_3$Sc 在 Al 基体的析出速度,但同时降低 Sc 在 Al 基体中的过饱和度,即降低了 Al$_3$Sc 的析出驱动力。因此,随时效温度提高,相变呈现出先加快后变慢的趋势。

表 6-7 Al-0.2%Sc 合金沉淀相析出模型计算用物性参数[94,95]

物性参数	图 6-29(a)数值	图 6-29(b)数值	图 6-29(c)数值	图 6-29(d)数值
母相中 Sc 的扩散系数 D/(m^2/s)	3.706×10^{-25}	5.712×10^{-23}	3.122×10^{-20}	1.086×10^{-18}
相变温度 T/K	503	543	603	643
母相中 Sc 的初始浓度 C^m/%	0.2	0.2	0.2	0.2
母相中 Sc 的平衡浓度 C^α/%	0	0.0016	0.0034	0.0097
沉淀相中 Sc 的平衡浓度 C^β/%	35.71	35.71	35.71	35.71
沉淀相的颗粒间距 L/m	1.405×10^{-11}	7.432×10^{-11}	1.323×10^{-9}	1.278×10^{-8}
临界转变分数 f_z	0.5014	0.5014	0.5014	0.5013
临界转变时间 t_1/min	980	177	106	284
孕育时间 τ/min	0	0	0	0
生长系数 λ_3	0.104	0.104	0.102	0.101

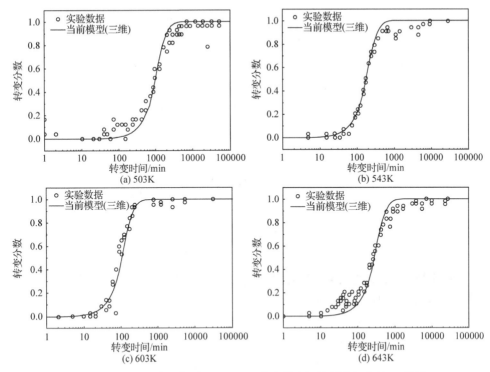

图 6-29 不同时效温度下 Al-0.2%Sc 合金等温沉淀析出相变的 f-t 曲线

6.5.5 扩散激活能的确定

原子扩散与温度有很大关系，扩散系数 D 与温度 T 之间存在如下指数函数关系：$D=D_0\exp[-Q_D/(RT)]$，其中，Q_D 是原子的扩散激活能。基于经典 KJMA 动力学模型，Colombo 等[96]、Adorno 等[97]、Hamana 等[98]、Song 等[99]和 Afify 等[100]发展了等温条件下求解扩散激活能的方法。对于不同温度下的等温时效过程，给定转变分数 f，扩散激活能 Q_D 就可以通过 $\ln k$ (k 为速率常数) 和 $1/T$ 的关系得到。$\ln k$ 和 $1/T$ 满足斜率为 Q_D/R 的线性关系。

上述确定扩散激活能的方法被广泛应用于形核/生长类相变中，但是该方法基于硬碰撞模型，并没有考虑溶质场的相互作用对相变的影响。如前文所述，尽管研究者们已建立了许多方法能够很好地描述软碰撞作用，然而少有人考虑如何从模型中得到确定扩散激活能的方法。本节基于 6.5.2 小节提出的沉淀相析出模型，发展了等温条件下确定扩散激活能的方法。

1. 由等温相变 f-t 曲线确定扩散激活能

当沉淀相颗粒尺寸超过临界尺寸 r_z 后，溶质场开始发生重叠。溶质场的相互作用对相变影响见式(6-121)，整理式(6-121)可以得到

$$\frac{1-f}{1-(r_z/r_f)^d} = \exp[-k(t-t_1)] \qquad (6\text{-}128)$$

式中，常数 k 中包含扩散系数 D。对式(6-128)两边取对数得

$$\ln\left\{-\ln\left[\frac{1-f}{1-(r_z/r_f)^d}\right]\right\} = \ln k + \ln(t-t_1) \qquad (6\text{-}129)$$

式中，

$$\ln k = \ln B + \frac{d}{2}\ln\frac{D_0}{t_1-\tau} + (d-1)\ln(t_1-\tau) - \frac{d}{2}\frac{Q_D}{RT}$$

$$B = \frac{d}{2}\left(\frac{\lambda_d}{r_f}\right)^d\left[1-\left(\frac{r_z}{r_f}\right)^d\right]^{-1}$$

整理式(6-129)，将含有扩散激活能 Q_D 项整理到一起可得到等温条件下确定扩散激活能的模型：

$$\ln\left\{\frac{\ln\left[\dfrac{1-f}{1-(r_z/r_f)^d}\right]}{B(t-t_1)(t_1-\tau)^{\frac{d-2}{2}}}\right\} = -\frac{d}{2}\frac{Q_D}{RT} + \ln\left(-D_0^{d/2}\right) \qquad (6\text{-}130)$$

由式(6-130)可知，给定转变分数 f，扩散激活能 Q_D 可以通过斜率为 $(d/2)Q/R$ 的直线求得。在软碰撞阶段，给定不同的转变分数 f，就会得到许多斜率一致的直线，例如：

$$\ln\left\{\frac{\ln\left[\dfrac{1-f}{1-(r_z/r_f)^d}\right]\ln(1-f)}{B(t-t_1)(t_1-\tau)^{\frac{d-2}{2}}}\right\} = -\frac{d}{2}\frac{Q_D}{RT} + \ln\left[-D_0^{d/2}\ln(1-f)\right] \qquad (6\text{-}131)$$

可简写为如下形式：

$$\ln Y = -\frac{d}{2}\frac{Q_D}{RT} + A \qquad (6\text{-}132)$$

式中，$Y = \dfrac{\ln\left[\dfrac{1-f}{1-(r_z/r_f)^d}\right]\ln(1-f)}{B(t-t_1)(t_1-\tau)^{\frac{d-2}{2}}}$；$A = \ln\left[-D_0^{d/2}\ln(1-f)\right]$。

对于一系列等温实验，给定转变分数 f，通过求解 $\ln Y$ 和 $-1/T$ 的关系，可得一条斜率为 $(d/2)Q_D/R$ 的直线。给定多个转变分数 f，就可得多个斜率相同的直线，相同的斜率说明，相变过程中扩散激活能保持不变。扩散激活能 Q_D 可以根据直线的斜率求得。

2. 由等温相变 DSC 曲线确定扩散激活能

相变的发生总是伴随着能量变化，相变过程中的放热/吸热情况反映了相变过程中的转变速率。在等温情况下，将式(6-124b)对时间 t 求导，可得转变速率 df/dt 同相变时间 t 具有如下关系：

$$\frac{df}{dt} = \Xi(t)\left\{\frac{dD}{2}\left(\frac{\lambda_d}{r_f}\right)^d\left[D(t-\tau)\right]^{\frac{d-2}{2}}\right\} + (1-\Xi(t))\left[1-\left(\frac{r_z}{r_f}\right)^d\right]\exp\left[-k(t-t_1)\right]k \tag{6-133}$$

根据 Ni-11.77%Si 合金[89]的物性参数，计算得到了沉淀相析出过程中转变速率 df/dt 与转变时间 t 的关系，见图 6-30。从图 6-30 中可看出，如果沉淀相在晶界析出并以片层状增宽(一维情况，$d=1$)，转变速率与转变时间呈现抛物线状；如果沉淀相在晶内析出并呈现球状形貌(三维情况，$d=3$)，转变速率随相变进行将出现峰值，该峰值所对应的转变时间为软碰撞发生的临界转变时间 t_1。

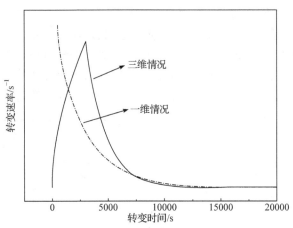

图 6-30 转变速率 df/dt 与转变时间 t 的关系

如果等温 DSC 曲线出现峰值，就可以断定新相呈球状析出。在三维情况下($d=3$)，当软碰撞发生时，根据式(6-107b)可知软碰撞临界体积分数 f_z 为

$$f_z = \left\{\frac{\lambda_3\left[D(t_1-\tau)\right]^{\frac{1}{2}}}{r_f}\right\}^3 \tag{6-134}$$

对式(6-134)两边取对数可得

$$\ln W = \frac{Q_D}{RT} + \frac{2}{3}\ln\left(\frac{f_z}{D_0^{\frac{3}{2}}}\right) \tag{6-135}$$

式中，$W=(t_1-\tau)(\lambda_3/r_f)^2$。

不同的时效温度 T，对应不同的临界转变时间 t_1 和颗粒间距 L，通过求解 $\ln W$ 和 $-1/T$ 的关系，可以得到一条斜率为 Q_D/R 的直线，扩散激活能可根据直线的斜率计算确定。只要从实验数据中能精确得到软碰撞发生的临界转变时间 t_1 和颗粒间距 L，扩散激活能就可被精确确定。

3. Sc 原子在 Al 基体中扩散激活能的确定

Røyset 和 Ryum[91]研究了 Al-0.2%Sc 合金在不同温度下的等温析出转变。将该合金试样首先在 600℃等温固溶处理 1h，随后在不同时效温度对 Al-0.2%Sc 合金进行沉淀析出实验。经过一定时效时间后，随即将试样水冷快淬至室温，测量其电阻率，进而得到沉淀相变 f-t 曲线。由于在 Al-0.2%Sc 合金中，析出相 Al_3Sc 在 Al 基体内部直接形核析出，且 Al_3Sc 相颗粒以球状形式存在，因此采用三维等温模型可确定 Sc 原子在 Al 基体中的扩散激活能。

表 6-8 为计算 Sc 原子在 Al 基体中的扩散激活能所用参数，相变温度 T、母相中 Sc 的初始浓度 C^m、沉淀相中 Sc 的平衡浓度 C^β、母相中 Sc 的平衡浓度 C^α 和沉淀相最终颗粒半径 r_f 均可从文献[94]中得到。在软碰撞阶段，给定不同的转变分数(如 0.6、0.75、0.9)，通过求解式(6-132)中 $\ln Y$ 和 $-1/T$ 的关系，可以得到三条直线，见图 6-31。这三条直线的斜率是一致的，由此计算可知，沉淀析出过程

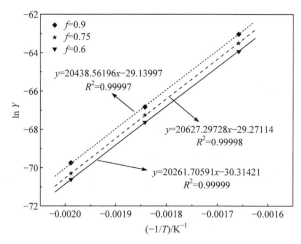

图 6-31　Al-0.2%Sc 合金中 $\ln Y$ 与 $-1/T$ 的关系

中 Sc 原子在 Al 基体中的扩散激活能保持恒定：Q_D = 113kJ/mol，该值非常接近相关资料[94]报道的数值(124kJ/mol)。

表 6-8　计算 Sc 原子在 Al 基体中的扩散激活能所用物性参数[91,94]

物性参数	T = 503K	T = 543K	T = 603K
母相中 Sc 的初始浓度 C^m /%	0.2	0.2	0.2
母相中 Sc 的平衡浓度 C^α /%	0	0.0016	0.0034
沉淀相中 Sc 的平衡浓度 C^β /%	35.71	35.71	35.71
沉淀相最终颗粒半径 r_f /m	3.42×10^{-10}	4.42×10^{-10}	7.78×10^{-10}
临界转变时间 t_1 /min	980	177	106
孕育时间 τ /min	0	0	0
生长系数 λ_3	0.104	0.104	0.102

4. C 原子在 γ 相中扩散激活能的确定

Reynolds 等[101]研究了 Fe-0.24%C-0.93%Mo 合金中 $\gamma \to \alpha$ 转变。首先将 Fe-C-Mo 合金进行真空熔炼，然后将所获得样品制成 10mm×10mm×0.5mm 的试样。在 1573K 高温下均匀化处理 900s 后进行等温热处理。在该合金中，铁素体相是在初生奥氏体相的晶界形成，然后沿着晶界增宽向奥氏体晶粒内部生长。铁素体的生长涉及 α/γ 平界面的侧向生长，受界面前沿奥氏体中碳原子扩散的控制，随相变进行，界面前沿碳原子溶质场会发生重叠。因此，可使用一维模型确定 C 原子在 γ 相中的扩散激活能。

在软碰撞阶段，给定不同的转变分数(如 0.6、0.75、0.9)，通过求解式(6-132)中 $\ln Y$ 和 $-1/T$ 的关系，可以得到三条直线，见图 6-32。这三条直线的斜率几乎保

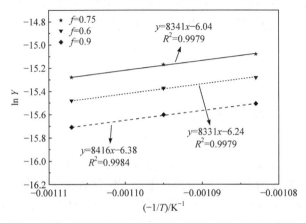

图 6-32　Fe-0.24%C-0.93%Mo 合金中 $\ln Y$ 和 $-1/T$ 的关系

持一致，说明相变过程中，C 原子在奥氏体中的扩散激活能独立于相变过程。结合表 6-9，计算式(6-132)可知 C 原子在 γ 相中的扩散激活能 $Q_D = 138$kJ/mol，该值非常接近相关资料[89]报道的数值(147kJ/mol)。

表 6-9　计算 C 原子在 Fe-0.24%C-0.93%Mo 合金基体中的扩散激活能所用物性参数[101]

物性参数	$T = 903$K	$T = 913$K	$T = 923$K
母相中 C 的初始浓度 $C^m/\%$	0.24	0.24	0.24
母相中 C 的平衡浓度 $C^\alpha/\%$	0.753	0.753	0.753
沉淀相中 C 的平衡浓度 $C^\beta/\%$	0	0	0
沉淀相的临界尺寸 r_z/m	1×10^{-5}	1.58×10^{-5}	1.78×10^{-5}
临界转变时间 t_1/s	301	301	301
孕育时间 τ/s	0	0	0
生长系数 λ_1	0.42	0.42	0.42
奥氏体初始晶粒尺寸(PAGS)/μm	11	76	—

在等温模型计算中，由于形核采取位置饱和假设，相变过程仅受生长控制。相变中的有效激活能仅为溶质原子在基体中的扩散激活能。如果等温实验系统地给出了不同析出温度下相变的 f-t 曲线，且在软碰撞阶段任意给定转变分数，可得确定原子扩散激活能的直线，见图 6-31 和图 6-32。相似的直线斜率说明在沉淀相变过程中，扩散激活既不受溶质场相互作用的影响，也不受相变温度的制约。

与等温过程相比，非等温过程中的形核、生长及扩散系数均与温度相关，使解析模型的建立变得较为困难，其原因可概括如下：①对于存在溶质再分配的沉淀相析出过程，温度的降低不仅会改变转变分数，而且会影响界面前沿溶质的局域平衡，这给软碰撞的解析处理带来极大的局限性[1]；②扩散系数与温度相关，生长过程必然会涉及温度积分的求解，而该积分不存在解析解。考虑到实际工业生产中非等温析出过程相对等温析出过程的特殊性，本书不再单独探讨，具体可见文献[102]。

6.6　第二相溶解动力学模型

合金加工成型过程中，有害第二相会极大地降低材料性能。因此，如何去除合金中有害第二相尤为重要，特别是对于具有优良耐蚀性能的固溶强化合金，如铁镍基耐蚀合金。消除有害第二相可以通过固溶处理的方法，即把合金加热至高于第二相溶解度的单相区保温使得有害第二相逐渐溶解进入基体相。与相析出过程类似，第二相的溶解过程受溶质长程扩散控制；相比析出动力学，对第二相溶解动力学的研究相对较少，且多为繁琐的数值、相场模型[103-106]或基于大量实验结果的经验模型[107-109]。目前被广泛使用的仍是 20 世纪 60 年代 Whelan[110]建立的简单数学模型，基于大量假设，且仅能处理理想状态下的单粒子溶解系统。

本节将针对多粒子系统内的第二相溶解动力学进行分析建模，表征多粒子系统内的溶解行为。首先，基于经典 KJMA 模型框架，并参照经验模型形式，分析处理多粒子系统内溶质扩散场的相互影响；其次，对溶解过程中溶质扩散动力学行为进行解析处理；最后，得出能够描述多粒子系统的扩散控制溶解动力学解析模型，并得到与时间相关的动力学参数。

6.6.1 建立溶解动力学模型

在建立溶解动力学模型之前，首先引入转变度(即转变分数)f_t的概念[23]：

$$f_t \equiv (p - p_0)/(p_1 - p_0), \quad 0 \leqslant f_t \leqslant 1 \tag{6-136}$$

式中，p 为随相变过程变化的特征量；p_0 为转变初态的 p；p_1 为转变终态的 p。

第二相溶解过程中，f_t 可以表示为

$$f_t = \frac{f - f_0}{f_{eq} - f_0} \tag{6-137}$$

式中，f 为溶解过程中第二相的体积分数；f_0 为初始时第二相的体积分数；f_{eq} 为转变完成后第二相的体积分数。

典型的类 KJMA 模型框架常被用来处理多粒子转变系统中考虑粒子间硬碰撞时转变分数随时间的演化[1,23]。然而，对于扩散控制类转变，如相析出与溶解，粒子间的硬碰撞不再是多粒子系统主要的交互作用，第二相与基体界面前沿溶质场的叠加，即软碰撞成为多粒子系统中交互作用的主导因素[103,107,111]。通过对相应动力学参数进行适当修正，KJMA 模型框架也可以用来近似处理某些扩散控制相变过程[112,113]。某些描述溶解行为的半经验模型即基于 KJMA 模型框架[107-109]，其预测结果能够与实验结果良好吻合。本节采用 KJMA 模型框架来处理多粒子系统中的溶解动力学行为。

经典的 KJMA 模型可以表示为[1]

$$f_t = 1 - \exp(-x_e) \tag{6-138}$$

式中，x_e 为扩展转变分数，即忽略粒子间交互作用的转变分数，在第二相溶解过程中，其可以表示为 $x_e = V_e/V_0$。其中，V_e 为第二相的扩展转变体积，即忽略粒子间交互作用的转变体积，V_0 为第二相初始体积。若简单假设 $x_e = (Kt)^n$，代入式(6-138)，并与式(6-137)联立，即可得出被广泛用于粗略描述溶解行为的经验模型[103,107-109]：

$$f = f_{eq} + (f_0 - f_{eq})\exp(-K^n \cdot t^n) \tag{6-139}$$

将实验结果代入式(6-139),对参数 n 与 K 进行拟合,即可用来描述实际的溶解过程[103,107-109]。

此经验模型仅是粗略地对经典 KJMA 模型的形式进行改变,完全没有考虑溶解的微观控制机理,即溶质长程扩散。本节将对溶解过程中的溶质扩散行为进行分析处理以保证模型的合理性。首先,基于对溶质扩散行为的动力学分析,表征第二相的扩展转变体积 V_e;其次,考虑多粒子系统中粒子间的交互作用;最后,得到溶解动力学解析模型。

1. 扩展转变体积的表征

不考虑相邻粒子间的交互作用,可以计算溶解过程中单个粒子的扩展体积,将所有粒子的扩展体积相加即可得出总扩展体积。简单起见,这里假设第二相粒子的初始尺寸均相同。

首先,分析单个粒子的溶解行为。作为扩散控制过程,溶解动力学行为可通过第二相与基体界面前沿的溶质场分布进行表征,如图 6-33 所示。溶解粒子的半径,即界面前沿位置,记为 R,而 R_0 为溶解粒子的初始半径。由于第二相浓度一般变化很小,C^β 可近似为不随位置 r 和时间 t 变化。C^α 和 C^m 分别表示母相中的平衡浓度和初始浓度。单粒子溶解系统中溶质扩散满足经典扩散方程:

$$\frac{\partial C(r,t)}{\partial t} = D \cdot \nabla^2 C(r,t) \tag{6-140}$$

式中,基体中溶质浓度 $C(r,t)$ 为位置与时间的函数;等温相变中认为扩散系数 D 为常数。溶解过程中,界面处溶质保持守恒,即

$$(C^\beta - C^\alpha) \cdot \frac{dR}{dt} = D \frac{\partial C}{\partial r}\bigg|_{r=R} \tag{6-141}$$

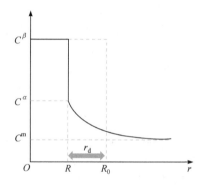

图 6-33 溶解过程中第二相周围溶质场分布示意图

上述控制方程无法得到解析解，因此基于各种假设得出多种简单的近似解。Whelan[110]基于稳态界面假设得出的近似解被公认为是最恰当的[36,103]，并得到广泛的应用，具体表示为

$$\frac{dR}{dt} = -\frac{kD}{2R} - \frac{k}{2}\sqrt{\frac{D}{\pi t}} \tag{6-142}$$

式中，

$$k = \frac{2(C^\alpha - C^m)}{C^\beta - C^\alpha} \tag{6-143}$$

式(6-142)等号右边 R^{-1} 项通过扩散场的稳态部分导出，而 $t^{-1/2}$ 项是由瞬态部分导出的。由此可见，忽略瞬态部分或令稳态部分为常数均可得出简单的 R-t 关系[36,110]。这种简单近似可以得到解析解，但得到的解显著偏离精确值。因此，有必要在同时考虑扩散场稳态与瞬态部分的前提下，得出单粒子溶解过程的解析表达式。

如图 6-33 所示，在单粒子溶解过程中，粒子半径的减小量可记为 r_d，其能够表征第二相的转变量，可表示为

$$r_d = R_0 - R \tag{6-144}$$

当 $t=0$ 时，$r_d=0$；当 $t=t_e$ 时，$r_d=R_0$。其中，t_e 为溶解完成时所需时间。据此，式(6-144)可改写为

$$\frac{dr_d}{dt} = \frac{kD}{2(R_0 - r_d)} + \frac{k}{2}\sqrt{\frac{D}{\pi t}} \tag{6-145}$$

可见，转变速率 dr_d/dt 由两部分组成：稳态部分的 $(R_0-r_d)^{-1}$ 项和瞬态部分的 $t^{-1/2}$ 项。相应地，假设 r_d 也由稳态部分与瞬态部分组成，分别记为 r_1 和 r_2。当溶解完成时，即 $t=t_e$ 时，稳态部分的总贡献与瞬态部分的总贡献分别为 R_1 和 R_2，可得到如下关系：

$$\begin{cases} r_1 + r_2 = r_d \\ R_1 + R_2 = R_0 \end{cases} \tag{6-146}$$

当 $t=0$ 时，$r_1=r_2=0$；当 $t=t_e$ 时，$r_1=R_1$，$r_2=R_2$。稳态部分的相变机制可表示为

$$\frac{dy}{dt} = \frac{kD}{2(Y-y)} \tag{6-147}$$

式中，y 为随相变过程变化的特征量；Y 为相变终态的 y。因此，溶解过程中稳态部分可近似表示为

$$\frac{dr_1}{dt} = \frac{kD}{2(R_1 - r_1)} \tag{6-148}$$

代入边界条件，即 $t=0$ 时，$r_1=0$，式(6-148)可解得

$$r_1 = R_1 - \sqrt{R_1^2 - kDt} \tag{6-149}$$

类似的，瞬态部分可表示为

$$\frac{dr_2}{dt} = \frac{k}{2\sqrt{\pi}} \cdot \sqrt{\frac{D}{t}} \tag{6-150}$$

代入边界条件，可得

$$r_2 = \frac{k}{\sqrt{\pi}} \cdot \sqrt{Dt} \tag{6-151}$$

将式(6-150)与(6-151)代入式(6-146)，可得粒子半径的减小量：

$$r_d = R_1 - \sqrt{R_1^2 - kDt} + \frac{k}{\sqrt{\pi}} \cdot \sqrt{Dt} \tag{6-152}$$

已知当 $t=t_e$ 时，$r_1=R_1$，$r_2=R_2$，那么：

$$\begin{cases} R_1 = R_1 - \sqrt{R_1^2 - kDt_e} \\ R_2 = \dfrac{k}{\sqrt{\pi}} \cdot \sqrt{Dt_e} \end{cases} \tag{6-153}$$

将式(6-153)与式(6-146)联立，可得溶解完成时的总时间 t_e 如下：

$$t_e = \frac{R_0^2}{kD\left(1+\sqrt{\dfrac{k}{\pi}}\right)^2} \tag{6-154}$$

那么，R_1 可表示为

$$R_1 = \frac{1}{\left(1+\sqrt{\dfrac{k}{\pi}}\right)} \cdot R_0 \tag{6-155}$$

可见给定参数 R_1，便能够得出粒子半径的减少量 r_d 与时间的关系，也可以得到第二相粒子的半径与时间的关系，即

$$R = \sqrt{\frac{k}{\pi}} \cdot \left(R_1 - \sqrt{kDt}\right) + \sqrt{R_1^2 - kDt} \tag{6-156}$$

式(6-156)并不是 Whelan 方程(式(6-142))的数学精确解，而是一个近似解，其与精确解的比较见图6-34，可以看出此近似解与精确解非常接近；计算参数选自 θ' 相在 Al-Cu 合金中的溶解行为[114,115]。

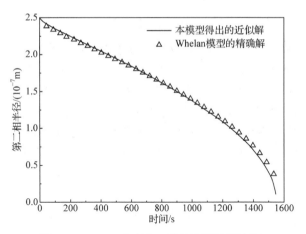

图 6-34 Al-Cu 合金中 θ' 相的溶解过程计算

给定 R 的解析表达，则扩展转变体积 V_e 可以表示为

$$V_e = N \cdot \frac{4\pi}{3} \cdot \left(R_0^3 - R^3\right) \tag{6-157}$$

式中，N 为所研究系统内的第二相粒子数。将式(6-156)代入式(6-157)，整理可得

$$V_e = \frac{4\pi N}{3} \cdot \left[3R_0 \cdot \left(\sqrt{\frac{k}{\pi}} \cdot \left(R_1 - \sqrt{kDt}\right) + \sqrt{R_1^2 - kDt}\right) \cdot \left(\frac{\sqrt{kDt}}{R_1 + \sqrt{R_1^2 - kDt}} + \sqrt{\frac{k}{\pi}}\right) \cdot (kDt)^{\frac{1}{2}} \right.$$

$$\left. + \left(\frac{\sqrt{kDt}}{R_1 + \sqrt{R_1^2 - kDt}} + \sqrt{\frac{k}{\pi}}\right)^3 \cdot (kDt)^{\frac{3}{2}} \right]$$

$$\tag{6-158}$$

2. 考虑粒子间交互作用的模型修正

以上分析可知，经典 KJMA 模型能够用来处理多粒子体系中的溶解行为。结合 $V_0 = N \cdot 4\pi \cdot R_0^3 / 3$ 及式(6-157)，扩展转变分数 x_e 可写为

$$x_e = \frac{1}{R_0^3} \cdot \left(R_0^3 - R^3\right) \tag{6-159}$$

溶解开始时，第二相粒子的半径即为初始半径($R=R_0$)，溶解完成时，粒子半径减小至零($R=0$)，代入式(6-159)可得溶解过程中 x_e 的变化，即

$$0 \leqslant x_e \leqslant 1 \tag{6-160}$$

为了得到真实的相变过程，要考虑多粒子系统中的粒子间交互作用。如若采用经典 KJMA 模型(式(6-138))，则转变度(转变分数)f_t 如下：

$$0 \leqslant f_t \leqslant 1-\mathrm{e}^{-1} \tag{6-161}$$

可以看出经典 KJMA 模型并不能描述完整的溶解过程。

溶解过程中的扩展转变体积并不能超过第二相的初始体积，这和相变动力学中扩展转变体积的本质概念相背离，也是 KJMA 模型不能描述完整溶解过程的原因。通过引入修正的转变分数 f_{tm} 与相应的修正转变时间 t_m，每一个修正的转变分数单元 Δf_{tm} 均可由经典 KJMA 模型预测得出的转变分数单元 Δf_t 等比例放大所得；每一转变时间单元 Δt_m 也可由经典 KJMA 模型中的转变时间单元 Δt 等比例放大所得。假设比例系数 m 可近似为是一常数，那么可得

$$\begin{cases} \int_0^{f_{tm}} \mathrm{d}f_{tm} = \int_0^{f_t} m\mathrm{d}f_t \\ \int_0^{t_x} \mathrm{d}t_m = \int_0^t m\mathrm{d}t \end{cases} \tag{6-162}$$

修正的转变分数 f_{tm} 和时间 t_m 可以表示为

$$\begin{cases} f_{tm} = mf_t = m \cdot \left[1 - \exp(-x_e)\right] \\ t_m = m \cdot t \end{cases} \tag{6-163}$$

随溶解进行，f_{tm} 逐渐从 0～1 转变，即可以描述完整的溶解过程。比例系数 m 则可通过相应积分 ($\int_0^1 \mathrm{d}f_{tm} = \int_0^{1-\mathrm{e}^{-1}} m\mathrm{d}f_t$) 得出，即

$$m = \frac{1}{1-\mathrm{e}^{-1}} = \frac{\mathrm{e}}{\mathrm{e}-1} \tag{6-164}$$

联立式(6-137)与式(6-163)可得

$$f_{tm} = \frac{f - f_0}{f_{eq} - f_0} = m \cdot \left[1 - \exp(-x_e)\right] \tag{6-165}$$

则第二相的体积分数可以表示为

$$f = \left[m \cdot f_{eq} + (1-m) \cdot f_0\right] + \left\{f_0 - \left[m \cdot f_{eq} + (1-m) \cdot f_0\right]\right\} \exp(-x_e) \tag{6-166}$$

式中，x_e 可通过联立式(6-157)、式(6-159)和式(6-163)得

$$x_e = \frac{1}{R_0^3} \cdot \left[3R_0 \cdot \left(\sqrt{\frac{k}{\pi}} \cdot \left(R_1 - \sqrt{\frac{kDt_m}{m}} \right) + \sqrt{R_1^2 - \frac{kDt_m}{m}} \right) \cdot \left(\frac{\sqrt{kDt_m}}{\sqrt{m} \cdot R_1 + \sqrt{mR_1^2 - kDt_m}} + \sqrt{\frac{k}{\pi}} \right) \cdot \left(\frac{kDt_m}{m} \right)^{\frac{1}{2}} \right.$$
$$\left. + \left(\frac{\sqrt{kDt_m}}{\sqrt{m} \cdot R_1 + \sqrt{mR_1^2 - kDt_m}} + \sqrt{\frac{k}{\pi}} \right)^3 \cdot \left(\frac{kDt_m}{m} \right)^{\frac{3}{2}} \right]$$

$$\tag{6-167}$$

3. 模型表述

溶解动力学模型中,扩散场的交互作用可通过修正的类 KJMA 模型表述,扩展转变分数 x_e 则可通过对经典扩散理论的适当处理得出。此模型能够通过合理、简单的解析形式表征多粒子体系中的溶解行为。

本模型中有几个关键参数,如 f_0、f_{eq}、R_1、R_0 和 k。其中,f_0 和 f_{eq} 分别对应体系初始与终端的热力学状态。通常情况下,第二相的溶解发生在溶解度曲线上方的相图单相区内,也就是说多数情况下 f_{eq} 为零。如式(6-155)所示,R_1 与 R_0(第二相粒子的初始半径)和 k(C^β、C^α 和 C^m 的函数,取决于体系的热力学状态)相关。因此,给定 f_0、f_{eq}、R_0、C^β、C^α 和 C^m,溶解动力学模型即可描述多粒子体系的溶解动力学行为。

图 6-35 给出了溶解动力学模型(式(6-166))计算得出第二相体积分数随时间的演化关系,同时给出了 Wang 等[103]通过相场模型得出的相应数值结果,对经典模型(式(6-142))、经验模型(式(6-139))得出的相应关系也加以比较。由于溶解过程中粒子间交互作用会使转变速率变低,可以看出仅考虑单粒子体系溶解的经典模型并不能很好地描述第二相溶解行为。虽然经验模型看似能够较好地描述第二相溶解行为,但仅是从实验结果统计分析中而来,并不能反映溶解过程的微观机制。本节给出的解析模型则针对溶解过程的微观溶质扩散行为,能较好地表达多粒子体系下的溶解行为。计算参数选自 Ni-Al 合金的溶解[103]。

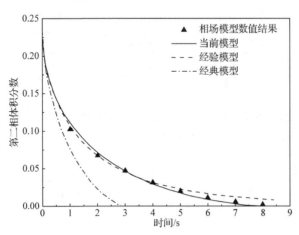

图 6-35　Ni-Al 合金 1444K 第二相溶解过程中第二相体积分数随时间的演化

6.6.2　同时间相关的转变参数

通常情况下,经验模型[107-109]给出的简单形式中(式(6-139)),参数 K 服从阿伦尼乌斯关系,可改写为

$$f = f_{\text{eq}} + \left(f_0 - f_{\text{eq}}\right)\exp\left[-K_0^n \exp\left(-\frac{nQ}{RT}\right)\cdot t^n\right] \tag{6-168}$$

式中，K_0 为速率常数；Q 为溶解(扩散)激活能；R 为气体常数。

若将式(6-168)中的参数 f_{eq} 用 $m \cdot f_{\text{eq}} + (1-m)\cdot f_0$ 代替，则与本节得到的解析模型(式(6-166))拥有类似的形式。在经验模型中，参数 n、K_0 都通过拟合实验结果得到，且均为常数。在当前模型中，借鉴 Liu 等[116,117]的数学处理(见 5.2 节)，转变系数 n 和 K_0 呈现与时间相关的特征。

1. 扩展转变分数的数学处理

根据式(6-167)，扩展转变分数 x_e 是由两部分组成的，即 x_{e1} 与 x_{e2}，表示为

$$\begin{cases} x_{e1} = \dfrac{1}{R_0^3}\cdot 3R_0 \cdot \left[\sqrt{\dfrac{k}{\pi}}\cdot\left(R_1 - \sqrt{\dfrac{kDt_m}{m}}\right) + \sqrt{R_1^2 - \dfrac{kDt_m}{m}}\right]\cdot \left(\dfrac{\sqrt{kDt_m}}{\sqrt{m}\cdot R_1 + \sqrt{mR_1^2 - kDt_m}} + \sqrt{\dfrac{k}{\pi}}\right)\cdot\left(\dfrac{kDt_m}{m}\right)^{\frac{1}{2}} \\ x_{e2} = \dfrac{1}{R_0^3}\cdot\left(\dfrac{\sqrt{kDt_m}}{\sqrt{m}\cdot R_1 + \sqrt{mR_1^2 - kDt_m}} + \sqrt{\dfrac{k}{\pi}}\right)^3 \cdot \left(\dfrac{kDt_m}{m}\right)^{\frac{3}{2}} \end{cases} \tag{6-169}$$

可得此两部分之比为

$$\frac{x_{e2}}{x_{e1}} = \frac{\left(\dfrac{\sqrt{kDt_m}}{\sqrt{m}\cdot R_1 + \sqrt{mR_1^2 - kDt_m}} + \sqrt{\dfrac{k}{\pi}}\right)^2 \cdot \dfrac{kD}{m}\cdot t_m}{3R_0 \cdot \left[\sqrt{\dfrac{k}{\pi}}\cdot\left(R_1 - \sqrt{\dfrac{kDt_m}{m}}\right) + \sqrt{R_1^2 - \dfrac{kDt_m}{m}}\right]} = \frac{a_2}{a_1} \tag{6-170}$$

引入两个适当的参数 b_1 和 b_2 使得扩展转变分数 x_e 分别由以上两部分独立贡献所得，若 x_e 完全由第一部分贡献所得，则

$$x'_{e1} = \frac{b_1}{R_0^3}\cdot 3R_0 \cdot \left[\sqrt{\frac{k}{\pi}}\cdot\left(R_1 - \sqrt{\frac{kDt_m}{m}}\right) + \sqrt{R_1^2 - \frac{kDt_m}{m}}\right]\cdot \left(\frac{\sqrt{kDt_m}}{\sqrt{m}\cdot R_1 + \sqrt{mR_1^2 - kDt_m}} + \sqrt{\frac{k}{\pi}}\right)\cdot\left(\frac{kDt_m}{m}\right)^{\frac{1}{2}} \tag{6-171}$$

若 x_e 完全由第二部分贡献所得，则

$$x'_{e2} = \frac{b_2}{R_0^3}\cdot\left(\frac{\sqrt{kDt_m}}{\sqrt{m}\cdot R_1 + \sqrt{mR_1^2 - kDt_m}} + \sqrt{\frac{k}{\pi}}\right)^3 \cdot \left(\frac{kDt_m}{m}\right)^{\frac{3}{2}} \tag{6-172}$$

这里有 $x'_{e1} = x'_{e2} = x_e$，扩展转变分数可改写为

$$x_{\mathrm{e}} = \frac{1}{a_1 + a_2}(a_1 \cdot x'_{\mathrm{e}1} + a_2 \cdot x'_{\mathrm{e}2}) \tag{6-173}$$

整理可得

$$\begin{cases} b_1 = 1 + \dfrac{a_2}{a_1} \\ b_2 = 1 + \left(\dfrac{a_2}{a_1}\right)^{-1} \end{cases} \tag{6-174}$$

可以看出，溶解过程中 $x_{\mathrm{e}1}$ 与 $x_{\mathrm{e}2}$ 均为正数且小于 x_{e}，总能找到两个正整数 a_1 与 a_2 满足式(6-170)。另外，对于 a_1 和 a_2，总满足：当 $x_{\mathrm{e}1}(1) = x_{\mathrm{e}1}(2) = \cdots = x_{\mathrm{e}1}(a_1) = x'_{\mathrm{e}1}$ 时，$a_1 x'_{\mathrm{e}1} = \sum\limits_{i=1}^{a_1} x_{\mathrm{e}1}(i)$；当 $x_{\mathrm{e}2}(1) = x_{\mathrm{e}2}(2) = \cdots = x_{\mathrm{e}2}(a_2) = x'_{\mathrm{e}2}$ 时，$a_2 x'_{\mathrm{e}2} = \sum\limits_{i=1}^{a_2} x_{\mathrm{e}2}(i)$。令所有 $x_{\mathrm{e}1}(i)$ 与 $x_{\mathrm{e}2}(i)$ 均等于 x_{e}，则式(6-173)可改写为

$$x_{\mathrm{e}} = \frac{1}{a_1 + a_2}\left(\sum_{i=1}^{a_1} x_{\mathrm{e}1}(i) + \sum_{i=1}^{a_2} x_{\mathrm{e}2}(i)\right) \tag{6-175}$$

式中，所有的分母项均相等，则代入所有 $x_{\mathrm{e}1}(i)$ 和 $x_{\mathrm{e}2}(i)$，并联立式(6-171)、式(6-172)和式(6-174)，式(6-175)可改写为

$$\begin{aligned}
x_{\mathrm{e}} =\ & \frac{1}{R_0^3} \cdot \left(\frac{kDt_m}{m}\right)^{\frac{1}{2} + \frac{1}{1+\left(\frac{a_2}{a_1}\right)^{-1}}} \cdot \left(\frac{\sqrt{kDt_m}}{\sqrt{m}\cdot R_1 + \sqrt{mR_1^2 - kDt_m}} + \sqrt{\frac{k}{\pi}}\right)^{1 + \frac{2}{1+\left(\frac{a_2}{a_1}\right)^{-1}}} \cdot \left[1 + \left(\frac{a_2}{a_1}\right)^{-1}\right]^{\frac{1}{1+\left(\frac{a_2}{a_1}\right)^{-1}}} \\
& \cdot \left[3R_0 \cdot \left(\sqrt{\frac{k}{\pi}} \cdot \left(R_1 - \sqrt{\frac{kDt_m}{m}}\right) + \sqrt{R_1^2 - \frac{kDt_m}{m}}\right) \cdot \left(1 + \frac{a_2}{a_1}\right)\right]^{\frac{1}{1+\frac{a_2}{a_1}}}
\end{aligned} \tag{6-176}$$

扩散系数 D 满足如下阿伦尼乌斯关系：

$$D = D_0 \exp\left(-\frac{Q_{\mathrm{D}}}{RT}\right) \tag{6-177}$$

式中，D_0 为扩散系数指前因子；Q_{D} 为扩散激活能。则式(6-176)可改写为

$$\begin{aligned}
\ln x_{\mathrm{e}} = \ln \Bigg\{ & \frac{1}{R_0^3} \cdot \left(\frac{kD_0}{m}\right)^{\frac{1}{2} + \frac{1}{1+\left(\frac{a_2}{a_1}\right)^{-1}}} \cdot \left(\frac{\sqrt{kDt_m}}{\sqrt{m}\cdot R_1 + \sqrt{mR_1^2 - kDt_m}} + \sqrt{\frac{k}{\pi}}\right)^{1 + \frac{2}{1+\left(\frac{a_2}{a_1}\right)^{-1}}} \cdot \left[1 + \left(\frac{a_2}{a_1}\right)^{-1}\right]^{\frac{1}{1+\left(\frac{a_2}{a_1}\right)^{-1}}} \\
& \cdot \left[3R_0 \cdot \left(\sqrt{\frac{k}{\pi}} \cdot \left(R_1 - \sqrt{\frac{kDt_m}{m}}\right) + \sqrt{R_1^2 - \frac{kDt_m}{m}}\right) \cdot \left(1 + \frac{a_2}{a_1}\right)\right]^{\frac{1}{1+\frac{a_2}{a_1}}} \Bigg\}
\end{aligned}$$

$$-\frac{\left(\dfrac{1}{2}+\dfrac{1}{1+(a_2/a_1)^{-1}}\right)Q_D}{RT}+\left(\dfrac{1}{2}+\dfrac{1}{1+(a_2/a_1)^{-1}}\right)\ln t_m \tag{6-178}$$

式中，a_2/a_1 取决于转变时间。若将式(6-168)改写为

$$\ln(x_e)=\ln K_0^n-\frac{nQ}{RT}+n\ln t \tag{6-179}$$

比较式(6-178)与式(6-179)，可得转变参数 n 与 K_0 均与时间相关，即

$$n=\frac{1}{2}+\frac{1}{1+\left(\dfrac{a_2}{a_1}\right)^{-1}} \tag{6-180a}$$

$$K_0^n=\frac{1}{R_0^3}\cdot\left(\frac{kD_0}{m}\right)^{\frac{1}{2}+\frac{1}{1+\left(\frac{a_2}{a_1}\right)^{-1}}}\cdot\left(\frac{\sqrt{kDt_m}}{\sqrt{m}\cdot R_1+\sqrt{mR_1^2-kDt_m}}+\sqrt{\frac{k}{\pi}}\right)^{1+\frac{2}{1+\left(\frac{a_2}{a_1}\right)^{-1}}}\cdot\left[1+\left(\frac{a_2}{a_1}\right)^{-1}\right]^{\frac{1}{1+\left(\frac{a_2}{a_1}\right)^{-1}}}$$

$$\cdot\left[3R_0\cdot\left(\sqrt{\frac{k}{\pi}}\cdot\left(R_1-\sqrt{\frac{kDt_m}{m}}\right)+\sqrt{R_1^2-\frac{kDt_m}{m}}\right)\cdot\left(1+\frac{a_2}{a_1}\right)\right]^{\frac{1}{1+\frac{a_2}{a_1}}}$$

$$\tag{6-180b}$$

溶解有效激活能 Q 等于扩散有效激活能 Q_D，即

$$Q=Q_D \tag{6-180c}$$

这也印证了溶解过程是由溶质长程扩散控制的微观机制。综上所述，等温溶解过程中，第二相的体积分数随时间的演化关系可表达为

$$f=\left[m\cdot f_{eq}+(1-m)\cdot f_0\right]+\left\{f_0-\left[m\cdot f_{eq}+(1-m)\cdot f_0\right]\right\}\exp\left[-K_0(t)^{n(t)}\exp\left(-\frac{n(t)Q}{RT}\right)\cdot t^{n(t)}\right]$$

$$\tag{6-181}$$

式中，动力学参数 n 与 K_0 均为时间相关量。

2. 时间相关转变参数的表征

通常情况下，转变指数 n 与动力学相变机制相关[1,109]，如当 $n=0.5$ 时，对应平板状的一维扩散控制生长；当 $n=1.5$ 时，对应球状的三维扩散控制生长。由前文中对三维扩散控制溶解的分析可知，转变指数 n 不再是一常数，而是一与时间相关的变量，这源自生长和溶解之间不同的动力学机制。生长过程可由简单

的抛物线生长理论表征，而溶解过程中，x_{e1} 和 x_{e2} 均对整个相变过程产生影响。图 6-36 给出了 γ' 相在 Ni-Al 合金溶解过程中 n 随时间的变化，可见转变开始时，n 趋近于 0.5，此时 x_{e1} 起主导作用，即 a_2/a_1 趋近于零，而转变快结束时，n 趋近于 1.5，此时 x_{e2} 起主导作用。

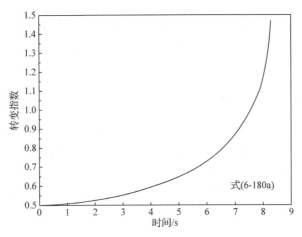

图 6-36 Ni-Al 合金在 1444K 固溶处理时 γ' 相溶解过程中转变指数 n 随时间的演化

相比于一维扩散控制生长过程，三维扩散控制溶解过程中的转变指数 n 不再为一个常数(1.5)，而是随着转变进行在 0.5~1.5 变化，这也意味着溶解过程中存在由 $x_{e1} \sim x_{e2}$ 连续变化起主导作用的动力学行为。溶解开始时，n 近似为 0.5，并随着溶解的进行缓慢增加，直至溶解快结束时，急剧增加至 1.5，这也表明了 x_{e1} 在溶解过程中比 x_{e2} 更加占据主要地位，尤其在溶解早期阶段，这与经验模型中通过对三维溶解实验结果拟合得出的转变指数 n 一致。例如，Wang 等[103]在研究 γ' 相在 Ni-Al 合金溶解过程中得出 n 等于 0.688；Fukumoto 等[109]在研究 δ-铁素体在奥氏体不锈钢中的溶解过程发现 n 处于 0.49~0.73。他们的拟合结果均处于本模型预测的范围内。

6.6.3 模型验证与应用

本小节运用当前模型描述 θ' 相在 Al-3.0%Cu 合金中的等温溶解行为及 Si 粒子在 Al-0.8%Si 合金中的溶解行为，并与已发表的实验结果[114,118]相比较以验证模型的准确性。另外，也比较了溶解过程中不同初始半径与不同相变温度下的转变指数 n 的演化。

1. θ' 相在 Al-3.0%Cu 合金中的等温溶解

Hewitt 和 Butler[114]通过实验研究了 θ' 相在 Al-3.0%Cu 合金中的等温溶解行为。首先，合金被加热至 550℃保温 30min，然后水淬。合金在 285℃时效 22h 以析出θ'相(第二相)。随后在370℃进行一系列溶解实验。通过高压电子显微镜(HVEM)观测θ'相的溶解行为,并使用相应数据采集系统采集不同溶解时间的显微照片。借助测量分析软件,可以得到二十几个第二相粒子的初始半径及不同时刻下的尺寸与体积分数。第二相的平均尺寸与尺寸分布的标准差列于表6-10。

表6-10 Al-3.0%Cu与Al-0.8%Si合金中θ'相的平均尺寸与尺寸分布的标准差

参考文献	平均尺寸/μm	标准差
文献[114]	0.25	0.028
文献[118]	1.89	0.170

θ'相粒子的初始尺寸相差不大且都与平均尺寸相近,因而可近似认为θ'相粒子的初始尺寸相等。溶解实验数据可通过GetData软件得到。θ'相的体积分数随时间的演化如图6-37(a)所示,同时给出了本章模型(式(6-166))的预测结果。另外,为了更好地描述相变过程,分析了转变分数随转变时间的演化,如图6-37(b)所示。

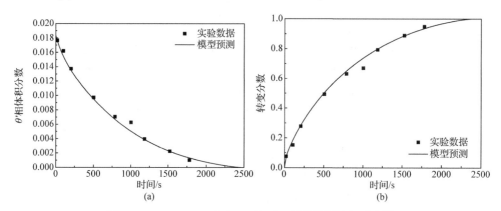

图6-37 Al-3.0%Cu合金370℃时θ'相的等温溶解动力学
(a) θ'相体积分数随热处理时间的演化;(b) 转变分数f_t随时间的演化

模拟计算θ'相在Al-3.0%Cu合金中等温溶解行为的相关模型参数列于表6-11。扩散系数D可通过阿伦尼乌斯关系得出,Cu在Al中的扩散参数D_0与Q_D可在文献[119]中查阅到,参数f_0、f_{eq}、R_0、C^β、C^α和C^m可参阅Hewitt和Butler的成果[114]。可以看出,模型预测与实验结果能够很好地吻合。

表6-11 计算θ'相在Al-3.0%Cu合金中等温溶解行为的相关模型参数[114,119]

$T/℃$	f_0	f_{eq}	R_0/μm	C^β	C^α	C^m	D_0/(m²/s)	Q_D/(kJ/mol)
370	0.019	0	0.25	0.33	0.00857	0	4.44×10⁻⁵	133.9

由上文分析可知，三维扩散控制溶解过程中，转变指数 n 不再为一个常数，而是随转变进行变化的量。这里，为了研究 θ' 相粒子处于不同初始状态对溶解过程的影响，给定三种不同的初始粒子半径：0.2μm、0.25μm 和 0.3μm。图 6-38(a) 中给出了不同初始状态下 n 随转变时间的演变关系，可见初始半径 R_0 对转变指数有较大影响。初始半径越大，溶解时间越长，转变指数 n 增加至 1.5 的速率越慢。如图 6-38(b)所示，在不同的初始半径下转变指数 n 随转变分数 f_t 的变化完全相同，这也意味着在整个相变过程中，对于不同的 θ' 相粒子初始半径，在相同的转变分数下转变指数也是相同的，同时也表明溶解过程中 x_{e1} 部分比 x_{e2} 部分 (式(6-169))起到更重要的作用。

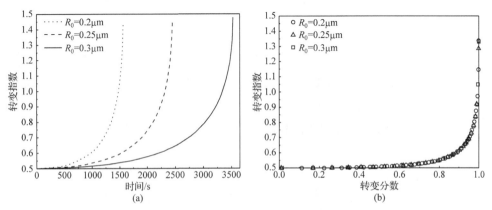

图 6-38　Al-3.0%Cu 合金中不同初始尺寸 370℃时 θ' 相等温溶解过程
(a) 转变指数 n 随时间演化；(b) 转变指数 n 随转变分数演化

2. Si 颗粒在 Al-0.8%Si 合金中的溶解

Tundal 和 Ryum[118]实验研究了 Si 颗粒在 Al-0.8%Si 合金中的溶解行为。实验合金通过定向凝固得到，在 580℃均匀化处理 48h，然后加热至 490℃保温 24h，再对其进行 70%的冷轧，随后在 490℃保温 4h，再以 1℃/h 的冷却速率冷却至 450℃，最后保温 48h 以获得球状的第二相粒子。溶解实验为把试样置于高于溶解度线温度的高温盐浴中，随后将试样快淬至冷水中。借助图像分析软件，测量了 12mm² 内 3541 个第二相粒子在不同热处理时间的尺寸，其平均尺寸及尺寸分布的标准差列于表 6-10 中。发现 Si 粒子的初始尺寸相差不大，近似等于平均初始尺寸，可近似认为第二相粒子初始尺寸相同。采用图像分析手段可得出析出相面积分数随时间的演化关系。

综上所述，所有试样均具有相同的热力学初始状态，即相同的初始体积分数 f_0、初始半径 R_0、C^β 和 C^m，但不同的热处理温度将对应不同的 C^α 与相应的扩散系数。可见热处理温度将影响第二相的溶解过程。Tundal 和 Ryum 观测了 Si 粒子分别在500℃、530℃和560℃的溶解行为。图6-39(a)给出了不同温度下第二相的体积分数随时间的变化，同时给出了本章模型(式(6-166))对此溶解行为的预测结果。另外，为了更好地理解相变过程，转变分数随时间的演化在图6-39(b)中给出。可得在此三种热处理温度下，模型预测结果均与实验结果能够较好吻合。相应的计算参数参见文献[118](表6-12)。

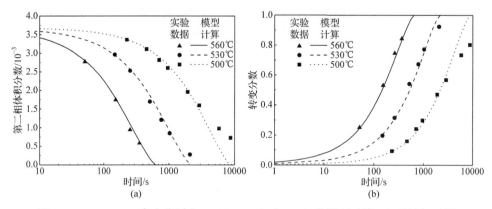

图6-39 Al-0.8%Si合金分别在500℃、530℃和560℃热处理时第二相的溶解过程
(a) 第二相体积分数；(b) 转变分数

表6-12 计算Si粒子在Al-0.8%Si合金中等温溶解行为的相关模型参数[118]

T/℃	f_0	f_{eq}	R_0/μm	C^β	C^α	C^m	D_0/(m²/s)	Q_D/(kJ/mol)
500	0.0037	0	1.89	0.8289	0.0079	0.0046		
530	0.0037	0	1.89	0.8289	0.0104	0.0046	2.02×10⁻⁴	139
560	0.0037	0	1.89	0.8289	0.0136	0.0046		

溶解过程中不同的热处理时间下，转变指数n随时间的演化关系如图6-40(a)

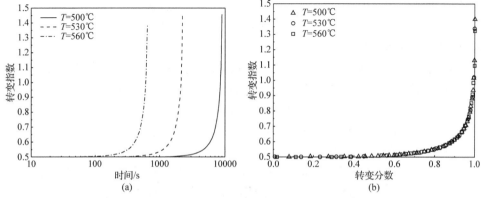

图6-40 Al-0.8%Si合金不同温度热处理第二相溶解过程
(a) 转变指数n随时间演化；(b) 转变指数n随转变分数演化

所示，可以看出，溶解温度对转变指数有较大影响，即较低的相变温度对应较长的转变时间，以至于转变指数 n 较缓慢地增加至 1.5。如图 6-40(b)所示，在不同的溶解温度下，转变指数 n 随转变分数 f_t 的演化规律是相同的，即在整个溶解过程中，对不同的溶解温度，在某一给定转变分数下转变指数 n 是相同的。同时也印证了溶解过程中 x_{e1} 比 x_{e2}(式(6-169))起到更重要的作用。相较于经典 KJMA 动力学模型，三维溶解模型中的 f_t-t 曲线具有抛物线形状而不是 KJMA 模型中典型的 S 形，转变指数 n 随转变分数 f_t 的演化关系与初始第二相尺寸及溶解温度无关。

参 考 文 献

[1] CHRISTIAN J W. The Theory of Transformation in Metals and Alloys[M]. 2nd ed. Oxford: Pergamon Press, 2002.

[2] CAHN J W. Transformation kinetics during continuous cooling[J]. Acta Metallurgica, 1956, 4: 572-575.

[3] UMEMOTO M, HORIUCHI K, TAMURA I. Pearlite transformation during continuous cooling and its relation to isothermal transformation[J]. Transactions of the Iron and Steel Institute of Japan, 1983, 23: 690-695.

[4] LEBLOND J B, DEVAUX J. A new kinetic model for anisothermal metallurgical transformations in steels including the effect of austenite grain size[J]. Acta Metallurgica, 1984, 32: 137-146.

[5] KAMAT R G, HAWBOLT E B, BROWN L C, et al. The principle of additivity and the proeutectoid ferrite transformation[J]. Metallurgical Transactions A, 1992, 23: 2469-2480.

[6] LUSK M, JOU H J. On the rule of additivity in phase transformation kinetics[J]. Metallurgical and Materials Transactions A, 1997, 28: 287-291.

[7] ZHU Y T, LOWE T C, ASARO R J. Assessment of the theoretical basis of the rule of additivity for the nucleation incubation time during continuous cooling[J]. Journal of Applied Physics, 1997, 82: 1129-1137.

[8] ZHU Y T, LOWE T C. Application of, and precautions for the use of, the rule of additivity in phase transformation[J]. Metallurgical and Materials Transactions B, 2000, 31B: 675-682.

[9] TODINOV M T. Alternative approach to the problem of additivity[J]. Metallurgical and Materials Transactions B, 1998, 29B: 269-273.

[10] RÉTI T, FELDE I. A non-linear extension of the additivity rule[J]. Computational Materials Science, 1999, 15: 466-482.

[11] RIOS P R. Relationship between non-isothermal transformation curves and isothermal and non-isothermal kinetics[J]. Acta Materialia, 2005, 53: 4893-4901.

[12] BJØRNEKLETT B I, GRONG Ø, MYHR O R, et al. Additivity and isokinetic behavior in relation to particle dissolution[J]. Acta Materialia, 1998, 46: 6257-6266.

[13] GRONG Ø, MYHR O R. Additivity and isokinetic behavior in relation to diffusion-controlled growth[J]. Acta Materialia, 2000, 48: 445-452.

[14] ENOMOTO M. Validity of the additivity rule in non-isothermal diffusion-controlled growth of precipitates in steel[J]. Tetsu-to-Hagane, 1994, 80: 73-78.

[15] NORDBAKKE M W, RYUM N, HUNDERI O. Non-isothermal precipitate growth and the principle of additivity[J]. Philosophical Magazine A, 2002, 82: 2695-2708.

[16] HSU T Y. Additivity hypothesis and effects of stress on phase transformations in steel[J]. Current Opinion in Solid State & Materials Science, 2005, 9: 256-268.

[17] YE J S, CHANG H B, HSU T Y. On the application of the additivity rule in pearlitic transformation in low alloy steels[J]. Metallurgical and Materials Transactions A, 2003, 34A: 1259-1264.

[18] MASSIH A R, JERNKVIST L O. Transformation kinetics of alloys under non-isothermal conditions[J]. Modelling and Simulation in Materials Science and Engineering, 2009, 17: 055002.

[19] MARTIN D. Application of Kolmogorov-Johnson-Mehl-Avrami equations to nonisothermal conditions[J]. Computational Materials Science, 2010, 47: 796-800.

[20] SONG S J, LIU F, JIANG Y H. Generalized additivity rule and isokinetics in diffusion-controlled growth[J]. Journal of Materials Science, 2014, 49: 2624-2629.

[21] ZENER C. Theory of growth of spherical precipitates from solid solution[J]. Journal of Applied Physics, 1949, 20: 950-953.

[22] ENOMOTO M, ATKINSON C. Diffusion-controlled growth of disordered interphase boundaries in finite matrix[J]. Acta Metallurgica et Materialia, 1993, 41: 3237-3244.

[23] MITTEMEIJER E J. Analysis of the kinetics of phase transformations[J]. Journal of Materials Science, 1992, 27: 3977-3987.

[24] URBANOVICI E, SEGAL E. Some problems concerning the mathematical theory of non-isothermal kinetics. II. Primary isothermal differential kinetic equations (PIDKEs)[J]. Thermochimica Acta, 1987, 118: 65-78.

[25] RÉTI T, HORVÁTH L, FELDE I. A comparative study of methods used for the prediction of nonisothermal austenite decomposition[J]. Journal of Materials Engineering and Performance, 1997, 6: 433-442.

[26] VANDERMEER R A. Modeling diffusional growth during austenite decomposition to ferrite in polycrystalline Fe-C alloys[J]. Acta Metallurgica et Materialia, 1990, 38: 2461-2470.

[27] GARCÍA DE ANDRÉS C, CAPDEVILA C, CABALLERO F G, et al. Modelling of isothermal ferrite formation using an analytical treatment of soft impingement in 0.37C-1.45Mn-0.11V microalloyed steel[J]. Scripta Materialia, 1998, 39: 853-859.

[28] OFFERMAN S E, VAN DIJK N H, SIETSMA J, et al. Solid-state phase transformations involving solute partitioning: Modeling and measuring on the level of individual grains[J]. Acta Materialia, 2004, 52: 4757-4766.

[29] HORVAY G, CAHN J W. Dendritic and spheroidal growth[J]. Acta Metallurgica, 1961, 9: 695-705.

[30] HAM F S. Shape-preserving solutions of the time-dependent diffusion equation[J]. Quarterly of Applied Mathematicas, 1959, 17: 137-145.

[31] HAM F S. Diffusion-limited growth of precipitate particles[J]. Journal of Applied Physics, 1959, 30: 1518-1525.

[32] CRUSIUS S, HÖGLUND L, KNOOP U, et al. On the growth of ferrite allotriomorphs in Fe-C alloys[J]. Zeitschrift Fur Metallkunde, 1992, 83: 729-738.

[33] CRUSIUS S, INDEN G, KNOOP U, et al. On the numerical treatment of moving boundary problems[J]. Zeitschrift Fur Metallkunde, 1992, 83: 673-678.

[34] SONG S J, LIU F, JIANG Y H. An analytic approach to the effect of anisotropic growth on diffusion-controlled transformation kinetics[J]. Journal of Materials Science, 2012, 47: 5987-5995.

[35] BIRNIE III D P, WEINBERG M C. Shielding effects in 1-D transformation kinetics[J]. Physica A, 1996, 223: 337-347.

[36] AARON H B, FAINSTEIN D, KOTLER G R. Diffusion-limited phase transformations: A comparison and critical

evaluation of the mathematical approximations[J]. Journal of Applied Physics, 1970, 41: 4404-4410.

[37] TOMELLINI M. Impact of soft impingement on the kinetics of diffusion-controlled growth of immiscible alloys[J]. Computational Materials Science, 2011, 50: 2371-2379.

[38] FAN K, LIU F, LIU X N, et al. Modeling of isothermal solid-state precipitation using an analytical treatment of soft impingement[J]. Acta Materialia, 2008, 56: 4309-4318.

[39] CHEN H, VAN DER ZWAAG S. Modeling of soft impingement effect during solid-state partitioning phase transformations in binary alloys[J]. Journal of Materials Science, 2011, 46: 1328-1336.

[40] ÅGREN J. A revised expression for the diffusivity of carbon in binary Fe-C austenite[J]. Scripta Metallurgica, 1986, 20: 1507-1510.

[41] ONINK M. Decomposition of Hypo-Eutectoid Iron-Carbon Austenites[D]. Delft:Delft University of Technology, 1995.

[42] CAPDEVILA C, CABALLERO F G, GARCÍA DE ANDRÉS C. Modeling of kinetics of isothermal idiomorphic ferrite formation in a medium-carbon vanadium-titanium microalloyed steel[J]. Metallurgical and Materials Transactions A, 2001, 32: 1591-1597.

[43] CAPDEVILA C, CABALLERO F G, GARCÍA DE ANDRÉS C. Modelling of isothermal formation of allotriomorphic ferrite transformation at temperatures below the eutectoid in a medium carbon microalloyed steel[J]. Revista de Metalurgia, 2001, 37: 509-518.

[44] FISCHER F D. A micromechanical model for transformation plasticity in steels[J]. Acta Metallurgica et Materialia, 1990, 38: 1535-1546.

[45] ZISMAN A A, VASILYEV A A. Phase stresses induced by the $\gamma \to \alpha$ transformation in an iron polycrystal[J]. Physics of the Solid State, 2004, 46: 2121-2125.

[46] SONG S J, LIU F, ZHANG Z H. Analysis of elastic-plastic accommodation due to volume misfit upon solid-state phase transformation[J]. Acta Materialia, 2014, 64: 266-281.

[47] LEE J K, EARMME Y Y, AARONSON H I, et al. Plastic relaxation of the transformation strain energy of a misfitting spherical precipitate: Ideal plastic behavior[J]. Metallurgical Transactions A-Physical Metallurgy And Materials Science, 1980, 11: 1837-1847.

[48] FISCHER F D, BERVEILLER M, TANAKA K, et al. Continuum mechanical aspects of phase transformations in solids[J]. Archive of Applied Mechanics, 1994, 64: 54-85.

[49] FISCHER F D, OBERAIGNER E R. A micromechanical model of phase boundary movement during solid-solid phase transformations[J]. Archive of Applied Mechanics, 2001, 71: 193-205.

[50] FISCHER F D, OBERAIGNER E R. Deformation, stress state, and thermodynamic force for a transforming spherical inclusion in an elastic-plastic material[J]. Journal of Applied Mechanics-Transactions of the ASME, 2000, 67: 793-796.

[51] LARCHÉ F C, CAHN J W. The effect of self-stress on diffusion in solids[J]. Acta Metallurgica, 1982, 30: 1835-1845.

[52] LARCHÉ F C, CAHN J W. The interactions of composition and stress in crystalline solids[J]. Acta Metallurgica, 1985, 33: 331-357.

[53] LARAIA V J, JOHNSON W C, VOORHEES P W. Growth of a coherent precipitate from a supersaturated solution[J]. Journal of Materials Research, 1988, 3: 257-266.

[54] AMMAR K, APPOLAIRE B, CAILLETAUD G, et al. Phase field modeling of elasto-plastic deformation induced by diffusion controlled growth of a misfitting spherical precipitate[J]. Philosophical Magazine Letter, 2011, 91: 164-172.

[55] SVOBODA J, FISCHER F D, FRATZL P, et al. Kinetics of interfaces during diffusional transformations[J]. Acta Materialia, 2001, 49: 1249-1259.

[56] GAMSJÄGER E, ANTRETTER T, SCHMARANZER C, et al. Diffusional phase transformation and deformation in steels[J]. Computational Materials Science, 2002, 25: 92-99.

[57] SONG S J, LIU F. Kinetic modeling of solid-state partitioning phase transformation with simultaneous misfit accommodation[J]. Acta Materialia, 2016, 108: 85-97.

[58] ONINK M, BRAKMAN C M, TICHELAAR F D, et al. The lattice parameters of austenite and ferrite in Fe-C alloys as functions of carbon concentration and temperature[J]. Scripta Metallurgica et Materialia, 1993, 29: 1011-1016.

[59] ONINK M, TICHELAAR F D, BRAKMAN C M, et al. Quantitative analysis of the dilatation by decomposition of Fe-C austenites; calculation of volume change upon transformation[J]. Zeitschrift Fur Metallkunde, 1996, 87: 24-32.

[60] KOP T A, SIETSMA J, VAN DER ZWAAG S. Dilatometric analysis of phase transformations in hypo-eutectoid steels[J]. Journal of Materials Science, 2001, 36: 519-526.

[61] CORLESS R M, JEFFREY D J. The Wright ω function[C]. International Conference on Artificial Intelligence and Symbolic Computation. Berlin: Springer-Verlag, 2002.

[62] FISCHER F D, SIMHA N K, SVOBODA J. Kinetics of diffusional phase transformation in multicomponent elastic-plastic materials[J]. Journal of Engineering Materials And Technology-Transactions of The ASME, 2003, 125: 266-276.

[63] GAMSJÄGER E, MILITZER M, FAZELI F, et al. Interface mobility in case of the austenite-to-ferrite phase transformation[J]. Computational Materials Science, 2006, 37: 94-100.

[64] FISCHER F D, REISNER G. A criterion for the martensitic transformation of a microregion in an elastic-plastic material[J]. Acta Materialia, 1998, 46: 2095-2102.

[65] NAZAROV A V, MIKHEEV A A. Diffusion under a stress in fcc and bcc metals[J]. Journal of Physics-Condensed Matter, 2008, 20: 485203.

[66] MURRAY W D, LANDIS F. Numerical and machine solutions of transient heat-conduction problems involving melting or freezing[J]. Journal of Heat Transfer-Transactions of the ASME, 1959, 81: 106-112.

[67] LEE B J, OH K H. Numerical Treatment of the moving interface in diffusional reactions[J]. Zeitschrift Fur Metallkunde, 1996, 87: 195-204.

[68] VOORHEES P W, JOHNSON W C. Interfacial equilibrium during a first-order phase transformation in solids[J]. Journal of Chemical Physics, 1986, 84: 5108-5121.

[69] FROST H J, ASHBY M F. Deformation-Mechanism Maps: The Plasticity and Creep of Metals and Ceramics[M]. Oxford: Pergamon Press. 1982.

[70] SIEGMUND T, WERNER E, FISCHER F D. On the thermomechanical deformation behavior of duplex-type materials[J]. Journal of the Mechanics and Physics of Solids, 1995, 43: 495-532.

[71] FISCHER F D. Elastoplasticity Coupled with Phase Changes[M]//LEMAITRE J. Handbook of Materials Behavior Models: Volume Ⅲ Multiphysics Behaviors. San Diego: Academic Press, 2001.

[72] KEMPEN A T W, SOMMER F, MITTEMEIJER E J. The kinetics of the austenite-ferrite phase transformation of Fe-Mn: Differential thermal analysis during cooling[J]. Acta Materialia, 2002, 50: 3545-3555.

[73] LIU Y C, SOMMER F, MITTEMEIJER E J. Kinetics of the abnormal austenite-ferrite transformation behaviour in substitutional Fe-based alloys[J]. Acta Materialia, 2004, 52: 2549-2560.

[74] HILLERT M, HÖGLUND L. Mobility of α/γ phase interfaces in Fe alloys[J]. Scripta Materialia, 2006, 54: 1259-1263.

[75] DINSDALE A T. SGTE data for pure elements[J]. Computer Coupling of Phase Diagrams and Thermochemistry, 1991, 15: 317-425.

[76] HILLERT M, JARL M. A model for alloying in ferromagnetic metals[J]. Computer Coupling of Phase Diagrams and Thermochemistry, 1978, 2: 227-238.

[77] LEE K M, LEE H C, LEE J K. Influence of coherency strain and applied stress upon diffusional ferrite nucleation in austenite: Micromechanics approach[J]. Philosophical Magazine, 2010, 90: 437-459.

[78] RADIS R, KOZESCHNIK E. Kinetics of AlN precipitation in microalloyed steel[J]. Modelling and Simulation in Materials Science and Engineering, 2010, 18: 055003.

[79] LIU Y C, SOMMER F, MITTEMEIJER E J. Abnormal austenite-ferrite transformation behaviour of pure iron[J]. Philosophical Magazine, 2004, 84: 1853-1876.

[80] WERT C, ZENER C. Interference of growing spherical precipitate particles[J]. Journal of Applied Physics, 1950, 21: 5-8.

[81] DOREMUS R H. The shape of carbide precipitate particles in R-iron[J]. Acta Metallurgica, 1957, 5: 393-397.

[82] HAM F S. Theory of diffusion-limited precipitation[J]. Journal of Physics and Chemistry of Solids, 1958, 6: 335-351.

[83] GILMOUR J B, PURDY G R, KIRKALDY J S. Partition of manganese during the proetectoid ferrite transformation in steel[J]. Metallurgical Transactions, 1972, 3: 3213-3222.

[84] YU G, LAI Y K L, ZHANG W. Kinetics of transformation with nucleation and growth mechanism: Diffusion-controlled reactions[J]. Journal of Applied Physics, 1997, 82: 4270-4276.

[85] LAN Y J, LI D Z, LI Y Y. Modeling Austenite decomposition into ferrite at different cooling rate in low-carbon steel with cellular automaton method[J]. Acta Materialia, 2004, 52: 1721-1729.

[86] ZHENG C W, XIAO N M, HAO L H, et al. Numerical simulation of dynamic strain-induced Austenite-ferrite transformation in a low carbon steel[J]. Acta Materialia, 2009, 57: 2956-2968.

[87] VAN DER VEN A, DELAEY L. Models for precipitate growth during the $\gamma \rightarrow \alpha + \gamma$ transformation in Fe-C and Fe-C-M alloys[J]. Progress in Materials Science, 1996, 40: 181-246.

[88] LIU F, SOMMER F, BOS C, et al. Analysis of Solid state phase transformation kinetics: Models and recipes[J]. International Materials Reviews, 2007, 52: 193-212.

[89] BRANDES E A, BROOK G B. Smithells Metals Reference Book[M]. London: Butterworths, 1992.

[90] FAN K, LIU F, SONG S J, et al. Deduction of activation energy for diffusion by analyzing soft impingement in isothermal solid-state precipitation[J]. Journal of Alloys and Compounds, 2010, 491: L11-L14.

[91] RØYSET J, RYUM N. Kinetics and mechanisms of precipitation in an Al-0.2 wt.% Sc alloy[J]. Materials Science and Engineering A, 2005, 396: 409-422 .

[92] 刘智恩.材料科学基础[M]. 2 版. 西安: 西北工业大学出版社, 2003.

[93] KRIELAART G P, VAN DER ZWAAG S. Kinetics of $\gamma \rightarrow \alpha$ phase transformations in Fe-Mn alloys containing low manganese[J]. Materials Science and Technology, 1998, 14: 10-18.

[94] JO H H, FUJIKAWA S I. Kinetics of precipitation in Al-Sc alloys and low temperature solubility of scandium in aluminium studied by electrical resistivity measurements[J]. Materials Science and Engineering A, 1993, 171: 151-161.

[95] FUJIKAWA S I, HIRANO K, OIKAWA H, et al. Science and Engineering of Light Metall[M]. Tokyo: Japan Institute of Light Metal, 1991.

[96] COLOMBO S, BATTAINI P, AIROLDI G. Precipitation kinetics in Ag-7.5 wt.% Cu alloy studied by isothermal DSC and electrical-resistance measurements[J]. Journal of Alloys and Compounds, 2007, 437: 107-112.

[97] ADORNO A T, SILVA R A G. Ageing behavior in the Cu-10 wt.%Al and Cu-10 wt.%Al-4 wt.%Ag alloys[J]. Journal of Alloys and Compounds, 2009, 473: 139-144.

[98] HAMANA D, BOUMAZA L. Precipitation mechanism in Ag-8 wt.% Cu alloy[J]. Journal of Alloys and Compounds, 2009, 477: 217-223.

[99] SONG K K, BIAN X F, DONG, C.J, et al. Study of non-isothermal primary crystallization kinetics of $Al_{84}Ni_{12}Zr_1Pr_3$ amorphous alloy[J]. Journal of Alloys and Compounds, 2008, 465: L7-L13.

[100] AFIFY N, GABER A, MOSTAFA M S, et al. Influence of Si concentration on the precipitation in Al-1 at.% Mg alloy[J]. Journal of Alloys and Compounds, 2008, 462: 80-87.

[101] REYNOLDS W T, LI F Z, SHUI C K, et al. The incomplete transformation phenomenon in Fe-C-Mo alloys[J]. Metallurgical Transactions A, 1990, 21A: 1443-1463.

[102] FAN K, LIU F, YANG W, et al. Analysis of Soft Impingement in non-isothermal precipitation[J]. Journal of Materials Research, 2009, 24: 3664-3673.

[103] WANG G, XU D S, MA N, et al. Simulation study of effects of initial particle size distribution on dissolution[J]. Acta Materialia, 2009, 57: 316-325.

[104] CHEN L Q. Phase-field models for microstructure evolution[J]. Annual Review of Materials Research, 2002, 32: 113-140.

[105] MOELANS N, BLANPAIN B, WOLLANTS P. An introduction to phase-field modeling of microstructure evolution[J]. Computer Coupling of Phase Diagrams and Thermochemistry, 2008, 32: 268-294.

[106] JAVIERRE E, VUIK C, VERMOLEN F J, et al. A level set method for three-dimensional vector Stefan problems: Dissolution of stoichiometric particles in multi-component alloys[J]. Journal of Computational Physics, 2007, 224: 222-240.

[107] FERRO P. A dissolution kinetics model and its application to duplex stainless steels[J]. Acta Materialia, 2013, 61: 3141-3147.

[108] GIRAUD R, HERVIER Z, CORMIER J, et al. Strain effect on the γ' dissolution at high temperatures of a nickel-based single crystal superalloy[J]. Metallurgical and Materials Transactions A-Physical Metallurgy and Materials Science, 2012, 44: 131-146.

[109] FUKUMOTO S, IWASAKI Y, MOTOMURA H, et al. Dissolution behavior of δ-ferrite in continuously cast slabs of SUS304 during heat treatment[J]. ISIJ International, 2012, 52: 74-79.

[110] WHELAN M J. On the kinetics of precipitate dissolution[J]. Journal of Materials Science, 1969, 3: 95-97.

[111] BROWN L C. Diffusion controlled dissolution of planar, cylindrical, and spherical precipitates[J]. Journal of Applied Physics, 1976, 47: 449-458.

[112] PRADELL T, CRESPO D, CLAVAGUERA N, et al. Diffusion controlled grain growth in primary crystallization: Avrami exponents revisited[J]. Journal of Physics-Condensed Matter, 1998, 10: 3833-3844.

[113] CRESPO D, PRADELL T, CLAVAGUERA-MORA M T, et al. Microstructure evaluation of primary crystallization with diffusion-controlled grain growth[J]. Physical Review B, 1997, 55: 3435-3444.

[114] HEWITT P, BUTLER E P. Mechanisms and kinetics of θ' dissolution in Al-3% Cu[J]. Acta Metallurgica, 1986, 34: 1163-1172.

[115] BATY D L, TANZILLI R A, HECKEL R W. Solution kinetics of $CuAl_2$ in an Al-4Cu alloy[J]. Metallurgical Transactions, 1970, 1: 1651-1656.

[116] LIU F, SOMMER F, MITTEMEIJER E J. An analytical model for isothermal and isochronal transformation

kinetics[J]. Journal of Materials Science, 2004, 39: 1621-1634.

[117] LIU F, YANG C, YANG G, et al. Additivity rule, isothermal and non-isothermal transformations on the basis of an analytical transformation model[J]. Acta Materialia, 2007, 55: 5255-5267.

[118] TUNDAL U H, RYUM N. Dissolution of particles in binary alloys: Part Ⅱ. Experimental investigation on an Al-Si alloy[J]. Metallurgical Transactions A, 1992, 23: 445-449.

[119] ZHANG R J, JING T, JIE W Q, et al. Phase-field simulation of solidification in multicomponent alloys coupled with thermodynamic and diffusion mobility databases[J]. Acta Materialia, 2006, 54: 2235-2239.

第7章 存在问题及展望

7.1 存在问题

7.1.1 热-动力学的提出

成分/工艺-组织-性能作为贯通材料学和材料加工工程的金科玉律,虽然使得新工艺和新理论的繁衍不休,但无法解决本身固有的问题,即科学界专注于某组织为何能提升性能但忽视了如何得到该组织,工业界专注于得到对应优异性能的成分和工艺但忽视了微观组织的强韧化机理。这种科学与工程的偏离源于当前缺少能够理论贯通成分/工艺-组织-性能的普遍规律。根据经典理论,相变针对组织形成,变形体现力学性能,(热和机械)稳定性判断相变或变形的难易程度。上述三个概念长久以来被业界分而治之,它们能否合并?如何合并?有何功效?解决这三个问题后的重大科学价值和工程潜力,被业界相对忽视。这源于长久以来根深蒂固的理念:热力学与动力学(热-动力学)相互独立。

材料加工涉及的相变大都属于复杂变形、快速冷却或加热条件下的非平衡动力学过程。如果能够将微观组织状态、非平衡效应及形变的综合影响同热-动力学函数耦合,进而开展面向目标组织、性能的加工条件(热-动力学)的协同性调控,那么基于整体加工过程的微观组织预测和面向目标组织的调控工艺便可以实现。基于热-动力学协同的非平衡相变组织预测旨在研究热力学驱动力和动力学能垒间的函数关系,以及热力学驱动力、动力学能垒同微观组织及力学性能间的理论关联。

热-动力学是指导相变调控的关键理论。简单近平衡条件下,传统理论认为热-动力学恒定且相对独立。为适应现代工业生产高效率、高性能要求,工艺趋于复杂化和极端化,导致热-动力学多变且相互关联。热力学体现相变的驱动力从而促进相变发生;动力学虽然表现为转变速率但受控于相变能垒,实际体现相变的阻力。热-动力学相关性体现于热力学驱动力和动力学能垒的互斥。第 2~6 章的内容立足相变热力学和动力学,深入探讨形核、长大和相变动力学演化。但是,依旧没有考虑热力学驱动力和动力学能垒各自的变化及两者间的关联。为了弥补上述缺憾,作者提出了考虑热力学-动力学相关性(热-动力学相关性,thermo-kinetic correlation),并应用于钢铁加工制备中必经的铁素体相变、贝氏体相变和马氏体相变的动力学解析模型[1]。

7.1.2 热-动力学的问题

随现代工业技术的发展，材料加工过程中出现诸多非平衡现象[2]。例如，快速凝固发生在远离平衡的条件下，体系偏离局域平衡会导致溶质截留现象，使固相中固溶度增大；当冷却速率或过冷度进一步增大时，体系出现完全溶质截留，界面处溶质再分配被完全抑制，出现无扩散凝固；当冷却速率足够大时，结晶过程被抑制，凝固后固相为非晶态，即金属玻璃。由于非平衡效应的存在，快速凝固技术可获得具有均匀成分和显微组织的固相材料，进而实现材料性能的均匀化。针对类似过程，在建立相应理论模型时需要考虑相变体系中的局域非平衡效应，这对于理解和控制相变过程都非常重要。不可逆热力学是处理非平衡效应的关键理论，具体包括相变的热力学驱动力、相变过程的自由能耗散及相变体系的控制方程[3]。此类工作侧重于描述相变机理，从相关理论工作可以提炼出相变更宽泛的定义：热力学驱动下的非平衡动力学行为。

经典相变理论讨论纯组元或二元合金的相变过程，而工程合金组元数通常较多，如Ni基高温合金和钢铁材料最多有十几种组元。在对多元合金非平衡相变过程进行计算时，经典理论通常假设多元合金中各个组元间无相互作用，其界面再分配和扩散行为相互独立。因此，每个组元的扩散效应可直接叠加，直接将二元合金相变理论扩展到多元模型。上述处理对于稀溶液合金是较好的近似，但在多元浓溶液合金中，组元之间存在强烈的相互作用，进而对相变行为产生影响，其组织演化模型必须考虑组元间的相互作用。最大熵产生原理[4]认为非平衡体系演化总是使熵产生率最大化。对于孤立体系的演化，在任意给定时间间隔内，熵产生总是达到最大，因而体系达到平衡态时熵也达到最大。简言之，孤立非平衡体系演化时，总是选择最短路径或最快方式趋向平衡。目前，该原理被认为是描述非平衡耗散体系的普适性原理，熵产生率最大情形即对应体系的演化方程。最大熵产生原理可自洽地处理复杂体系多约束条件下熵产生率极值情形的求解，能够合理地处理多组元体系相互作用，进而描述复杂非平衡体系的演化。

一阶相变过程涉及多个时间、空间尺度。相变中，界面处的原子吸附/脱附根本起源于原子尺度的振动，由于固相材料的振动频率在太赫兹量级，因而吸附时间的数量级约为 10^{-12}s；随新相进一步长大，晶核发展为介观、宏观尺度的晶粒，所需时间可从若干秒到若干天。相变产物的复杂组织决定了材料最终性能，而组织演化的理论描述是一个悬而未决的难题。由反应速率理论可知，当外界条件发生变化时，最小能量路径中转变初态、末态和过渡态的能量发生变化，转变的机理和速率也发生变化。因此，原子尺度热-动力学决定了相变体系介观、宏观的组织状态,最终决定材料性能;组织演化的理论描述应基于原子尺度的转变机理,考虑多尺度演化问题。相变过程的统计理论基础是处理多尺度问题的关键理论,具体包括随机事件和马尔可夫过程的定义、非平衡体系概率密度演化主方程的建立,以及团簇动力学[2]。

解决上述三类问题的根本目的在于更深入地掌握相变热-动力学理论,更精确地获取热力学驱动力和动力学能垒,进而实现相变热-动力学的终极目标:通过复杂非平衡条件下的相变调控来设计目标材料。为开展复杂非平衡条件下的精确相变调控,必须阐明热-动力学的协同或耦合作用。这不仅是金属相变理论领域的科学难题,也是材料加工技术领域亟待解决的关键问题。

7.2 展望

在我国制造业从数量扩张向质量提高转型的特殊历史时期,对成分/工艺-组织-性能的准确定量理解已成为金属材料科学与工程领域亟待解决的共性基础性难题。成分和工艺决定组织,而组织决定性能。从相变热-动力学出发,此间颇具代表性的工作包括:通过成分及工艺设计提升性能,面向关键组织性能的成分和工艺设计,以及组织性能关联及强韧化机理。上述工作给本领域带来发展和成绩,但依旧无法克服上述金科玉律背后隐藏的科学与工程的偏离,即科学界专注于某组织为何能提升力学性能但忽视得到该组织的工艺过程,工业界专注于得到对应优异性能的成分和工艺但忽视其微观组织的强韧化机理。这直接导致业界无法实现材料设计的定量化,分析表明,当前缺少能够贯通成分/工艺-组织-性能的普遍理论或规律。在此目标牵引下,本领域的重要研究方向包括如下几个方面。

1. 非平衡、多尺度、多组元体系中晶体学与相变热-动力学的结合

当前相变调控的三大特点在于:极端非平衡效应旨在应对极其难以发生的相变,即需要极大的热力学驱动力;多组元体系相互作用旨在通过高熵效应来提升相变动力学机制的能垒;多尺度效应在于热-动力学同晶体学集成的微观组织演化。事实上,前两个效应在于提倡大驱动力、大能垒的相变设计原则,而晶体学的界面设计保证了微观体积单元的确定。也就是说,形成界面晶体学—微观热-动力学—介观热-动力学—组织演化的链式特征。

2. 基于相变热-动力学相关性的微观组织预测

热力学体现相变的驱动力从而促进相变发生,动力学虽然表现为转变速率但

受控于动力学能垒,实际体现相变的阻力。正是驱动力和阻力之间的协调变化,使得相变路径、相变产物及其形态千变万化。当前研究大多是通过间接获取热力学-动力学-组织间某种定性关联来构建相变演化过程中宏微观之间的桥梁,进而得到与目标组织对应的成分或工艺参数。如果可以总结上述热-动力学关联,并对其进行定量描述,就可以定量设计材料。针对给定合金,可计算相变过程的有效驱动力和有效能垒,得到不同转变条件下热力学驱动力、动力学能垒及相变组织特征间对应关系,即相变的热-动力学相关性。在给定转变条件下,利用上述关系可得到相变机制及组织特征,结合相变模型计算得到组织特征参数,即实现终态组织的理论预测。

3. 基于相变热-动力学相关性的材料设计

根据热-动力学相关性的概念,相变热力学驱动力的提升总是伴随有效动力学能垒的降低,即热-动力学互斥。相变包括扩散或切变,即原子的长程或短程运动,甚至是小于一个原子间距的整体位移;金属材料的变形大多涉及位错或孪生,是原子在层面间几个原子间距或小于一个原子间距的切变[5]。可见,相变和变形属于不同级别的原子运动,可统一为热力学驱动下的动力学行为。变形中位错热-动力学表明,流变应力的提高对应位错自由运动能垒的降低,也就是说,加工硬化中位错承受局部载荷提高导致其继续开动所需的驱动力增大,体现为强度或流变应力的提升;与此同时,位错自由运动能垒降低导致位错密度快速增加,林位错增多,位错运动的阻碍进一步增强,最终体现为塑性较小时材料断裂。这就是位错理论框架下金属材料的强塑性互斥现象。研究认为,强塑性互斥源于热-动力学互斥。因此,可以通过设计不同加工工艺实现对微观组织强塑性的定量设计。

4. 相变热-动力学在纳米和低维领域的应用

多晶材料相变时,母相的晶粒长大热-动力学不可避免会影响母相转变为新相的相变热-动力学,继而影响相变发展及其产物微观组织。该效应在微米以上尺度的粗晶体系内可合理忽略,但在纳米尺度体系内,由于界面体积分数剧增,该效应非常显著。类似的尺寸、表面和界面效应也强烈影响在电子、化学催化、传感器、磁存储等领域有重要应用的低维金属材料的相变过程。结合近年来建立的纳米材料相变热力学理论[6],将纳米/宏观材料表面能函数同热-动力学协同控制机制结合,不仅可以设计高强韧纳米结构材料,也可以辅助研发多种高效催化与储能材料。随着纳米和新能源材料如火如荼地发展,获得适用于纳米和低维材料体系的相变热-动力学协同理论是大势所趋,具有广阔的发展空间。

参 考 文 献

[1] BHADESHIA H K D H. Theory of Transformations in Steels[M]. Boca Raton: CRC Press, 2021.
[2] HILLERT M. Phase Equilibria, Phase Diagrams, and Phase Transformations: Their Thermodynamic Basis[M]. 2nd ed. Cambridge: Cambridge University Press, 2007.
[3] CHRISTIAN J W. The Theory of Transformations in Metals and Alloys[M]. Oxford: Pergamon Press, 2002.
[4] FRATZL P, FISCHER F D, SVOBODA J. Energy dissipation and stability of propagating surfaces[J]. Physical Review Letters, 2005, 95: 195702.
[5] 徐祖耀. 材料热力学[M]. 北京: 科学出版社, 2005.
[6] JIANG Q, WEN Z. Thermodynamics of Materials[M]. Beijing: Higher Education Press, 2011.